ST 首批认证"STM32 精品课程"教材

"蓝桥杯"嵌入式设计与开发竞赛培训教材

ARM Cortex-M3

系统设计与实现

——STM32 基础篇

（第 3 版）

郭书军　冯　良　编著

U0290831

电子工业出版社.

Publishing House of Electronics Industry

北京·BEIJING

内 容 简 介

本书以 STM32 系列 32 位 Flash MCU 为例，以"蓝桥杯"嵌入式设计与开发竞赛实训平台为硬件平台，以"一切从简单开始"为宗旨，介绍 ARM Cortex-M3 系统的设计与实现。

全书分为 12 章，第 1 章简单介绍 STM32 MCU 和 SysTick，第 2 章介绍软件开发环境与工具，第 3～8 章分别介绍 GPIO、USART、SPI、I²C、ADC 和 TIM 的配置、库函数及设计实例，第 9、10 章分别介绍 NVIC、DMA 的配置及设计实例，第 11、12 章分别介绍 STM32G431、STM32L071 程序设计。书后附有引脚和库函数表，方便查询；还附有实验指导，方便实验教学，利用 Keil 的仿真功能，可以实现线上教学。

本书所有设计程序均为原创，并经过多轮实验改进，内容简单易懂，特别适合初学者学习参考，也可以作为嵌入式系统设计教材供电子、通信和自动化等相关专业人员使用。

图书在版编目（CIP）数据

ARM Cortex-M3 系统设计与实现：STM32 基础篇 / 郭书军，冯良编著. —3 版. —北京：电子工业出版社，2022.8
ISBN 978-7-121-44108-0

Ⅰ.①A… Ⅱ.①郭… ②冯… Ⅲ.①微处理器－系统设计 Ⅳ.①TP332.3

中国版本图书馆 CIP 数据核字（2022）第 145778 号

责任编辑：赵玉山
印　　刷：北京虎彩文化传播有限公司
装　　订：北京虎彩文化传播有限公司
出版发行：电子工业出版社
　　　　　北京市海淀区万寿路 173 信箱　邮编　100036
开　　本：787×1 092　1/16　印张：16.25　字数：416 千字
版　　次：2014 年 1 月第 1 版
　　　　　2022 年 8 月第 3 版
印　　次：2025 年 1 月第 5 次印刷
定　　价：52.00 元

第3版前言

为了适应技术和时代的发展，第3版主要在以下方面进行了更新：

（1）将标准库和寄存器编程更新为 HAL 和 LL 编程。

（2）增加了软件开发环境与工具介绍。

（3）增加了 STM32G431 和 STM32L071 程序设计。

全书分为 12 章，前 10 章以 STM32F103 为例，在简单介绍 STM32 MCU 和软件开发环境与工具的基础上，依次介绍 GPIO、USART、SPI、I2C、ADC、TIM、NVIC 和 DMA 的配置和程序设计与实现，最后两章介绍 STM32G431 和 STM32L071 的程序设计和移植。

第 1 章介绍 STM32 MCU 和 SysTick 的结构，重点介绍复位和时钟控制（RCC）及 SysTick 库函数，方便后续章节的使用。

第 2 章介绍软件开发环境与工具，包括软件开发包（SDK）、软件配置工具 STM32CubeMX 和集成开发环境（IDE），重点介绍 HAL 和 LL 工程的调试与分析。

第 3 章和第 4 章分别在介绍 GPIO 和 USART 结构、配置及库函数的基础上，以嵌入式设计与开发竞赛实训平台为硬件平台，使用 HAL 和 LL 两种软件设计方法，介绍 GPIO 和 USART 的软件设计与实现，重点介绍设计的调试与分析。

第 5 章和第 6 章分别介绍 SPI 和 I2C 的结构、配置、库函数及设计实例。SPI 的编程操作和 USART 相似，软件设计实例主要实现 SPI 的环回。I2C 的编程操作相对复杂一些，设计实例用两种方法通过 I2C 读/写 2 线串行 EEPROM 实现。

第 7 章和第 8 章分别介绍 ADC 和 TIM 的结构、配置、库函数及设计实例。ADC 设计实例用规则通道实现外部输入模拟信号的模数转换，用注入通道实现内部温度传感器的温度测量。TIM 设计实例用 TIM1 和 TIM3 输出 PWM 波，用 TIM2 测量 PWM 的周期和脉冲宽度。

第 9 章和第 10 章分别介绍 NVIC 和 DMA 的配置及设计实例。中断和 DMA 是高效的数据传送控制方式，对前面介绍的接口和设备数据传送查询方式稍做修改即可实现中断功能，再结合 DMA 可以实现数据的批量传送。

第 11 章和第 12 章在介绍系统配置的基础上，分别介绍 STM32G431 和 STM32L071 程序设计。STM32G431 包括 GPIO、USART、I2C、ADC 和 TIM 程序设计，STM32L071 包括 GPIO、I2C、SPI 和 USART 程序设计。

书末附有 STM32 引脚功能、常用库函数和竞赛实训平台介绍等实用资料供读者参考，还包含实验指导以方便实验教学，利用 Keil 的仿真功能，可以实现线上教学。

本书所有设计程序均为原创，并在竞赛实训平台、STM32CubeMX V6.2.0 和 Keil V5.36 环境下测试通过。

参与本书编写的还有王玉花老师，王靖懿参与了程序调试和书稿校对。在本书的出版过程中，得到了电子工业出版社赵玉山先生的支持，在此表示衷心的感谢。

由于编著者水平所限，书中难免会有不妥之处，敬请广大读者批评指正。

E-mail：cortex_m3@126.com，QQ 群：STM32 学习（489189201）。

编著者

2022 年 3 月

第 2 版序言

世界万物，智能互联，这是当下产业界正在推动的新一代技术发展和服务的方向，万物互联后产生的大数据可以进一步提升社会效率并推动产业升级，将产生巨大的社会价值。

产业升级，技术创新，离不开与时俱进的人才。

高等学校是最大的人才培养基地。

作为致力于长期服务中国市场、为中国的产业发展提供最新技术产品的公司，意法半导体一直为中国的用户提供最前沿的技术，推动生态系统的建设，为用户提供从芯片到方案的支持。

为了向产业界提供有技术的人才，我们从数年前就开始系统性地和高校开展人才培养计划。这个计划包含下列 3 个方面。

（1）推动精品课程建设：协助高校课程改革，将最前沿的技术、产品带入教学和实验中，让学生接触体验到最新技术，为以后就业打好基础。

（2）实施 TTT（老师培训老师）项目：邀请有开课经验的老师开展培训，分享教育经验和体会，帮助打算开课的老师提升信心。

（3）开展大学生智能互联校园创新大赛：让学生通过大赛进一步夯实所学的知识，在一个公平的环境中模拟企业项目，提升自身能力和信心。

在过去数年的探索中，我们惊喜地发现已经有众多的老师在人才培养方面取得了优异的成果，并且积极分享和持续优化、全方位推动高校课程改革和人才培养。

北方工业大学电子信息工程学院的郭书军老师就是其中一位。他在本科生和研究生教育方面，一直倡导课程和时代技术发展紧密结合，把市场主流的技术带进课堂，从 2010 年开始把 STM32作为嵌入式系统设计课程的主要教学载体，升级课程体系，同时鼓励学生积极参加各项竞赛，以赛代练，提高技术能力。同时，郭书军老师也为工业和信息化部人才交流中心举办的"蓝桥杯"嵌入式设计与开发竞赛做出了巨大的贡献。

喜闻郭书军老师对《ARM Cortex-M3 系统设计与实现——STM32 基础篇》进行改版优化，将硬件平台更新为竞赛实训平台，并在原有寄存器编程的基础上添加了库函数介绍和库函数编程。后来又增加了实验的视频演示，更方便大家学习和实验。新一版教材凝聚了郭书军老师的辛勤付出，希望为广大学生带来一本优质的教材，也为其他院校老师提供很好的借鉴模板。

曹锦东

意法半导体（中国）投资有限公司

中国区微控制器市场及应用总监

2018 年 8 月

目　录

第 1 章　STM32 MCU 简介

STM32 MCU 基于 ARM Cortex-M 系列处理器，旨在为 MCU 用户提供新的开发自由度。STM32 MCU 具有高性能、实时功能、数字信号处理、低功耗与低电压操作特性，同时还保持了集成度高和易于开发的特点。无可比拟且品种齐全的 STM32 产品基于行业标准内核，提供了大量工具和软件选项，使该系列产品成为小型项目和完整平台的理想选择。

作为一个主流的微控制器系列，STM32 满足工业、医疗和消费电子市场的各种应用需求。凭借这个产品系列，ST 在全球的 ARM Cortex-M 微控制器领域中处于领先地位，同时树立了嵌入式应用的里程碑。该系列最大化地集成了高性能与一流外设和低功耗、低电压工作特性，在可以接受的价格范围内提供简单的架构和易用的工具。

STM32 MCU 系列产品如表 1.1 所示。

表 1.1　STM32 MCU 系列产品

分类	Cortex-M0 Cortex-M0+	Cortex-M3	Cortex-M4	Cortex-M33	Cortex-M7
主流级	STM32F0 （入门级 2012） STM32G0 （全新入门级 2017）	**STM32F1** （基础级 2007）	STM32F3 （混合级 2012） **STM32G4** （全新混合级 2019）		
超低功耗	**STM32L0**（2013）	STM32L1（2009）	STM32L4（2015） STM32L4+（2016）	STM32L5（2017） STM32U5（2019）	
高性能		STM32F2（2010）	STM32F4（2011）		STM32F7（2014） STM32H7（2016）
无线			STM32WB（2017） STM32WL（2020）		

本书前 10 章以 STM32F103RBT6 为例，介绍 STM32 MCU 系统的设计与实现，第 11 章和第 12 章分别介绍。

3 种 MCU 的参数和资源如表 1.2 所示。

表 1.2　3 种 MCU 的参数和资源

指标	STM32F103RBT6	STM32G431RBT6	STM32L071KBU
主频（MHz）	72	170	32
闪存容量（KB）	128	128	128
RAM 容量（KB）	20	32	20
GPIO	51（详见第 3 章） PA0~15/PB0~15/PC0~15/PD0~2	52（详见 11.2 节） PA0~15/PB0~15/PC0~15/PD2/PF0~1/PG10	23（详见 12.2 节） PA0~14/PB0~1/PB4~7/PC14~15
USART	3（详见第 4 章） **USART1/2/3**	5（详见 11.3 节） **USART1**/2/3/UART4/LPUART1	4（详见 12.5 节） **USART1/2**/4/LPUART1
SPI	2（详见第 5 章） **SPI1/2**	3 SPI1/2/3	1（详见 12.4 节） **SPI1**

指标	STM32F103RBT6	STM32G431RBT6	STM32L071KBU
I²C	2（详见第 6 章） **I2C1/2**	3（详见 11.4 节） I2C1/2/3	2（详见 12.3 节） **I2C1/3**
ADC（通道数）	2（16+2/16）（详见第 7 章） ADC1/2_IN0~15/V_{TS}/V_{REFINT}	2（14+4/16+2）（详见 11.5 节） ADC1_IN1~12/14~15/ADC2_IN1~15/17	1（10+2） ADC_IN0~9/V_{TS}/V_{REFINT}
TIM	4（详见第 8 章） **TIM1/2/3**/4	11（详见 11.6 节） **TIM1**/8/**2/3**/4/15/16/17/6/7/LPTIM1	7 **TIM2/3**/21/22/6/7/LPTIM1

1.1　STM32 MCU 结构

STM32 MCU 由控制单元、从属单元和总线矩阵三大部分组成，控制单元和从属单元通过总线矩阵相连接，如图 1.1 所示。

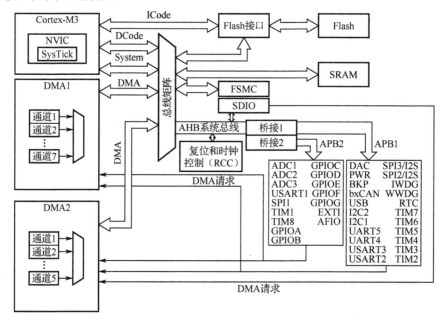

图 1.1　STM32 MCU 结构

控制单元包括 Cortex-M3 内核和两个 DMA 控制器（DMA1 和 DMA2）。其中 Cortex-M3 内核通过指令总线 ICode 从 Flash 中读指令，通过数据总线 DCode 与存储器交换数据，通过系统总线 System（设备总线）、高性能系统总线 AHB 和高级设备总线 APB 与设备交换数据。

从属单元包括存储器（Flash 和 SRAM 等）和设备（连接片外设备的接口和片内设备）。其中设备通过 AHB-APB 桥接器和总线矩阵与控制单元相连接，与 APB1 相连的是低速设备（最高频率 36MHz），与 APB2 相连的是高速设备（最高频率 72MHz）。

连接片外设备的接口有并行接口和串行接口两种，并行接口即通用 I/O 接口 GPIO，串行接口有通用同步/异步收发器接口 USART、串行设备接口 SPI、内部集成电路总线接口 I²C、通用串行总线接口 USB 和控制器局域网络接口 CAN 等。

片内设备有定时器 TIM、模数转换器 ADC 和数模转换器 DAC 等，其中定时器包括高级控制定时器 TIM1/8、通用定时器 TIM2-5、基本定时器 TIM6/7、实时钟 RTC、独立看门狗 IWDG 和窗口看门狗 WWDG 等。

系统复位后，除 Flash 接口和 SRAM 时钟允许外，所有设备都被关闭，使用前必须设置时钟使能寄存器（RCC_APBENR）允许设备时钟。

1.2　STM32 MCU 存储器映像

STM32 MCU 的程序存储器、数据存储器和输入/输出端口寄存器被组织在同一个 4GB 的线性地址空间内，存储器映像如表 1.3 所示。

表 1.3　STM32 MCU 存储器映像

地 址 范 围		设 备 名 称	备 注
0xE000 0000～0xE00FFFFF（1MB）		内核设备	
内核设备	0xE000E100～0xE000E4EF	NVIC（嵌套矢量中断控制）	详见表 9.2
	0xE000E010～0xE000E01F	SysTick（系统滴答定时器）	详见表 1.5
0x4000 0000～0x5FFFFFFF（512MB）		片上设备	
AHB	0x5000 0000～0x5003 FFFF	USB OTG 全速	
	0x4002 8000～0x4002 9FFF	以太网	
	0x4002 3000～0x4002 33FF	CRC	
	0x4002 2000～0x4002 23FF	Flash 接口	
	0x4002 1000～0x4002 13FF	RCC（复位和时钟控制）	详见表 1.4
	0x4002 0400～0x4002 07FF	DMA2	
	0x4002 0000～0x4002 03FF	DMA1	详见表 10.2
	0x4001 8000～0x4001 83FF	SDIO	
APB2	0x4001 3C00～0x4001 3FFF	ADC3	
	0x4001 3800～0x4001 3BFF	USART1	详见表 4.2
	0x4001 3400～0x4001 37FF	TIM8	
	0x4001 3000～0x4001 33FF	SPI1	详见表 5.2
	0x4001 2C00～0x4001 2FFF	TIM1	详见表 8.2
	0x4001 2800～0x4001 2BFF	ADC2	详见表 7.2
	0x4001 2400～0x4001 27FF	ADC1	详见表 7.2
	0x4001 2000～0x4001 23FF	GPIOG	
	0x4001 1C00～0x4001 1FFF	GPIOF	
	0x4001 1800～0x4001 1BFF	GPIOE	
	0x4001 1400～0x4001 17FF	GPIOD	详见表 3.1
	0x4001 1000～0x4001 13FF	GPIOC	详见表 3.1
	0x4001 0C00～0x4001 0FFF	GPIOB	详见表 3.1
	0x4001 0800～0x4001 0BFF	GPIOA	详见表 3.1
	0x4001 0400～0x4001 07FF	EXTI	详见表 9.6
	0x4001 0000～0x4001 03FF	AFIO	详见表 9.4
APB1	0x4000 7400～0x4000 77FF	DAC	
	0x4000 7000～0x4000 73FF	PWR（电源控制）	
	0x4000 6C00～0x4000 6FFF	BKP（后备寄存器）	

地 址 范 围		设 备 名 称	备 注
APB1	0x4000 6800～0x4000 6BFF	bxCAN2	
	0x4000 6400～0x4000 67FF	bxCAN1	
	0x4000 6000～0x4000 63FF	USB/CAN 共享的 512B SRAM	
	0x4000 5C00～0x4000 5FFF	USB 全速设备寄存器	
	0x4000 5800～0x4000 5BFF	I2C2	详见表 6.2
	0x4000 5400～0x4000 57FF	I2C1	详见表 6.2
	0x4000 5000～0x4000 53FF	UART5	
	0x4000 4C00～0x4000 4FFF	UART4	
	0x4000 4800～0x4000 4BFF	USART3	详见表 4.2
	0x4000 4400～0x4000 47FF	USART2	详见表 4.2
	0x4000 4000～0x4000 43FF	保留	
	0x4000 3C00～0x4000 3FFF	SPI3/I2S3	
	0x4000 3800～0x4000 3BFF	SPI2/I2S2	详见表 5.2
	0x4000 3400～0x4000 37FF	保留	
	0x4000 3000～0x4000 33FF	IWDG （独立看门狗）	
	0x4000 2C00～0x4000 2FFF	WWDG （窗口看门狗）	
	0x4000 2800～0x4000 2BFF	RTC	
	0x4000 1400～0x4000 17FF	TIM7	
	0x4000 1000～0x4000 13FF	TIM6	
	0x4000 0C00～0x4000 0FFF	TIM5	
	0x4000 0800～0x4000 0BFF	TIM4	
	0x4000 0400～0x4000 07FF	TIM3	详见表 8.2
	0x4000 0000～0x4000 03FF	TIM2	详见表 8.2
	0x2000 0000～0x3FFF FFFF (512MB)	SRAM	
	0x00000000～0x1FFF FFFF (512MB)	Flash	
Flash	0x1FFF F800～0x1FFF F80F	选择字节	
	0x1FFF F000～0x1FFF F7FF	系统存储器	
	0x0800 0000～0x0801 FFFF	主存储器	

存储器映像在 Drivers\CMSIS\Device\ST\STM32F1xx\Include\stm32f103xb.h 中定义。

1.3 STM32 MCU 系统时钟树

STM32 MCU 系统时钟树由系统时钟源、系统时钟 SYSCLK 和设备时钟等部分组成，如图 1.2 所示。

系统时钟源有 4 个：高速外部时钟 HSE（4～16MHz）、低速外部时钟 LSE（32.768kHz）、高速内部时钟 HSI（8MHz）和低速内部时钟 LSI（40kHz），其中外部时钟用晶体振荡器 OSC 实现，内部时钟用 RC 振荡器实现。

系统时钟 SYSCLK（最大 72MHz）可以是 HSE 或 HSI，也可以是 HSE 或 HSI 通过锁相环 2～16 倍频后的锁相环时钟 PLLCLK。系统复位后的系统时钟为 HSI，这就意味着即使没有 HSE 系统也能正常工作，只是 HSI 的精度没有 HSE 高。

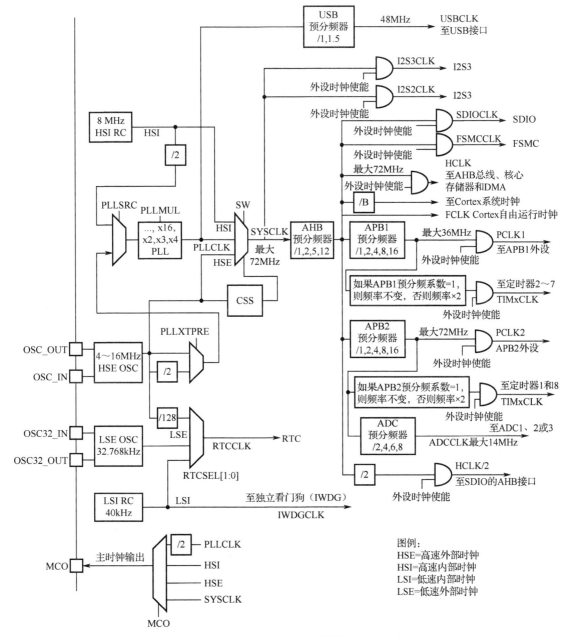

图 1.2　STM32 MCU 系统时钟树

SYSCLK 经 AHB 预分频器分频后得到 AHB 总线时钟 HCLK（最大 72MHz），HCLK 经
APB1/APB2 预分频器分频后得到 APB1/APB2 总线时钟 PCLK1（最大 36MHz）和 PCLK2（最大
72MHz），PCLK1 和 PCLK2 分别为相连的设备提供设备时钟。

系统时钟树中的时钟选择、预分频值和外设时钟使能等都可以通过对复位和时钟控制（RCC）
寄存器编程实现，复位和时钟控制（RCC）寄存器如表 1.4 所示。

表 1.4　复位和时钟控制（RCC）寄存器

偏移地址	名　　称	类　　型	复　位　值	说　　　明
0x00	CR	读/写	0x0000 XX83	时钟控制寄存器（HSIRDY=1，HSION=1）
0x04	CFGR	读/写	0x0000 0000	时钟配置寄存器（SYSCLK=HSI，AHB、APB1 和 APB2 均不分频）

偏移地址	名　称	类　型	复 位 值	说　　明
0x08	CIR	读/写	0x0000 0000	时钟中断寄存器（禁止所有中断）
0x0C	APB2RSTR	读/写	0x0000 0000	APB2 设备复位寄存器
0x10	APB1RSTR	读/写	0x0000 0000	APB1 设备复位寄存器
0x14	AHBENR	读/写	0x0000 0014	AHB 设备时钟使能寄存器（允许 Flash 接口和 SRAM 时钟）
0x18	APB2ENR	读/写	0x0000 0000	APB2 设备时钟使能寄存器（关闭所有 APB2 设备时钟）
0x1C	APB1ENR	读/写	0x0000 0000	APB1 设备时钟使能寄存器（关闭所有 APB1 设备时钟）
0x20	BDCR	读/写	0x0000 0000	备份域控制寄存器
0x24	CSR	读/写	0x0C00 0000	控制状态寄存器（上电复位，NRST 引脚复位）

复位和时钟控制（RCC）寄存器结构体 RCC_TypeDef 在 Drivers\CMSIS\Device\ST\STM32F1xx\Include\stm32f103xb.h 中定义。

RCC 常用的 HAL 宏在 stm32f1xx_hal_rcc.h 中定义如下：

```
__HAL_RCC_AFIO_CLK_ENABLE()          /* 允许 AFIO 时钟 */
```
....

RCC 常用的 LL 库函数在 stm32f1xx_ll_bus.h 中声明如下：

```
void LL_APB1_GRP1_EnableClock(uint32_t Periphs);
void LL_APB2_GRP1_EnableClock(uint32_t Periphs);
```

参数说明：

★ Periphs：设备名称，在 stm32f1xx_ll_bus.h 中声明定义如下：

```
#define LL_APB1_GRP1_PERIPH_I2C1 RCC_APB1ENR_I2C1EN
#define LL_APB2_GRP1_PERIPH_ADC1 RCC_APB2ENR_ADC1EN
```
....

1.4　Cortex-M3 简介

Cortex-M3 采用哈佛结构的 32 位处理器内核，拥有独立的指令总线和数据总线，两者共享同一个 4GB 存储器空间。

Cortex-M3 内建一个嵌套向量中断控制器（NVIC，Nested Vectored Interrupt Controller），支持可嵌套中断、向量中断和动态优先级等，详见第 9 章。

Cortex-M3 内部还包含一个系统滴答定时器 SysTick，结构如图 1.3 所示。

SysTick 的核心是 1 个 24 位递减计数器，使用时根据需要设置初值（LOAD），启动（ENABLE=1）后在系统时钟（HCLK 或 HCLK/8）的作用下递减，减到 0 时置计数标志位（COUNTFLAG）并重装初值。系统可以查询计数标志位，也可以在中断允许（TICKINT=1）时产生 SysTick 中断。

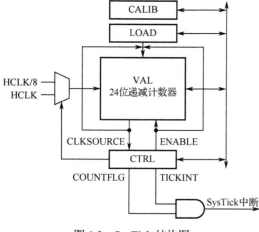

图 1.3　SysTick 结构图

SysTick 通过 4 个 32 位寄存器进行操作，如表 1.5 所示。

表 1.5　SysTick 寄存器

地　　址	名　　称	类　　型	复 位 值	说　　明
0xE000 E010	CTRL	读/写	0	控制状态寄存器（详见表 1.6）
0xE000 E014	LOAD	读/写	—	重装值寄存器（24 位），计数到 0 时重装到 VAL
0xE000 E018	VAL	读/写清除	—	当前值寄存器（24 位），写清除，同时清除计数标志
0xE000 E01C	CALIB	读	—	校准寄存器

SysTick 寄存器结构体 SysTick_Type 在 Drivers\CMSIS\Include\core_cm3.h 中定义。

控制状态寄存器（CTRL）有 3 个控制位和 1 个状态位，如表 1.6 所示。

表 1.6　SysTick 控制状态寄存器（CTRL）

位	名　　称	类　　型	复 位 值	说　　明
0	ENABLE	读/写	0	定时器允许：0—停止定时器，1—启动定时器
1	TICKINT	读/写	0	中断允许：0—计数到 0 时不中断，1—计数到 0 时中断
2	CLKSOURCE	读/写	0	时钟源选择：0—时钟源为 HCLK/8，1—时钟源为 HCLK
16	COUNTFLAG	读	0	计数标志：SysTick 计数到 0 时置 1，读取后自动清零

SysTick 常用的 HAL 库函数在 stm32f1xx_hal.c 中声明如下：

```
HAL_StatusTypeDef HAL_InitTick(uint32_t TickPriority);
void HAL_Delay(uint32_t Delay);
```

（1）SysTick 初始化

```
HAL_StatusTypeDef HAL_InitTick(uint32_t TickPriority);
```

参数说明：

★ TickPriority：SysTick 中断优先级，在 stm32f1xx_hal_conf.h 中定义如下：

```
#define  TICK_INT_PRIORITY        0U
```

返回值：HAL_StatusTypeDef-HAL 状态，在 stm32f1xx_hal_def.h 中定义。

（2）HAL 延时

```
void HAL_Delay(uint32_t Delay);
```

参数说明：

★ Delay：延时值（ms）

SysTick 常用的 LL 库函数在 stm32f1xx_ll_utils.h 中声明如下：

```
void LL_Init1msTick(uint32_t HCLKFrequency);
void LL_mDelay(uint32_t Delay);
```

（1）SysTick 初始化

```
void LL_Init1msTick(uint32_t HCLKFrequency);
```

参数说明：

★ HCLKFrequency：HCLK 频率（72MHz）

注意：LL_Init1msTick()没有允许 SysTick 中断，需要用 stm32f1xx_ll_cortex.h 中的下列函数允许 SysTick 中断：

```
void LL_SYSTICK_EnableIT(void);
```

（2）LL 延时

```
void LL_mDelay(uint32_t Delay);
```

参数说明：

★ Delay：延时值（ms）

在 Keil 的调试界面选择"Peripherals"（设备）菜单下"Core Peripherals"（内核设备）子菜单中的"System Tick Timer"（系统滴答定时器），可以打开 SysTick 对话框，如图 1.4 所示。

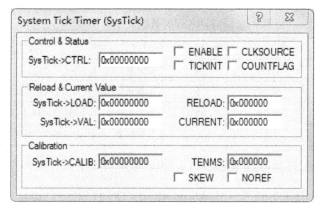

图 1.4　SysTick 对话框

其中包含 SysTick 所有寄存器及其复位值。

注意：HAL 和 LL 操作本质相同。HAL 操作对底层操作进行封装，操作简单，移植性好，比较适合计算机等相关专业的学生学习使用；LL 操作和直接操作寄存器类似，目标程序小，有利于对硬件的理解，比较适合电子、通信和自动化等相关专业的学生学习使用。

嵌入式系统的 C 语言程序设计与一般的 C 语言程序设计基本相同，主要差别是嵌入式系统 C 语言程序设计常用到位操作，包括"位反~""左移<<""右移>>""位与&""位或|""位异或^"等（注意"位与&"和"位或|"与"逻辑与&&"和"逻辑或||"的区别），使用位操作的主要目的是只对控制和状态寄存器的指定位进行操作，对其他位的值不产生影响。

第2章 软件开发环境与工具

软件开发环境与工具包括软件开发包（SDK）、软件配置工具 STM32CubeMX 和集成开发环境（IDE）等。

2.1 软件开发包（SDK）

STM32 软件开发包是 STM32 系统设计的基础，经历了下列 3 个阶段：
- 固件库（Firmware Library）：FWLib V0.3（2007）～V2.0.3（2008）
- 标准外设库（Standard Peripherals Library）：SPLib V3.0.0（2009）～V3.5.0（2011）
- 固件包（Firmware Package）：STM32CubeF1 V1.0.0（2014）～V1.8.4（2021）

STM32Cube 固件包包括：
- STM32Cube 嵌入式软件包，包括：
  - HAL：硬件抽象层嵌入式软件库，确保 STM32 系列产品的移植性
  - LL：低层 API，提供比 HAL 更接近硬件的快速轻量化的专业 API
  - 中间件：USB、RTOS、FatFs 和 TCP/IP 等
  - 应用程序：提供完整的应用程序、示例程序和工程模板
- STM32CubeMX：图形化软件配置工具，用图形向导生成初始化代码

STM32Cube 的文件夹结构如表 2.1 所示。

表 2.1 STM32Cube 文件夹结构

文件夹名称	内 容 说 明
Documentation	入门手册
Driver	驱动软件库和用户手册
Driver/BSP	评估板支持包
Driver/CMSIS	Cortex 微控制器软件接口标准支持包
Driver/STM32F1xx_HAL_Driver	HAL/LL 头文件（Inc）、库文件（Src）和用户手册
Middlewares	ST 和第三方中间件（USB、FreeRTOS、FatFs 和 LwIP）
Projects	评估板应用程序、示例程序和工程模板
Utilities	应用软件

STM32 软件开发最基础的工作和单片机类似，是对 STM32 的设备寄存器进行操作。但 STM32 的寄存器操作要比单片机复杂得多，初学者很难下手。为了降低开发难度，MCU 生产厂商把基本的寄存器操作封装成库函数，软件开发者使用这些库函数进行软件开发就方便很多。根据封装的方法不同，目前常用的有 HAL 和 LL 两种库函数。

HAL（Hardware Abstraction Layer，硬件抽象层）将底层硬件操作封装在库函数中，上层用户无须关心寄存器如何操作，通过调用库函数实现相应功能，操作简单，移植性强。

但 HAL 封装有些过度，灵活性较差。LL（Low Layer，低层）提供比 HAL 更接近硬件的快速轻量化的专业库函数，功能强大，使用灵活。

本书中，MCU、HAL/LL 和用户程序的关系如图 2.1 所示。

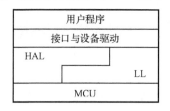

图 2.1　MCU、HAL/LL 和用户程序的关系

LL 直接操作 MCU 寄存器，HAL 直接或通过 LL 操作 MCU 寄存器，接口与设备驱动（gpio.c 和 adc.c 等）通过 HAL 或 LL 间接操作 MCU 寄存器，实现用户程序与 HAL/LL 的隔离，这样用户程序就与 HAL/LL 无关，可以很方便地进行移植。

2.2　软件配置工具 STM32CubeMX

STM32CubeMX 是 STM32 配置和生成初始化代码的图形化软件配置工具，可以用图形向导配置和生成初始化代码。

STM32CubeMX 支持 32 位（x86）和 64 位（x64）Windows 7/8/10，下面以 STM32CubeMX 6.2.0 为例介绍 STM32CubeMX 的安装和使用。

STM32CubeMX 安装文件如下：

● SetupSTM32CubeMX-6.2.0-Win.exe：STM32CubeMX 安装文件

● stm32cube_fw_f1_v180.zip：STM32F1 系列固件包（可以在 STM32CubeMX 中下载）

STM32CubeMX 的使用包括下列步骤：

● 安装嵌入式软件包

● 从 MCU 新建工程

● 引脚配置

● 时钟配置

● 工程管理

● 生成 HAL/LL 工程

1）安装嵌入式软件包

安装嵌入式软件包的步骤如下：

（1）双击桌面上的 STM32CubeMX 图标，首次使用 STM32CubeMX 时显示使用统计提示，如图 2.2 所示。

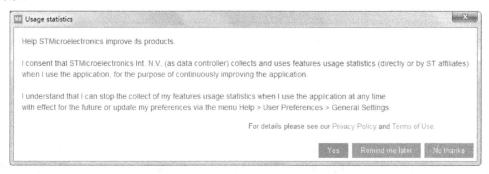

图 2.2　STM32CubeMX 使用统计提示

（2）根据情况单击"Yes""Remind me later"或"No thanks"，显示 STM32CubeMX 主界面，如图 2.3 所示。

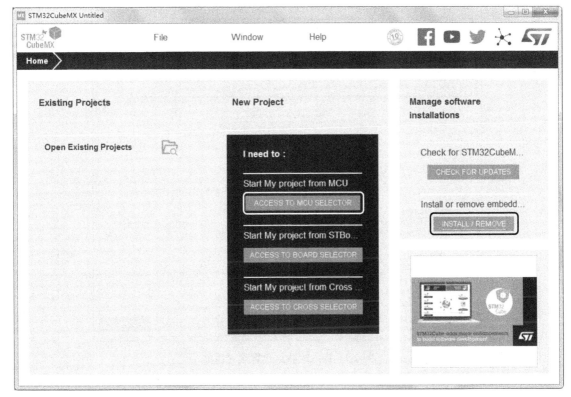

图 2.3　STM32CubeMX 主界面

（3）单击"Help"菜单下的"Manage Embedded Software Packages"菜单项，或单击主界面右侧"Manage software installations"下的"INSTALL / REMOVE"，打开嵌入式软件包管理对话框，如图 2.4 所示。

（4）单击"STM32F1"左侧的黑三角▶，选择要安装的软件包，单击"Install Now"在线安装软件包。

也可以单击"From Local ..."打开选择 STM32Cube 包文件对话框，选择要安装的软件包"stm32cube_fw_f1_v180.zip"，从本地安装软件包。

选择已安装的软件包，单击"Remove Now"可以删除已安装的软件包。

（5）单击"Close"关闭嵌入式软件包管理对话框。

2）从 MCU 新建工程

从 MCU 新建工程的步骤如下：

（1）单击"File"菜单下的"New Project ..."菜单项，或单击"New Project"下的"ACCESS TO MCU SELECTOR"，打开从 MCU 新建工程对话框，如图 2.5 所示。

（2）在"Series"下选择"STM32F1"，在 MCU 列表中选择"STM32F103RBTx"，单击右上角的"Start Project"关闭从 MCU 新建工程对话框，显示引脚配置标签，如图 2.6 所示。

在引脚视图中单击放大或缩小按钮可以放大或缩小引脚视图，在右下角搜索框中输入引脚名（如"PA0"）可以快速定位引脚。

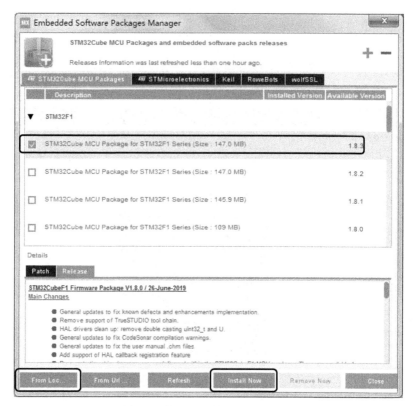

图 2.4　嵌入式软件包管理对话框

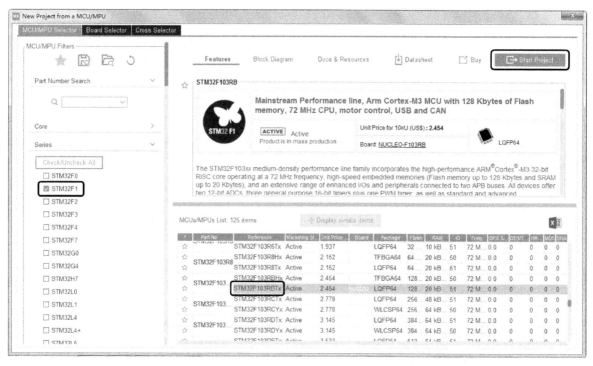

图 2.5　从 MCU 新建工程对话框

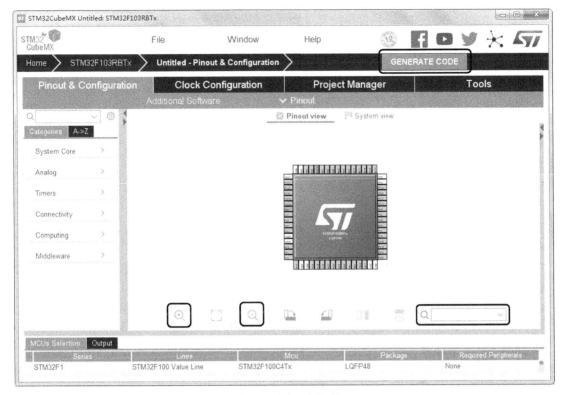

图 2.6　引脚配置标签

3）引脚配置

根据 CT117E 设备连接关系（参见附录 C）进行如下引脚配置：

（1）在引脚视图中分别单击"PA0""PA8""PB1""PB2"引脚，在弹出菜单中选择"GPIO_Input"，将"PA0""PA8""PB1""PB2"引脚配置成按键输入引脚（详见"3.2　GPIO 配置"）。

（2）将下列引脚配置成"GPIO_Output"：

- PC0～PC15　　　　　　　　　　　　LED 和 LCD 数据输出引脚
- PD2　　　　　　　　　　　　　　　LED 锁存器控制引脚
- PB5、PB8~PB10　　　　　　　　　LCD 控制引脚

（3）单击左侧类别下"Connectivity"右侧的大于号〉，选择"USART2"，在 USART2 模式下选择模式为"Asynchronous"，USART2 默认配置为：PA2-USART2_TX，PA3-USART2_RX，波特率为 115200 Bits/s[①]，8 位字长，无校验，1 个停止位（详见"4.2　USART 配置"）。

在"Parameter Settings"标签中做如下设置：

- Baud Rate　　　　　　　　　　　　9600 Bits/s

（4）在"Connectivity"下选择"SPI2"，在 SPI2 模式下选择模式为"Full-Duplex Master"，SPI2 默认配置为：PB13-SPI2_SCK，PB14-SPI2_MISO，PB15-SPI2_MOSI，数据位数为 8，高位在前（MSB First），波特率为 18.0MBits/s（详见 5.2　SPI 配置）。

（5）在"Connectivity"下选择"I2C1"，在 I2C1 模式下选择模式为"I2C"，I2C1 默认配置为：PB6-I2C1_SCL，PB7-I2C_SDA，速度模式为标准模式，时钟频率为 100kHz，7 位地址（详见"6.2 I²C 配置"）。

（6）单击左侧类别下"Analog"右侧的大于号〉，选择"ADC1"，在 ADC1 模式下选择"IN8"，

---

① 波特率的标准写法应为 bit/s，为与软件截图保持一致，本书写为 Bits/s，类似的单位还有 MBits/s、Bits 等。

默认配置为：PB0-ADC1_IN8，外接电位器 R37（详见"7.2　ADC 配置"）。

在 ADC1 模式下选择"Temperature Sensor Channel"，在 Parameter Settings 标签中 ADC_Injected_ConversionMode 项下做如下设置：

- Enable Injected_Conversions　　　　　Enable
- Number Of Conversions　　　　　　　1
- Injected Conversion Mode　　　　　　Auto Injected Mode
- Rank 1 的 Channel　　　　　　　　　Channel Temperature Sensor
- Rank 1 的 Simpling Time　　　　　　55.5 Cycles

（7）单击左侧类别下"Timers"右侧的大于号 ›，选择"TIM1"，在 TIM1 模式中选择 Channel1 为"PWM Generation CH1N"，默认配置为 PA7-TIM1_CH1N：输出 200Hz，占空比 10%的 PWM 波。

在 Parameter Settings 标签中做如下设置（详见"8.2　TIM 配置"）：

- Prescaler (PSC - 16 bits value)　　　　71（72/(71+1)=1（MHz））
- Counter Period (AutoReload Register - 16 bits value)：4999（周期 1MHz/(4999+1)=200Hz）
- Automatic Output State Enable
- Output Compare Channel 1N 的 Pluse(16 bits value)：500（占空比 500/5000=10%）

（8）在"Timers"下选择"TIM2"，在 TIM2 模式中做如下选择：

- Slave Mode　　　　　　　　　　　Reset Mode（复位模式）
- Trigger Source　　　　　　　　　　TI2FP2（默认配置 PA1-TIM2_CH2 输入捕捉）
- Channel2　　　　　　　　　　　　Input Capture direct mode（直接捕捉）
- Channel1　　　　　　　　　　　　Input Capture indirect mode（间接捕捉）

在 Parameter Settings 标签中做如下设置：

- Prescaler (PSC - 16 bits value)　　　　71（72（71+1）=1（MHz））
- Counter Period (AutoReload Register - 16 bits value)：65535（最大值）
- Input Capture Channel 1 的 Polarity Selection：Falling Edge（下降沿）

（9）在"Timers"下选择"TIM3"，在 TIM3 模式中选择 Channel1 为"PWM Generation CH1"，默认配置为 PA6-TIM3_CH1：输出频率 100Hz，占空比 10%的 PWM 波。

在 Parameter Settings 标签中做如下设置：

- Prescaler (PSC - 16 bits value)　　　　71（72/(71+1)=1（MHz））
- Counter Period (AutoReload Register - 16 bits value)：9999（周期 1MHz/(9999+1)=100Hz）
- Output Compare Channel 1 的 Pluse(16 bits value)：1000（占空比 1000/10000=10%）

（10）单击左侧类别下"System Core"右侧的大于号 ›，选择"RCC"，在 RCC 模式和配置下选择高速外部时钟（HSE）为"Crystal/Ceramic Resonator"（晶振/陶瓷滤波器），默认配置为：PD0-OSC_IN，PD1-OSC_OUT，外接 8MHz 晶振。

（11）在"System Core"下选择"SYS"，在 SYS 模式和配置下选择"JTAG (4 pin)"（4 线 JTAG），默认配置为：PA13-SYS_JTMS，PA14-SYS_JTCK，PA15-SYS_JTDI，PB3-SYS_JTDO，外接 Colink 调试器。时基源默认选择"SysTick"，用于 HAL 库超时定时。

完成后的引脚配置如图 2.7 所示。

4）时钟配置

时钟配置的步骤如下：

（1）单击时钟配置标签，在 HCLK 中输入"72"，显示时钟向导对话框。

（2）在时钟向导对话框中单击"OK"自动进行时钟配置。

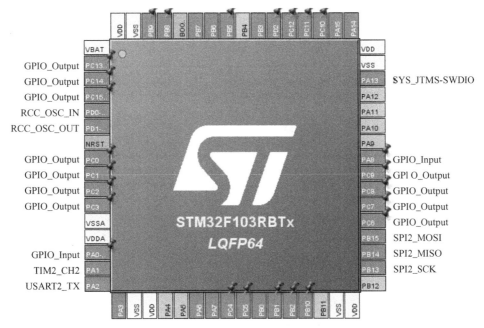

图 2.7 完成后的引脚配置

5）工程管理

工程管理的步骤如下：

（1）单击工程管理标签，在 Project Name 下输入工程名"HAL"，在 Project Location 下输入"D:\CT117E-F1"，Toolchain / IDE 选择"MDK-ARM"，Min Version 选择"V4"，使用最新工具包，或取消"Use latest available version"，选择"STM32Cube FW_F1 V1.8.0"。

注意： Keil5 不支持 Colink 下载调试器，所以 MDK-ARM 版本只能选"V4"。

（2）单击"Code Generator"，在"STM32Cube MCU packkages and embedded sofeware packs"中选择"Copy only the necessary library files"（只复制必要的库文件），在"Generated Files"中选中"Generate peripheral initialization as a pair of '.c/.h'files per peripheral"（每个设备分别生成一对初始化'.c/.h'文件）。

（3）单击"Advanced Settings"，驱动程序默认使用"HAL"。

6）生成 HAL/LL 工程

生成 HAL 工程的步骤如下：

（1）单击右上角的"GENERATE CODE"生成 HAL 工程和初始化代码，生成完成后显示代码生成对话框，如图 2.8 所示。

（2）单击"Open Folder"打开工程文件夹 HAL，其中包含下列文件和文件夹：

图 2.8　STM32CubeMX 代码生成对话框

- HAL.ioc：STM32CubeMX 工程文件
- MDK-ARM：Keil 工程文件夹，包含 Keil 工程文件和启动代码汇编语言文件
- Drivers：驱动软件库，包括 CMSIS 和 STM32F1xx_HAL_Driver 两个文件夹
- Core：用户文件夹，包括 Inc 和 Src 两个文件夹，Inc 包括用户头文件，Src 包括用户源文件和 1 个系统初始化源文件

注意：为了多个工程共用驱动软件库和用户文件，可以将"Src"文件夹中的"main.c"文件剪切粘贴到"MDK-ARM"文件夹，Keil 工程中也要做相应的修改（参见 2.3.2 节）。

（3）在"Advanced Settings"中将驱动程序全部修改为"LL"。

（4）单击"File"下的"Save Project As .."菜单项，将工程另存到"D:\CT117E-F1\LL"文件夹。如果文件夹已存在，显示警告对话框，如图 2.9 所示。

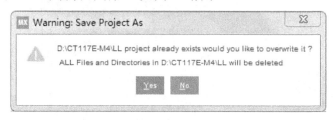

图 2.9　工程另存警告

选择"Yes"将删除文件夹中的所有文件和文件夹。选择"No"取消另存。

（5）单击右上角的"GENERATE CODE"生成 LL 工程和初始化代码，生成完成后打开工程文件夹 LL，其中包含下列文件和文件夹：

- LL.ioc：STM32CubeMX 工程文件
- MDK-ARM：Keil 工程文件夹，包含 Keil 工程文件和启动代码汇编语言文件
- Drivers：驱动软件库，包括 CMSIS 和 STM32F1xx_HAL_Driver 两个文件夹
- Core：用户文件夹，包括 Inc 和 Src 两个文件夹，Inc 包括用户头文件，Src 包括用户源文件和 1 个系统初始化源文件

注意：为了多个工程共用驱动软件库和用户文件，可以将"Src"文件夹中的"main.c"文件剪切粘贴到"MDK-ARM"文件夹，Keil 工程中也要做相应的修改（参见 2.3.2 节）。

2.3　集成开发环境（IDE）

STM32 的集成开发环境有 MDK-ARM、EWARM 和 STM32CubeIDE 等，本书以 MDK-ARM 为例介绍集成开发环境的安装和使用。

MDK-ARM 是 ARM 收购 Keil 后推出的 ARM MCU 开发工具，是 Keil 集成开发环境µVision 和 ARM 高效编译工具 RVCT（RealView Complie Tools）的完美结合。

MDK-ARM 经历了下列 5 个阶段：

- DK-ARM V1.0~V1.4
- Keil Development Tools for ARM V1.5
- Keil Development Suite for ARM V2.00～V2.42
- RealView Microcontroller Development Kit V2.50，V3.00~V3.80，V4.00～V4.20
- Microcontroller Development Kit V4.21～V4.73，V5.00～V5.36

早期版本的 MDK-ARM 内嵌软件开发包，如 RVMDK V4.12 内嵌 FWLib V2.0.1，MDK V4.73 内嵌 SPLib V3.5.0。从 MDK-ARM V5.00 开始，软件开发包以 STM32Cube 固件包的形式单独发布，如 stm32cube_fw_f1_v180.zip。下面以 MDK-ARM V5.36 为例介绍 MDK-ARM 的安装和使用。

2.3.1　MDK-ARM 安装

MDK-ARM 安装文件如下：

- MDK536.exe：MDK-ARM 安装文件

- Keil.STM32F1xx_DFP.2.3.0.pack：器件支持包
- MDKCM512.exe：MDK Cortex-M 传统器件支持包
- CDM20828_Setup.exe：Colink 调试器驱动文件
- CoMDKPlugin-1.3.1.exe：Colink 调试器插件文件

1）安装 MDK-ARM 及器件支持包

MDK-ARM 及器件支持包的安装步骤如下：

（1）双击 MDK-ARM 安装文件"MDK536.exe"，打开 MDK-ARM 安装向导，将 Keil 安装到默认目标文件夹"C:\Keil_v5"，安装完成后安装程序自动打开器件包安装程序，并显示提示对话框，如图 2.10 所示。

图 2.10　器件包安装提示对话框

（2）取消选中"Show this dialog at startup"，单击"OK"关闭提示对话框。

（3）在器件包安装窗口单击"File"菜单下的"Import ..."菜单项，打开导入器件包对话框，选择"Keil.STM32F1xx_DFP.2.3.0.pack"导入 STM32F1 系列器件包。

（4）双击 MDK Cortex-M 传统器件支持包"MDKCM512.exe"，将传统器件支持包安装到"C:\Keil_v5"文件夹。

2）安装 Colink 调试器驱动程序及插件

Colink 调试器驱动及插件的安装步骤如下：

（1）双击 Colink 调试器驱动文件"CDM20828_Setup.exe"，安装 Colink 调试器驱动程序，安装完成后显示安装完成，如图 2.11 所示。

（2）双击 Colink 调试器插件文件"CoMDKPlugin-1.3.1.exe"，将 Colink 调试器 MDK 插件安装到"C:\Keil_v5"文件夹。

2.3.2　MDK-ARM 使用

MDK-ARM 的使用包括：
- 生成目标程序文件
- 配置 Colink 调试器
- 下载目标程序
- 调试目标程序

图 2.11　Colink 调试器驱动程序安装完成

- 使用逻辑分析仪
- 修改工程文件

1）生成目标程序文件

生成目标程序文件的步骤如下：

（1）双击桌面上的 MDK-ARM 图标"Keil uVision5"，打开 Keil uVision5。

（2）单击"Project"菜单下的"Open Project..."菜单项，打开选择工程文件对话框，选择"D:\CT117E-F1\HAL\MDK-ARM"文件夹中的工程文件"HAL.uvproj"，HAL 工程中包含下列 4 个文件夹：

- Application/MDK-ARM：包含 1 个汇编语言源文件
- Drivers/STM32F1xx_HAL_Driver：包含 HAL 驱动程序源文件
- Drivers/CMSIS：包含 1 个系统初始化源文件
- Application/User/Core：包含用户源文件

注意：在"Project"窗口中右击"main.c"，从弹出菜单中选择"Options for File 'main.c'...'"，在对话框中将"Path"由"../Core/Src/main.c"修改为"main.c"。

（3）单击生成工具栏中的"Options for Target..."按钮 ✎ ，打开目标选项对话框，选择"C/C++"标签，选择"Optimization"为"Level 0 (-O0)"（不优化，方便调试）。

（4）单击"Include Paths"右侧的按钮 ┄ ，打开文件夹设置对话框，确认编译包含路径，如图 2.12 所示。

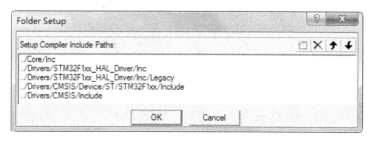

图 2.12　编译包含路径

注意：这些路径对编译非常重要，如果编译包含路径不正确，编译时将会有很多错误。

（5）单击生成工具栏中的"Build"按钮 ▦ ，编译 C 语言源文件并链接生成目标程序文件"HAL.axf"，如图 2.13 所示。

图 2.13　HAL 工程生成结果

注意：如果生成过程中有错误则不能生成目标程序文件。

2）配置 Colink 调试器

配置 Colink 调试器的步骤如下：

（1）将嵌入式设计与开发竞赛实训平台通过调试器 USB 插座 CN2 与 PC 相连，设备管理器中出现 USB 设备"USB Serial Converter A/B"和 COM 端口"USB Serial Port (COM22)"（不同的 PC

设备号 COM22 可能不同），如图 2.14 所示。

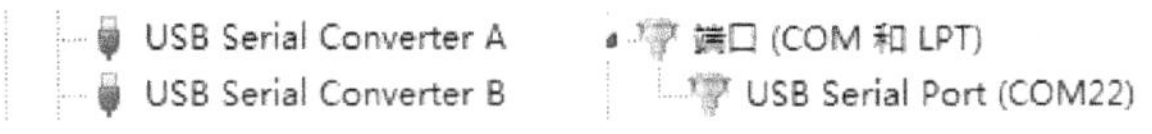

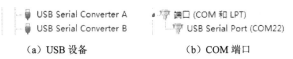

（a）USB 设备　　　　（b）COM 端口

图 2.14　Colink 调试器 USB 设备和 COM 端口

注意：如果没有图中设备和端口，请安装 Colink 调试器驱动程序。

注意：记住 COM 端口号，后面的串行通信要用到。

（2）单击生成工具栏中的“Options for Target...”按钮，打开目标选项对话框，选择“Debug”标签，选择“Use”为“CooCox Debugger”。

注意：如果没有“CooCox Debugger”选项，请安装 Colink 调试器 MDK 插件。

（3）单击右侧的“Settings”按钮，打开 CooCox 设置对话框，选择“Adapter”为“Colink”，如图 2.15 所示。

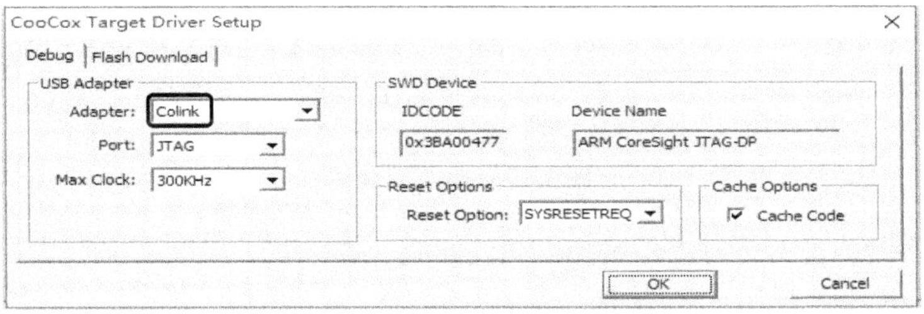

图 2.15　CooCox 设置对话框

注意：正常情况下，“IDCODE”应该为“0x3BA00477”，“Device Name”应该为“ARM CoreSight JTAG-DP”，但如果由于兼容性问题，两者不能正常显示，也不影响调试器正常使用。

3）下载目标程序

下载目标程序的步骤如下：

单击生成工具栏中的“Download”按钮，将目标程序下载到竞赛实训平台。

注意：由于程序主循环中没有任何操作，所以竞赛实训平台没有任何响应。

对 LL 工程做类似操作：

（1）打开“D:\CT117E-F1\LL\MDK-ARM”文件夹中的工程文件“LL.uvproj”，修改“main.c”和“stm32f1xx_it.c”的路径，选择“Optimization”为“Level 0 (-O0)”，编译生成目标程序文件“LL.axf”，如图 2.16 所示。

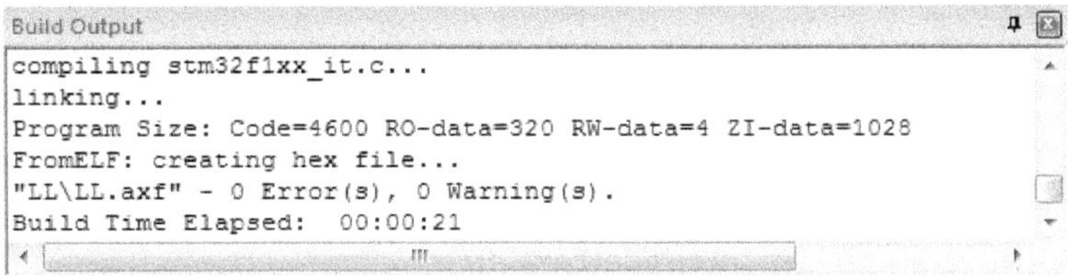

图 2.16　LL 工程生成结果

对比 HAL 和 LL 工程生成结果可以看出：LL 工程的代码长度和生成时间是 HAL 工程的一半左右。

（2）选择调试器为“CooCox Debugger”，选择“Adapter”为“Colink”，将目标程序下载到竞赛实训平台。

4）调试目标程序

生成时可以发现程序中的语法错误，但功能错误只能通过调试发现。通过调试不仅可以发现功能错误，还可以验证程序中语句和函数的功能。

目标程序的调试是程序设计的重要步骤，调试目标程序有两种模式：

● 使用仿真器（Use Simulator）：不需要调试器和目标硬件

● 使用调试器（Use Debugger）：需要调试器和目标硬件

调试目标程序的步骤如下：

（1）单击"Debug"菜单下的"Start/Stop Debug Session"，或单击文件工具栏中的"Start/Stop Debug Session"按钮 @，将目标程序下载到竞赛实训平台并进入调试界面，程序停在 HAL_Init() 函数处。关闭"Disassembly"（反汇编）窗口。

调试工具栏如图 2.17 所示，其中主要工具的使用在下节介绍。

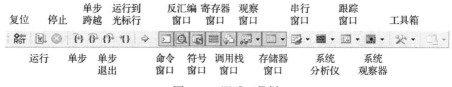

图 2.17　调试工具栏

（2）再次单击"Debug"菜单下的"Start/Stop Debug Session"，或单击文件工具栏中的"Start/Stop Debug Session"按钮 @，退出调试界面。

5）使用逻辑分析仪

使用仿真器（Use Simulator）调试和运行目标程序具有系统分析功能，包括 Logic Analyzer（逻辑分析仪）■、Performance Analyzer（性能分析仪）≣、Code Coverage（代码覆盖率）✓ 和 System Analyzer（系统分析仪，Keil5 新增功能）≫ 等，其中逻辑分析仪的使用如下：

（1）在调试界面单击系统分析仪中的 Logic Analyzer（逻辑分析仪），显示 Logic Analyzer（逻辑分析仪）窗口，如图 2.18 所示。

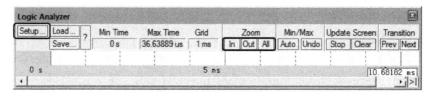

图 2.18　逻辑分析仪窗口

注意：为了看清信号的变化规律，可以单击逻辑分析仪窗口中"Zoom"下的"In"（放大）按钮 ⌷ 放大波形，单击"Out"（缩小）按钮 ⌷ 缩小波形，单击"All"按钮显示全部波形。

（2）在逻辑分析仪窗口中单击"Setup"（设置）按钮打开设置逻辑分析仪对话框。

单击"New"（新建）按钮 ⌷ 可以新建 Signal（信号），单击"Delete"（删除）按钮 ✕ 可以删除信号。逻辑分析仪支持下列 3 种信号：

● 全局程序变量（包括结构成员）

● 虚拟仿真寄存器（VTREG，代表 I/O 引脚，如 PORTA 等）

● 外设寄存器（如 GPIOA_ODR 等）

注意：寄存器的详细内容参见符号窗口，符号窗口可以通过单击调试工具栏中的符号窗口按钮 ⌷，或选择"View"（查看）菜单中的"Symbol Window"（符号窗口）菜单项打开。

信号显示类型（Display Type）包括模拟（Analog，不常用）、位（Bit）和状态（State，常用十六进制显示）3 种。

信号的显示公式（Display Formula）是：(Signal & Mask) >> Shift，其中 Mask 是屏蔽，Shift 是移位，例如，PORTB.4 = (PORTB & 0x0010) >> 4。

"Export Signal Definitions"（导出信号定义）按钮用于将当前逻辑分析仪信号导出到信号文件（扩展名为 UVL），"Import Signal Definitions"（导入信号定义）按钮用于将信号文件中的信号导入到当前逻辑分析仪。

注意： STM32CubeMX 生成的 HAL/LL 工程无法新建"虚拟仿真寄存器"和"外设寄存器"信号，必须在"选项"对话框"Debug"标签的下部对"Dialog DLL"和"Parameter"进行修改，如图 2.19 所示。逻辑分析仪的使用参见 3.6 节（图 3.12）、4.5 节（图 4.7）和 8.4 节（图 8.10）。

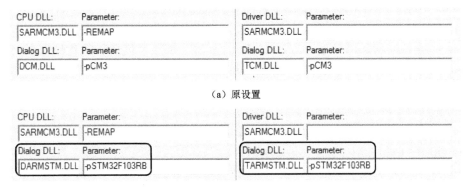

（a）原设置

（b）修改后设置

图 2.19　修改"Dialog DLL"和"Parameter"

6）修改工程文件

为了将 main.c 与 HAL/LL 隔离，可以对工程做如下修改：

（1）单击新建按钮 ▢ 新建文件"Text1"，单击保存按钮 ▦ 将文件另存到"HAL\Core\Src"或"LL\Core\Src"文件夹，文件名为"sys.c"。

（2）右击"Project"中的"Application/User/Core"，在弹出菜单中选择"Add Existing File to Group 'Application/User/Core'..."，选择"Core\Src"文件夹中的"sys.c"文件，单击"Add"按钮将"sys.c"添加到工程中。

（3）在"sys.c"中添加下列代码：

```
#include "main.h"
```

（4）将 main.c 中的 SystemClock_Config() 函数代码剪切粘贴到 sys.c 文件中。

（5）将 main() 中的下列代码

```
/* HAL 工程 */
 HAL_Init();
/* LL 工程 */
 LL_APB2_GRP1_EnableClock(LL_APB2_GRP1_PERIPH_AFIO);
 LL_APB1_GRP1_EnableClock(LL_APB1_GRP1_PERIPH_PWR);
 NVIC_SetPriorityGrouping(NVIC_PRIORITYGROUP_4);
 LL_GPIO_AF_Remap_SWJ_NONJTRST();
```

剪切粘贴到 sys.c 文件中 SystemClock_Config() 函数内前部。

（6）在 SystemClock_Config() 函数内后部添加下列代码（仅对 LL 工程）：

```
    LL_SYSTICK_EnableIT();            /* 允许 SysTick 中断 */
```

2.3.3 HAL 工程调试与分析

HAL 工程 Application/User/Core 文件夹中的 10 个用户源文件如下：
- main.c：包含主程序 main()
- sys.c：包含系统时钟配置 SystemClock_Config()
- stm32f1xx_it.c：包含 SysTick 中断处理程序 SysTick_Handler()
- stm32f1xx_hal_msp.c：包含初始化全局 MSP（MCU 支持包）程序 HAL_MspInit()
- gpio.c：包含 GPIO 初始化程序 MX_GPIO_Init()
- usart.c：包含 USART 初始化程序 MX_USART2_UART_Init()和 UART MSP 初始化程序 HAL_UART_MspInit()
- spi.c：包含 SPI 初始化程序 MX_SPI2_Init()和 SPI MSP 初始化程序 HAL_SPI_MspInit()
- i2c.c：包含 I²C 初始化程序 MX_I2C1_Init()和 I²C MSP 初始化程序 HAL_I2C_MspInit()
- adc.c：包含 ADC 初始化程序 MX_ADC1_Init()和 ADC MSP 初始化程序 HAL_ADC_MspInit()
- tim.c：包含 TIM 初始化程序 MX_TIM1_Init()/MX_TIM2_Init()/MX_TIM3_Init()和 TIM MSP 初始化程序 HAL_TIM_PWM_MspInit()/HAL_TIM_Base_MspInit()/HAL_TIM_MspPostInit()等

注意：这些用户源文件中都包含很多"USER CODE BEGIN"和"USER CODE END"注释对，用户写在这些注释对中间的程序在用 STM32CubeMX 重新生成工程时将予以保留。

1）主程序 main()

主程序 main()包括初始化和主循环两部分，主程序和部分初始化子程序流程如图 2.20 所示。

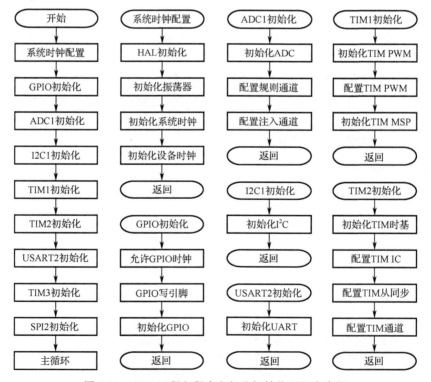

图 2.20 HAL 工程主程序和部分初始化子程序流程

初始化子程序包含 SystemClock_Config()、MX_GPIO_Init()、MX_ADC1_Init()、MX_I2C1_Init()、MX_TIM1_Init()、MX_TIM2_Init()、MX_USART2_UART_Init()、MX_TIM3_Init()和 MX_SPI2_Init()等。主循环当前为空，用户可以根据需要添加自己的程序。

2）SystemClock_Config()

（1）在 Keil 中单击"Debug"菜单下的"Start/Stop Debug Session"，或单击文件工具栏中的"Start/Stop Debug Session"按钮⬛，将目标程序下载到竞赛实训平台并进入调试界面，程序停在 SystemClock_Config()函数处。关闭"Disassembly"（反汇编）窗口。

（2）单击调试工具栏中的"Step"按钮⬛，进入 SystemClock_Config()函数。

（3）单击调试工具栏中的"Step Over"按钮⬛，运行 HAL_Init()函数。

（4）单击"Peripherals"菜单下"Core Peripherals"中的"System Tick Timer (SysTick)"菜单项，或单击调试工具栏中"System Viewer Windows"按钮⬛ ·右边的黑三角，再单击下拉菜单中"Core Peripherals"中的"System Tick Timer (SysTick)"菜单项，打开 SysTick 对话框，如图 2.21 所示，其中重装值为 0x003E7F（15999），默认系统时钟频率应该为 16MHz。

（5）单击调试工具栏中的"Step Out"按钮⬛，运行并退出 SystemClock_Config()函数，返回到 main()的 MX_GPIO_Init()函数处。

此时 SysTick 对话框如图 2.22 所示，其中重装值修改为 0x01193F（71999），系统时钟频率已设置为 72MHz。

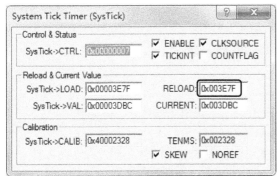

图 2.21　HAL 工程 SysTick 对话框 1

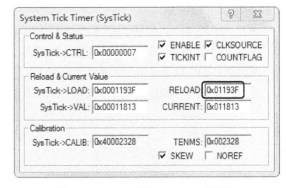

图 2.22　HAL 工程 SysTick 对话框 2

函数将 SysTick 配置为 1ms 中断，并设置为最高中断优先级。SysTick 中断处理程序 SysTick_Handler()在"stm32f1xx_it.c"文件中，通过调用 HAL_IncTick()实现毫秒值 uwTick 加 uwTickFreq(1)。

3）MX_GPIO_Init()

（1）单击调试工具栏中的"Step"按钮⬛，进入"gpio.c"文件中的"MX_GPIO_Init()"函数，包括下列函数：

● __HAL_RCC_GPIOA_CLK_ENABLE(): 允许 GPIO 时钟
● HAL_GPIO_WritePin(): 写 GPIO 引脚
● HAL_GPIO_Init(): 初始化 GPIO

其中第 1 个函数的代码在"stm32f1xx_hal_rcc.h"文件中，后 2 个函数的代码在"stm32f1xx_hal_gpio.c"文件中，功能介绍和调试参见第 3 章。

（2）单击调试工具栏中的"Step Out"按钮⬛，运行并退出 MX_GPIO_Init()函数，返回到 main()的 MX_ADC1_Init()函数处。

4）MX_ADC1_Init()

（1）单击调试工具栏中的"Step"按钮 ，进入"adc.c"文件中的"MX_ADC1_Init()"函数，包括下列函数：

● HAL_ADC_Init()：初始化 ADC
● HAL_ADC_ConfigChannel()：配置规则通道
● HAL_ADCEx_InjectedConfigChannel()：配置注入通道

相关程序在"stm32f1xx_hal_adc.c"文件中，功能介绍和调试参见第 7 章。

（2）单击 MX_ADC1_Init()中的下列代码：

```
52  if (HAL_ADC_Init(&hadc1) != HAL_OK)
```

再单击调试工具栏中的"Run to Cursor Line"按钮 ，运行到当前光标行。

（3）单击调试工具栏中的"Step"按钮 ，进入"stm32f1xx_hal_adc.c"文件中的"HAL_ADC_Init()"函数。

（4）单击 HAL_ADC_Init()中的下列代码：

```
483  HAL_ADC_MspInit(hadc);
```

再单击调试工具栏中的"Run to Cursor Line"按钮 ，运行到当前光标行。

（5）单击调试工具栏中的"Step"按钮 ，进入"adc.c"文件中的"HAL_ADC_MspInit()"函数，包括下列函数：

● __HAL_RCC_ADC1_CLK_ENABLE()：允许 ADC1 时钟
● __HAL_RCC_GPIOB_CLK_ENABLE()：允许 GPIOB 时钟
● HAL_GPIO_Init()：初始化 PB0-ADC1_IN8

此时调用栈和局部变量窗口如图 2.23 所示。

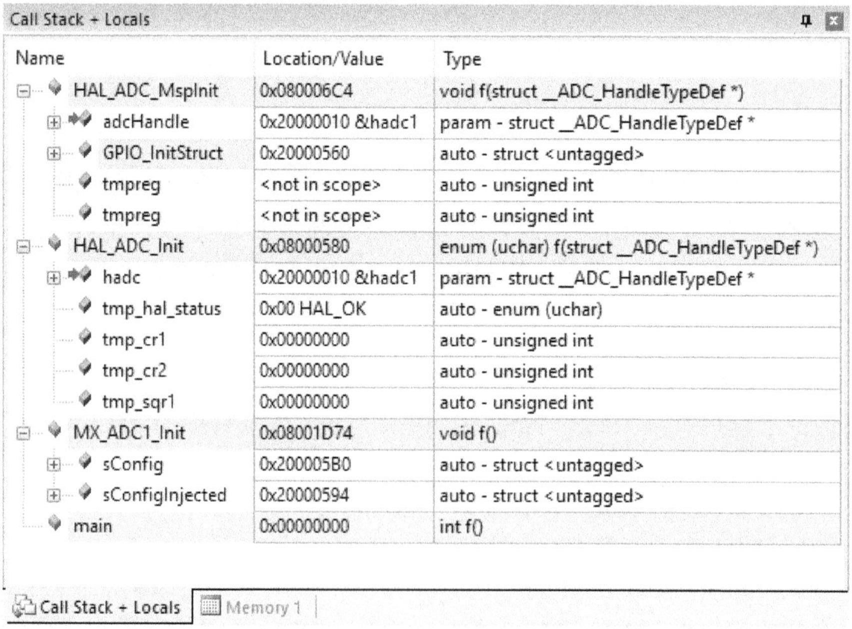

Name	Location/Value	Type
⊟ ◈ HAL_ADC_MspInit	0x080006C4	void f(struct __ADC_HandleTypeDef *)
⊞ ◈◈ adcHandle	0x20000010 &hadc1	param - struct __ADC_HandleTypeDef *
⊞ ◈ GPIO_InitStruct	0x20000560	auto - struct <untagged>
◈ tmpreg	<not in scope>	auto - unsigned int
◈ tmpreg	<not in scope>	auto - unsigned int
⊟ ◈ HAL_ADC_Init	0x08000580	enum (uchar) f(struct __ADC_HandleTypeDef *)
⊞ ◈◈ hadc	0x20000010 &hadc1	param - struct __ADC_HandleTypeDef *
◈ tmp_hal_status	0x00 HAL_OK	auto - enum (uchar)
◈ tmp_cr1	0x00000000	auto - unsigned int
◈ tmp_cr2	0x00000000	auto - unsigned int
◈ tmp_sqr1	0x00000000	auto - unsigned int
⊟ ◈ MX_ADC1_Init	0x08001D74	void f()
⊞ ◈ sConfig	0x200005B0	auto - struct <untagged>
⊞ ◈ sConfigInjected	0x20000594	auto - struct <untagged>
◈ main	0x00000000	int f()

Call Stack + Locals　　Memory 1

图 2.23　调用栈和局部变量窗口

可以看出：main()调用 MX_ADC1_Init()，MX_ADC1_Init()调用 HAL_ADC_Init()，HAL_ADC_Init()调用 HAL_ADC_MspInit(hadc)。

注意：单击工具栏中的"Call Stack Window"按钮🔧可以打开或关闭调用栈和局部变量窗口。

（6）单击调试工具栏中的"Step Out"按钮{}，运行并退出 HAL_ADC_MspInit()函数，返回到 HAL_ADC_Init()函数。

（7）单击调试工具栏中的"Step Out"按钮{}，运行并退出 HAL_ADC_Init()函数，返回到 MX_ADC1_Init()函数。

（8）单击调试工具栏中的"Step Out"按钮{}，运行并退出 MX_ADC1_Init()函数，返回到 main()的 MX_I2C1_Init()函数处。

5）MX_I2C1_Init()

MX_I2C1_Init()的调试分析方法和 MX_ADC1_Init()类似，简单介绍如下：

（1）右击"MX_I2C1_Init()"函数，在弹出菜单中单击"Go To Definition Of 'MX_I2C1_Init'"菜单项，打开"i2c.c"文件，定位在"MX_I2C1_Init()"函数，包括下列函数：

● HAL_I2C_Init()：*初始化 I^2C*

相关程序在"stm32f1xx_hal_i2c.c"文件中，功能介绍和调试参见第 6 章。

（2）右击"HAL_I2C_Init()"函数，在弹出菜单中单击"Go To Definition Of 'HAL_I2C_Init'"菜单项，打开"stm32f1xx_hal_i2c.c"文件，定位在"HAL_I2C_Init()"函数。

（3）右击 502 行的"HAL_I2C_MspInit()"函数，在弹出菜单中单击"Go To Next Reference to 'HAL_I2C_MspInit'"菜单项，打开"i2c.c"文件，定位在"HAL_I2C_MspInit()"函数，包括下列函数：

● __HAL_RCC_GPIOB_CLK_ENABLE()：*允许 GPIOB 时钟*
● HAL_GPIO_Init()：*初始化 PB6-I2C1_SCL 和 PB7-I2C1_SDA*
● __HAL_RCC_I2C1_CLK_ENABLE()：*允许 I2C1 时钟*

（4）单击文件工具栏中的"Navigate Backwards"按钮⬅两次，返回 HAL_I2C_Init()。

（5）单击文件工具栏中的"Navigate Backwards"按钮⬅两次，返回 MX_I2C1_Init()。

（6）单击文件工具栏中的"Navigate Backwards"按钮⬅，返回 main()。

（7）单击调试工具栏中的"Step Over"按钮{}，运行 MX_I2C1_Init()函数。

6）MX_TIM1_Init()

MX_TIM1_Init()的程序在"tim.c"文件中，包括下列函数：

● HAL_TIM_PWM_Init()：*初始化 TIM PWM（设置预分频和周期）*
● HAL_TIM_PWM_ConfigChannel()：*配置 TIM PWM（设置脉冲宽度）*
● HAL_TIM_MspPostInit()：*初始化 TIM MSP（配置 PA7-TIM1_CH1N 输出比较）*

其中前 2 个函数的相关程序在"stm32f1xx_hal_tim.c"文件中，功能介绍参见第 8 章。

HAL_TIM_PWM_Init()包括 HAL_TIM_PWM_MspInit()（初始化 TIM PWM MSP），相关程序也在"tim.c"文件中，对于 TIM1 包括下列函数：

● __HAL_RCC_TIM1_CLK_ENABLE()：*允许 TIM1 时钟*

HAL_TIM_MspPostInit()的相关程序也在"tim.c"文件中，对于 TIM1 包括下列函数：

● __HAL_RCC_GPIOA_CLK_ENABLE()：*允许 GPIOA 时钟*
● HAL_GPIO_Init()：*初始化 PA7-TIM1_CH1N 输出比较*

7）MX_TIM2_Init()

MX_TIM2_Init()的程序也在"tim.c"文件中，包括下列函数：

- HAL_TIM_Base_Init()：初始化 TIM 时基（设置预分频和周期）
- HAL_TIM_IC_Init()：初始化 TIM 输入捕捉
- HAL_TIM_SlaveConfigSynchro()：配置 TIM 从同步
- HAL_TIM_IC_ConfigChannel()：配置 TIM 输入捕捉通道

HAL_TIM_Base_Init()包括 HAL_TIM_Base_MspInit()（初始化 TIM 时基 MSP），相关程序也在"tim.c"文件中，对于 TIM2 包括下列函数：

- __HAL_RCC_TIM2_CLK_ENABLE()：允许 TIM2 时钟
- __HAL_RCC_GPIOA_CLK_ENABLE()：允许 GPIOA 时钟
- HAL_GPIO_Init()：初始化 PA1-TIM2_CH2 输入捕捉

8）MX_USART2_UART_Init()

MX_USART2_UART_Init()的程序在"usart.c"文件中，包括下列函数：

- HAL_UART_Init()：初始化 UART

相关程序在"stm32f1xx_hal_uart.c"文件中，功能介绍和调试参见第 4 章。

HAL_UART_Init()包括 HAL_UART_MspInit()（初始化 UART MSP），相关程序也在"usart.c"文件中，包括下列函数：

- __HAL_RCC_USART2_CLK_ENABLE()：允许 USART2 时钟
- __HAL_RCC_GPIOA_CLK_ENABLE()：允许 GPIOA 时钟
- HAL_GPIO_Init()：初始化 PA2-USART2_TX 和 PA3-USART2_RX

9）MX_TIM3_Init()

MX_TIM3_Init()和 MX_TIM1_Init()类似，不再重复介绍。

10）MX_SPI2_Init()

MX_SPI2_Init()的程序在 spi.c 文件中，包括下列函数：

- HAL_SPI_Init()：初始化 SPI

相关程序在"stm32f1xx_hal_spi.c"文件中，功能介绍和调试参见第 5 章。

HAL_SPI_Init()包括 HAL_SPI_MspInit()（初始化 SPI MSP），相关程序也在"spi.c"文件中，包括下列函数：

- __HAL_RCC_SPI2_CLK_ENABLE()：允许 SPI2 时钟
- __HAL_RCC_GPIOB_CLK_ENABLE()：允许 GPIOB 时钟
- HAL_GPIO_Init()：初始化 PB13-SPI2_SCK、PB14-SPI2_MISO 和 PB15-SPI2_MOSI

2.3.4　LL 工程调试与分析

LL 工程 Application/User/Core 文件夹中的 9 个用户源文件如下：

- main.c：包含主程序 main()
- sys.c：包含系统时钟配置 SystemClock_Config()
- stm32f1xx_it.c：包含中断处理程序
- gpio.c：包含 GPIO 初始化程序 MX_GPIO_Init()
- usart.c：包含 USART 初始化程序 MX_USART2_UART_Init()
- spi.c：包含 SPI 初始化程序 MX_SPI2_Init()
- i2c.c：包含 I^2C 初始化程序 MX_I2C1_Init()

- adc.c：包含 ADC 初始化程序 MX_ADC1_Init()
- tim.c：包含 TIM 初始化程序 MX_TIM1_Init()、MX_TIM2_Init()和 MX_TIM3_Init()

注意：这些源文件都是用户可修改文件，其中都包含很多"USER CODE BEGIN"和"USER CODE END"注释对，用户写在这些注释对中间的程序在用 STM32CubeMX 重新生成工程时将予以保留。

1）主程序 main()

主程序 main()包括初始化和主循环两部分，主程序和部分初始化子程序流程如图 2.24 所示。

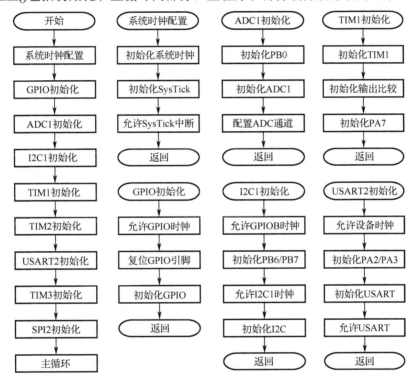

图 2.24　LL 工程主程序和部分初始化子程序流程

初始化子程序包含 SystemClock_Config()、MX_GPIO_Init()、MX_ADC1_Init()、MX_I2C1_Init()、MX_TIM1_Init()、MX_TIM2_Init()、MX_USART2_UART_Init()、MX_TIM3_Init()和 MX_SPI2_Init()等。主循环当前为空，用户可以根据需要添加自己的程序。

2）SystemClock_Config()

SystemClock_Config()主要包括初始化系统时钟、初始化 SysTick（1ms 定时）和允许 SysTick中断等。

3）MX_GPIO_Init()

MX_GPIO_Init()的程序在"gpio.c"文件中，包括下列函数：
- LL_APB2_GRP1_EnableClock()：允许 GPIO 时钟
- LL_GPIO_ResetOutputPin()：复位 GPIO 输出引脚
- LL_GPIO_Init()：初始化 GPIO

其中复位 GPIO 输出引脚和初始化 GPIO 程序在"stm32f1xx_ll_gpio.c"文件中，功能介绍和调试参见第 3 章。

4）MX_USART2_UART_Init()

MX_USART2_UART_Init()的程序在"usart.c"文件中，包括下列函数：
- LL_APB1_GRP1_EnableClock()：*允许 USART2 时钟*
- LL_APB2_GRP1_EnableClock()：*允许 GPIOA 时钟*
- LL_GPIO_Init()：*初始化 PA2-USART2_TX 和 PA3-USART2_RX*
- LL_USART_Init()：*初始化 USART2*
- LL_USART_Enable()：*允许 USART2*

其中后 2 个函数的相关程序在"stm32f1xx_ll_usart.c/h"文件中，功能介绍参见第 4 章。

5）MX_SPI2_Init()

MX_SPI2_Init()的程序在"spi.c"文件中，包括下列函数：
- LL_APB1_GRP1_EnableClock()：*允许 SPI2 时钟*
- LL_APB2_GRP1_EnableClock()：*允许 GPIOB 时钟*
- LL_GPIO_Init()：*初始化 PB13-SPI2_SCK、PB14-SPI2_MISO 和 PB15-SPI2_MOSI*
- LL_SPI_Init()：*初始化 SPI2*

其中初始化 SPI2 的程序在"stm32f1xx_ll_spi.c/h"文件中，功能介绍和调试参见第 5 章。

6）MX_I2C1_Init()

MX_I2C1_Init()的程序在"i2c.c"文件中，包括下列函数：
- LL_APB2_GRP1_EnableClock()：*允许 GPIOB 时钟*
- LL_GPIO_Init()：*初始化 PB6-I2C1_SCL 和 PB7-I2C1_SDA*
- LL_APB1_GRP1_EnableClock()：*允许 I2C1 时钟*
- LL_I2C_Init()：*初始化 I2C1*

其中初始化 I^2C 的程序在"stm32f1xx_ll_i2c.c/h"文件中，功能介绍和调试参见第 6 章。

7）MX_ADC1_Init()

MX_ADC1_Init()的程序在"adc.c"文件中，包括下列函数：
- LL_APB2_GRP1_EnableClock()：*允许 ADC1 和 GPIOB 时钟*
- LL_GPIO_Init()：*初始化 PB0-ADC1_IN8*
- LL_ADC_Init()：*初始化 ADC1*
- LL_ADC_REG_Init()：*初始化 ADC 规则通道*
- LL_ADC_REG_SetSequencerRanks()：*配置规则通道*
- LL_ADC_INJ_SetSequencerRanks()：*配置注入通道*

其中后 4 个函数的程序在"stm32f1xx_ll_adc.c/h"文件中，功能介绍和调试参见第 7 章。

8）MX_TIM1_Init()和 MX_TIM3_Init()

MX_TIM1_Init()和 MX_TIM3_Init()的程序在"tim.c"文件中，包括下列函数：
- LL_APB2_GRP1_EnableClock()：*允许 TIM1 时钟*
- LL_APB1_GRP1_EnableClock()：*允许 TIM3 时钟*
- LL_TIM_Init()：*初始化 TIM1 和 TIM3（设置预分频和周期）*
- LL_TIM_OC_Init()：*初始化 TIM1 和 TIM3 输出比较（设置脉冲宽度）*
- LL_APB2_GRP1_EnableClock()：*允许 GPIOA 时钟*

● LL_GPIO_Init()：*初始化 PA7-TIM1_CH1N 和 PA6-TIM3_CH1 输出比较*

其中初始化 TIM 和初始化 TIM 输出比较的程序在"stm32f1xx_ll_tim.c"文件中，功能介绍和调试参见第 8 章。

9）MX_TIM2_Init()

MX_TIM2_Init()的程序也在"tim.c"文件中，包括下列函数：

● LL_APB1_GRP1_EnableClock()：*允许 TIM2 时钟*
● LL_APB2_GRP1_EnableClock()：*允许 GPIOA 时钟*
● LL_GPIO_Init()：*初始化 PA1-TIM2_CH2 输入捕捉*
● LL_TIM_Init()：*初始化 TIM2（设置预分频和周期）*
● LL_TIM_SetTriggerInput()：设置 TIM2 触发输入 LL_TIM_TS_TI2FP2
● LL_TIM_SetSlaveMode()：设置 TIM2 从模式 LL_TIM_SLAVEMODE_RESET
● LL_TIM_IC_SetPolarity()：设置 TIM2 输入捕捉极性
● LL_TIM_IC_SetActiveInput()：设置 TIM2 输入捕捉活动输入

其中后 5 个函数的程序也在"stm32f1xx_ll_tim.c"文件中。

对比 HAL 和 LL 工程可以看出：HAL 工程每个外设的驱动函数基本都包括外设初始化和引脚配置两个函数，在外设初始化函数中调用引脚配置函数，两个函数的内容都与 MCU 直接相关；LL 工程则将两部分合为一个函数，结构比较清晰。

第3章　通用并行接口 GPIO

通用并行接口 GPIO 包括多个 16 位 I/O 端口（GPIOA~GPIOD），每个端口可以独立设置 4 种输入方式（浮空、上拉、下拉和模拟）和 4 种输出方式（通用推挽、通用开漏、复用推挽和复用开漏），并可独立地置位或复位。

3.1　GPIO 结构及寄存器

GPIO 的基本结构如图 3.1 所示。GPIO 由寄存器、输入驱动器和输出驱动器等部分组成。

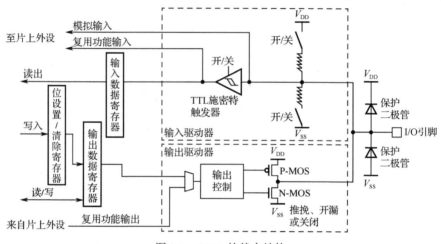

图 3.1　GPIO 的基本结构

GPIO 寄存器包括配置寄存器（CRL 和 CRH）、输入数据寄存器 IDR、输出数据寄存器 ODR 和位设置/清除寄存器（BSRR 和 BRR）等。

输入驱动器包括上拉/下拉电阻和施密特触发器，实现 3 种输入配置：浮空输入时上拉/下拉电阻断开；上拉/下拉输入时根据 ODR 的数据连接上拉/下拉电阻，这两种输入配置下施密特触发器打开，输入数据经施密特触发器输入到输入数据寄存器或片上设备（复用输入）；模拟输入时上拉/下拉电阻断开，施密特触发器关闭，模拟输入到片上设备（如 ADC 等）。

输出驱动器包括输出控制和输出 MOS 管等，实现 4 种输出配置：通用输出的数据来自输出数据寄存器，复用输出的数据来自片上设备；推挽输出 0 时 N-MOS 管导通，输出 1 时 P-MOS 管导通；开漏输出时 P-MOS 管关闭，输出 0 时 N-MOS 管导通，输出 1 时 N-MOS 管也关闭，端口处于高阻状态。

输入配置时输出驱动器关闭，输出配置时输入驱动器的上拉/下拉电阻断开，施密特触发器打开，输出数据可经施密特触发器输入到输入数据寄存器。

输入数据通过 IDR 实现。输出数据可以通过 ODR 实现，也可以通过 BSRR 和 BRR 实现位操作，即只对 1 对应的位设置或清除，而不影响 0 对应的位，相当于对 ODR 进行按位"或"操作（设置）和按位"与"操作（清除）。

GPIO 寄存器如表 3.1 所示。

表 3.1　GPIO 寄存器

偏移地址	名　称	类　型	复　位　值	说　　明
0x00	CRL	读/写	0x4444 4444	配置寄存器低位（P7~P0，详见表 3.2）
0x04	CRH	读/写	0x4444 4444	配置寄存器高位（P15~P8，详见表 3.2）
0x08	IDR	读	—	输入数据寄存器（16 位）
0x0C	ODR	读/写	0x0000	输出数据寄存器（16 位）
0x10	BSRR	写	0x0000 0000	位设置/清除寄存器：低 16 位设置，高 16 位清除 0—不影响，1—ODR 对应位设置/清除
0x14	BRR	写	0x0000	位清除寄存器，与 BSRR 的高 16 位功能相同 0—不影响，1—ODR 对应位清除
0x18	LCKR	读/写	0x0000 0000	配置锁定寄存器

配置寄存器（CRL 和 CRH）中每个端口对应的 4 个配置位是 CNF[1:0]和 MODE[1:0]，GPIO 端口配置如表 3.2 所示。

表 3.2　GPIO 端口配置

CNF[1:0]	MODE[1:0]	输　入　配　置	CNF[1:0]	MODE[1:0] [2]	输　出　配　置
00	00	模拟输入	00	01/10/11	通用推挽输出
01	00	浮空输入（复位状态）	01	01/10/11	通用开漏输出
10	00	上拉/下拉输入 [1]	10	01/10/11	复用推挽输出
11	00	保留	11	01/10/11	复用开漏输出

注：（1）ODR=1：上拉，ODR=0：下拉。

（2）01/10/11 依次对应最大输出频率为 10MHz/2MHz/50MHz。

3.2　GPIO 配置

GPIO 的配置步骤如下：

（1）单击 STM32CubeMX 引脚图中的引脚"PA0-WKUP"，弹出引脚功能选择菜单，如图 3.2 所示。

其中包含 PA0-WKUP 引脚的通用功能和复用功能，这里只介绍通用功能的配置，复用功能的配置在相应章节介绍。

（2）选择"GPIO_Input"，"PA0-WKUP"出现在"GPIO Mode and Configuration"列表中（单击"Categories"下"System Core"中的"GPIO"可以显示"GPIO Mode and Configuration"列表），其中显示"PA0-WKUP"的默认配置如下：

● GPIO mode：Input Mode——输入模式。

● GPIO Pull-up/Pull-down：No pull-up and no pull-down—— 不上拉下拉输入（浮空输入）。

（3）在列表中选择"PA0-WKUP"，在列表的下方显示 PA0- WKUP 配置选择，如图 3.3 所示。

图 3.2　GPIO 引脚功能选择菜单

其中 GPIO mode 不能选择，GPIO Pull-up/Pull-down 可以根据需要选择"No pull-up and no pull-down"—不上拉下拉输入（浮空输入）、"Pull-up"—上拉输入或"Pull-down"—下拉输入。

（4）单击 STM32CubeMX 引脚图中的引脚"PD2"，在弹出菜单中选择"GPIO_Output"，"GPIO Mode and Configuration"列表中"PD2"的默认配置如下：

- GPIO output level: Low—低电平。
- GPIO mode: Output Push Pull—推挽输出。
- GPIO Pull-up/Pull-down: No pull-up and no pull-down—不上拉下拉输出。
- Maximum output speed: Low—低速（2MHz）。

（5）在列表中选择"PD2"，在列表的下方显示 PD2 配置选择，如图 3.4 所示。

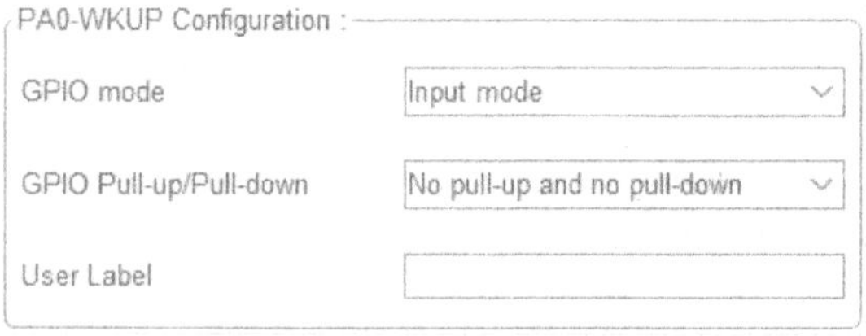

图 3.3 GPIO 输入功能配置 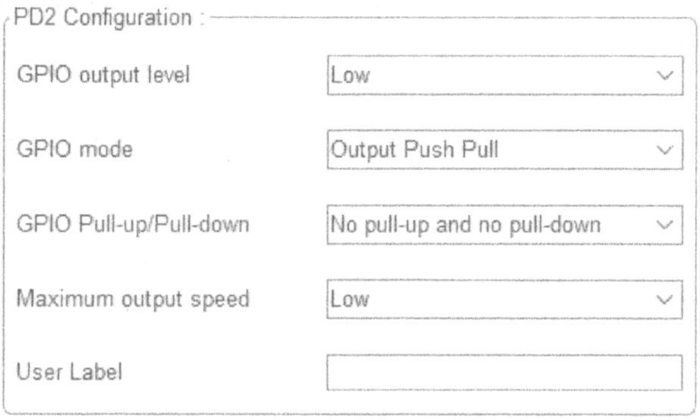　　　　　　　图 3.4 GPIO 输出功能配置

- GPIO output level: 可以选择"Low"—低电平或"High"—高电平。
- GPIO mode: 可以选择"Output Push Pull"—推挽输出或"Output Open Drain"—开漏输出。
- GPIO Pull-up/Pull-down: 可以选择"No pull-up and no pull-down"—不上拉下拉输出、"Pull-up"—上拉输出或"Pull-down"—下拉输出。
- Maximum output speed: 可以选择"Low"—低速（2MHz）、"Medium"—中速（10MHz）或"High"—高速（50MHz）。

（6）在弹出菜单中选择"Reset_State"（复位状态）可以取消引脚配置。

GPIO 配置完成后生成的相应 HAL 和 LL 初始化程序分别在 HAL\Core\Src\gpio.c 和 LL\Core\Src\gpio.c 中，其中主要代码如下：

```
/* HAL 工程 */
__HAL_RCC_GPIOA_CLK_ENABLE();

GPIO_InitStruct.Pin = GPIO_PIN_2;
GPIO_InitStruct.Mode = GPIO_MODE_OUTPUT_PP;
GPIO_InitStruct.Pull = GPIO_NOPULL;
GPIO_InitStruct.Speed = GPIO_SPEED_FREQ_LOW;
HAL_GPIO_Init(GPIOD, &GPIO_InitStruct);
/* LL 工程 */
LL_APB2_GRP1_EnableClock(LL_APB2_GRP1_PERIPH_GPIOA);

GPIO_InitStruct.Pin = LL_GPIO_PIN_2;
GPIO_InitStruct.Mode = LL_GPIO_MODE_OUTPUT;
GPIO_InitStruct.Speed = LL_GPIO_SPEED_FREQ_LOW;
```

```
GPIO_InitStruct.OutputType = LL_GPIO_OUTPUT_PUSHPULL;
LL_GPIO_Init(GPIOD, &GPIO_InitStruct);
```

3.3 GPIO 库函数

GPIO 库函数包括 HAL 库函数和 LL 库函数。

3.3.1 GPIO HAL 库函数

基本的 GPIO HAL 库函数在 stm32f1xx_hal_gpio.h 中声明如下：

```
void HAL_GPIO_Init(GPIO_TypeDef* GPIOx, GPIO_InitTypeDef* GPIO_Init);
GPIO_PinState HAL_GPIO_ReadPin(GPIO_TypeDef* GPIOx, uint16_t GPIO_Pin);
void HAL_GPIO_WritePin(GPIO_TypeDef* GPIOx, uint_16 GPIO_Pin,
  GPIO_PinState PinState);
```

注意：HAL 没有读写 IDR 和 ODR 的函数，只能直接读写寄存器。

1）初始化 GPIO

```
void HAL_GPIO_Init(GPIO_TypeDef* GPIOx, GPIO_InitTypeDef* GPIO_Init);
```

参数说明：

★ GPIOx：GPIO 名称，取值是 GPIOA～GPIOD。

★ GPIO_Init：GPIO 初始化参数结构体指针，初始化参数结构体在 stm32f1xx_hal_gpio.h 中定义如下：

```
typedef struct
{ uint32_t Pin;                    /* 引脚 */
  uint32_t Mode;                   /* 模式 */
  uint32_t Pull;                   /* 上拉/下拉 */
  uint32_t Speed;                  /* 速度 */
} GPIO_InitTypeDef;
```

其中 Pin 和 Mode 分别在 stm32f1xx_hal_gpio.h 中定义如下：

```
#define GPIO_PIN_0              ((uint16_t)0x0001)      /* 引脚 0 */
..........................................................................
#define GPIO_PIN_15             ((uint16_t)0x8000)      /* 引脚 15 */
#define GPIO_PIN_ALL            ((uint16_t)0xFFFF)      /* 所有引脚 */

  #define GPIO_MODE_INPUT         0x00000000u            /* 浮空输入 */
  #define GPIO_MODE_OUTPUT_PP     0x00000001u            /* 通用推挽输出 */
  #define GPIO_MODE_OUTPUT_OD     0x00000011u            /* 通用开漏输出 */
  #define GPIO_MODE_AF_PP         0x00000002u            /* 复用推挽输出 */
  #define GPIO_MODE_AF_OD         0x00000012u            /* 复用开漏输出 */
  #define GPIO_MODE_ANALOG        0x00000003u            /* 模拟输入 */
```

2）GPIO 读引脚

```
GPIO_PinState HAL_GPIO_ReadPin(GPIO_TypeDef* GPIOx, uint16_t GPIO_Pin);
```

参数说明：

★ GPIOx：GPIO 名称，取值是 GPIOA～GPIOD。

★ GPIO_Pin：GPIO 引脚，取值是 GPIO_PIN_0～GPIO_PIN_15 或 GPIO_PIN_ALL。

返回值：GPIO 引脚状态，GPIO 引脚状态在 stm32f1xx_hal_gpio.h 中定义如下：

```
typedef enum
{ GPIO_PIN_RESET = 0U,
  GPIO_PIN_SET
} GPIO_PinState;
```

注意：对于多个引脚，所有引脚都为低电平时返回 GPIO_PIN_RESET（0）。

3）GPIO 写引脚

```
void HAL_GPIO_WritePin(GPIO_TypeDef* GPIOx, uint16_t GPIO_Pin,
  GPIO_PinState PinState);
```

参数说明：

★ GPIOx：GPIO 名称，取值是 GPIOA～GPIOD。

★ GPIO_Pin：GPIO 引脚，取值是 GPIO_PIN_0～GPIO_PIN_15 或 GPIO_PIN_ALL。

★ PinState：GPIO 引脚状态，取值是 GPIO_PIN_RESET 或 GPIO_PIN_SET。

注意：对于多个引脚，所有引脚的状态相同。

3.3.2　GPIO LL 库函数

基本的 GPIO LL 库函数在 stm32f1xx_ll_gpio.h 中声明如下：

```
ErrorStatus LL_GPIO_Init(GPIO_TypeDef* GPIOx,
  LL_GPIO_InitTypeDef* GPIO_InitStruct);
uint32_t LL_GPIO_ReadInputPort(GPIO_TypeDef* GPIOx);
uint32_t LL_GPIO_IsInputPinSet(GPIO_TypeDef* GPIOx, uint32_t PinMask);
void LL_GPIO_WriteOutputPort(GPIO_TypeDef* GPIOx, uint32_t PortValue);
void LL_GPIO_SetOutputPin(GPIO_TypeDef* GPIOx, uint32_t PinMask);
void LL_GPIO_ResetOutputPin(GPIO_TypeDef* GPIOx, uint32_t PinMask);
```

1）初始化 GPIO

```
ErrorStatus LL_GPIO_Init(GPIO_TypeDef* GPIOx,
  LL_GPIO_InitTypeDef* GPIO_InitStruct);
```

参数说明：

★ GPIOx：GPIO 名称，取值是 GPIOA～GPIOD。

★ GPIO_InitStruct：GPIO 初始化参数结构体指针，初始化参数结构体在 stm32f1xx_ll_gpio.h 中定义如下：

```
typedef struct
{ uint32_t Pin;              /* 引脚 */
  uint32_t Mode;             /* 模式 */
  uint32_t Speed;            /* 速度 */
  uint32_t OutputType;       /* 输出类型 */
  uint32_t Pull;             /* 上拉/下拉 */
```

```
} LL_GPIO_InitTypeDef;
```

其中 Pin、Mode 和 OutputType 分别在 stm32f1xx_ll_gpio.h 中定义如下：

```
#define LL_GPIO_PIN_0            ((GPIO_BSRR_BS0  << GPIO_PIN_MASK_POS) |
                                 0x00000001U)        /* 引脚 0 */
.................................................................................
#define LL_GPIO_PIN_15           ((GPIO_BSRR_BS15 << GPIO_PIN_MASK_POS) |
                                 0x04000080U)        /* 引脚 15 */

#define LL_GPIO_MODE_ANALOG      0x00000000U         /* 模拟模式 */
#define LL_GPIO_MODE_FLOATING    GPIO_CRL_CNF0_0     /* 浮空模式 */
#define LL_GPIO_MODE_INPUT       GPIO_CRL_CNF0_1     /* 输入模式 */
#define LL_GPIO_MODE_OUTPUT      GPIO_CRL_MODE0_0    /* 通用输出模式 */
#define LL_GPIO_MODE_ALTERNATE   (GPIO_CRL_CNF0_1 |
                                 GPIO_CRL_MODE0_0)   /* 复用模式 */

#define LL_GPIO_OUTPUT_PUSHPULL  0x00000000U         /* 推挽输出 */
#define LL_GPIO_OUTPUT_OPENDRAIN GPIO_CRL_CNF0_0     /* 开漏输出 */
```

返回值：错误状态，错误状态在 stm32f1xx.h 中定义如下：

```
typedef enum
{ SUCCESS = 0U,
  ERROR = !SUCCESS
} ErrorStatus;
```

2）GPIO 读输入端口

```
uint32_t LL_GPIO_ReadInputPort(GPIO_TypeDef* GPIOx);
```

参数说明：

★ GPIOx：GPIO 名称，取值是 GPIOA～GPIOD。

返回值：端口值

3）GPIO 输入引脚设置

```
uint32_t LL_GPIO_IsInputPinSet(GPIO_TypeDef* GPIOx, uint32_t PinMask);
```

参数说明：

★ GPIOx：GPIO 名称，取值是 GPIOA～GPIOD。

★ PinMask：引脚屏蔽，取值是 LL_GPIO_PIN_0～15 或 LL_GPIO_PIN_ALL。

返回值：引脚状态（0 或 1）

注意：对于多个引脚，所有引脚都为高电平时返回 1。

4）GPIO 写输出端口

```
void LL_GPIO_WriteOutputPort(GPIO_TypeDef* GPIOx, uint32_t PortValue);
```

参数说明：

★ GPIOx：GPIO 名称，取值是 GPIOA～GPIOD。

★ PortValue：端口值。

5）GPIO 设置输出引脚

```
void LL_GPIO_SetOutputPin(GPIO_TypeDef* GPIOx, uint32_t PinMask);
```

参数说明：
- ★ GPIOx：GPIO 名称，取值是 GPIOA～GPIOD。
- ★ PinMask：引脚屏蔽，取值是 LL_GPIO_PIN_0～15 或 LL_GPIO_PIN_ALL。

6）GPIO 复位输出引脚

```
void LL_GPIO_ResetOutputPin(GPIO_TypeDef* GPIOx, uint32_t PinMask);
```

参数说明：
- ★ GPIOx：GPIO 名称，取值是 GPIOA～GPIOD。
- ★ PinMask：引脚屏蔽，取值是 LL_GPIO_PIN_0～15 或 LL_GPIO_PIN_ALL。

3.4 GPIO 设计实例

下面以竞赛实训平台为例，介绍 SysTick 和 GPIO 的应用设计。系统硬件方框图和电路图如图 3.5 所示。

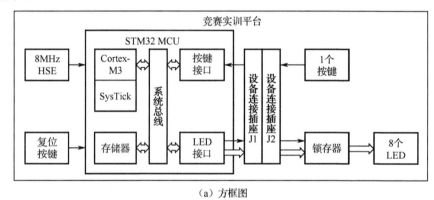

（a）方框图

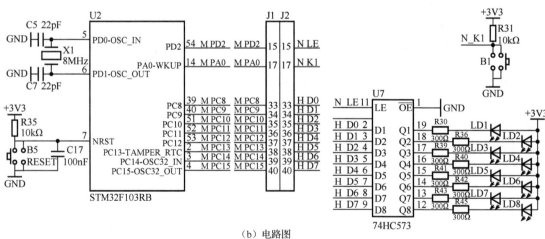

（b）电路图

图 3.5 系统硬件方框图和电路图

系统包括 Cortex-M3 CPU（内嵌 SysTick 定时器）、存储器、按键接口（PA0）和 LED 接口（PC8～PC15 和 PD2），实现用按键控制 8 个 LED 的流水显示方向，8 个 LED 流水显示，每秒移位 1 次，

1s 定时由 SysTick 实现。

74HC573 的 LE 端为 1 时，Q 端随 D 端变化；LE 端为 0 时，Q 端不随 D 端变化（锁存数据）。LED 输出时，首先通过 PC8～PC15 输出数据，然后 LE 输出 1，Q 端变化，最后 LE 输出 0，锁存数据。

PC8～PC15 输出 0 时 LED 点亮，输出 1 时 LED 熄灭（负逻辑）。为了操作方便，LED 通过 D0～D7 控制，为 1 时 LED 点亮，为 0 时 LED 熄灭（正逻辑），所以输出时将 LED 取位反并左移 8 位，通过 PC8～PC15 输出。

系统的软件设计可以采用 HAL 和 LL 两种方法实现。软件设计与实现在第 2 章 HAL 和 LL 工程的基础上进行。

注意：用户代码应放在"USER CODE BEGIN"和"USER CODE END"注释对之间，以防止用 STM32CubeMX 重生成工程时被覆盖。

3.4.1 HAL 库函数软件设计与实现

HAL 库函数软件设计与实现包括 SysTick、按键和 LED 程序设计与实现 3 部分。

1）SysTick 程序设计与实现

HAL 工程的 HAL_Init() 已将 SysTick 配置为 1ms 中断，并在 stm32f1xx_it.c 的 SysTick_Handler() 中通过 HAL_IncTick() 实现 uwTick 加 1。

实现 1s 定时的步骤是：

（1）在 main.c 中定义如下全局变量：

```
/* USER CODE BEGIN PV */
uint8_t ucSec;                      /* 秒计时 */
/* USER CODE END PV */
```

（2）在 stm32f1xx_it.c 中定义如下变量：

```
/* USER CODE BEGIN PV */
uint16_t usTms;                     /* 毫秒计时 */
extern uint8_t ucSec;               /* 秒计时 */
/* USER CODE END PV */
```

（3）在 stm32f1xx_it.c 的 SysTick_Handler() 中添加下列代码：

```
/* USER CODE BEGIN SysTick_IRQn 1 */
if (++usTms == 1000) {              /* 1s 到 */
  usTms = 0;
  ++ucSec;                          /* 秒加 1 */
}
/* USER CODE END SysTick_IRQn 1 */
```

2）按键程序设计与实现

按键程序包括按键读取和按键处理两部分，设计与实现步骤是：
（1）在 gpio.h 中添加下列函数声明：

```
/* USER CODE BEGIN Prototypes */
uint8_t KEY_Read(void);             /* 按键读取 */
```

```
/* USER CODE END Prototypes */
```

（2）在 gpio.c 中添加下列代码：

```
/* USER CODE BEGIN 2 */
uint8_t KEY_Read(void)                          /* 按键读取 */
{
  uint8_t ucVal = 0;

                                                /* B1 按下 (PA0=0) */
  if (HAL_GPIO_ReadPin(GPIOA, GPIO_PIN_0) == 0) {
    HAL_Delay(10);                              /* 延时 10ms 消抖 */
    if (HAL_GPIO_ReadPin(GPIOA, GPIO_PIN_0) == 0) {
      ucVal = 1;                                /* 赋值键值 1 */
    }
  }                                             /* B2 按下 (PA8=0) */
  if (HAL_GPIO_ReadPin(GPIOA, GPIO_PIN_8) == 0) {
    HAL_Delay(10);                              /* 延时 10ms 消抖 */
    if (HAL_GPIO_ReadPin(GPIOA, GPIO_PIN_8) == 0) {
      ucVal = 2;                                /* 赋值键值 2 */
    }
  }                                             /* B3 按下 (PB1=0) */
  if (HAL_GPIO_ReadPin(GPIOB, GPIO_PIN_1) == 0) {
    HAL_Delay(10);                              /* 延时 10ms 消抖 */
    if (HAL_GPIO_ReadPin(GPIOB, GPIO_PIN_1) == 0) {
      ucVal = 3;                                /* 赋值键值 3 */
    }
  }                                             /* B4 按下 (PB2=0) */
  if (HAL_GPIO_ReadPin(GPIOB, GPIO_PIN_2) == 0) {
    HAL_Delay(10);                              /* 延时 10ms 消抖 */
    if (HAL_GPIO_ReadPin(GPIOB, GPIO_PIN_2) == 0) {
      ucVal = 4;                                /* 赋值键值 4 */
    }
  }
  return ucVal;                                 /* 返回键值 */
}
/* USER CODE END 2 */
```

（3）在 main.c 中定义如下全局变量：

```
/* USER CODE BEGIN PV */
uint8_t ucSec;                                  /* 秒计时 */
uint8_t ucKey, ucDir;                           /* 按键值，LED 流水方向 */
/* USER CODE END PV */
```

（4）在 main.c 中添加下列函数声明：

```
/* USER CODE BEGIN PFP */
void KEY_Proc(void);                            /* 按键处理 */
/* USER CODE END PFP */
```

（5）在 main.c 的 while (1)中添加下列代码：

```
/* USER CODE BEGIN WHILE */
while (1) {
  KEY_Proc();                             /* 按键处理 */
/* USER CODE END WHILE */
```

（6）在 main()后添加下列代码：

```
/* USER CODE BEGIN 4 */
void KEY_Proc(void)                       /* 按键处理 */
{
  uint8_t ucVal = 0;

  ucVal = KEY_Read();                     /* 按键读取 */
  if (ucVal != ucKey) {                   /* 键值变化 */
    ucKey = ucVal;                        /* 保存键值 */
  } else {
    ucVal = 0;                            /* 清除键值 */
  }

  switch (ucVal) {
    case 1:                               /* B1 按下 */
      ucDir ^= 1;                         /* 改变流水方向 */
      break;
    case 2:                               /* B2 按下 */
      break;
  }
}
/* USER CODE END 4 */
```

3）LED 程序设计与实现

LED 程序包括 LED 显示和 LED 处理两部分，设计与实现步骤是：

（1）在 gpio.h 中添加下列函数声明：

```
/* USER CODE BEGIN Prototypes */
uint8_t KEY_Read(void);                   /* 按键读取 */
void LED_Disp(uint8_t ucLed);             /* LED 显示 */
/* USER CODE END Prototypes */
```

（2）在 gpio.c 的 KEY_Read()后边添加下列代码：

```
void LED_Disp(uint8_t ucLed)              /* LED 显示 */
{                                         /* LED 输出 */
  GPIOC->ODR = ~ucLed << 8;               /* 没有相应 HAL 函数 */
                                          /* LED 锁存 */
  HAL_GPIO_WritePin(GPIOD, GPIO_PIN_2, GPIO_PIN_SET);
  HAL_GPIO_WritePin(GPIOD, GPIO_PIN_2, GPIO_PIN_RESET);
}
```

（3）在 main.c 中定义如下全局变量：

```
/* USER CODE BEGIN PV */
uint8_t ucSec;                              /* 秒计时 */
uint8_t ucKey, ucDir;                       /* 按键值，LED 流水方向 */
uint8_t ucLed, ucSec1;                      /* LED 值，LED 显示延时 */
/* USER CODE END PV */
```

（4）在 main.c 中添加下列函数声明：

```
/* USER CODE BEGIN PFP */
void KEY_Proc(void);                        /* 按键处理 */
void LED_Proc(void);                        /* LED 处理 */
/* USER CODE END PFP */
```

（5）在 main.c 的 while(1)中添加下列代码：

```
/* USER CODE BEGIN WHILE */
while (1) {
  KEY_Proc();                               /* 按键处理 */
  LED_Proc();                               /* LED 处理 */
/* USER CODE END WHILE */
```

（6）在 main.c 的 KEY_Proc()后添加下列代码：

```
void LED_Proc(void)                         /* LED 处理 */
{
  if (ucSec1 == ucSec) {
    return;                                 /* 1s 未到返回 */
  }
  ucSec1 = ucSec;

  if (ucDir == 0) {                         /* LED 左环移 */
    ucLed <<= 1;
    if (ucLed == 0) {
      ucLed = 1;
    }
  } else {                                  /* LED 右环移 */
    ucLed >>= 1;
    if (ucLed == 0) {
      ucLed = 0x80;
    }
  }
  LED_Disp(ucLed);                          /* LED 显示 */
}
```

编译下载运行程序，LED 每秒左移 1 位，按一下 B1 键，LED 右移，再按一下 B1 键，LED 恢复左移。

HAL 工程程序流程如图 3.6 所示。

思考题：HAL 按键读取程序中，为什么 B1~B2 和 B3~B4 的按下不能像 LL 那样一起判断？

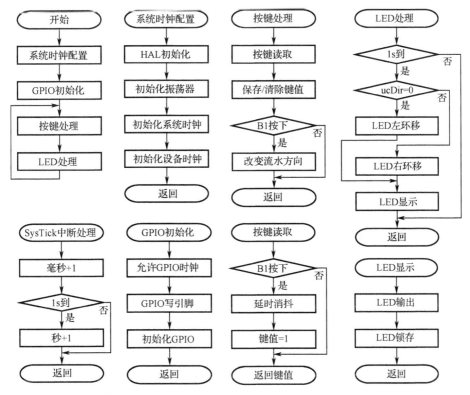

图 3.6　HAL 工程程序流程

3.4.2　LL 库函数软件设计与实现

LL 库函数软件设计与实现包括 SysTick、按键和 LED 程序设计与实现 3 部分。

1）SysTick 程序设计与实现

LL 工程的 SystemClock_Config()已将 SysTick 配置为 1ms 中断。
实现 1s 定时的步骤是：

（1）在 main.c 中定义如下全局变量：

```
/* USER CODE BEGIN PV */
uint8_t ucSec;                          /* 秒计时 */
/* USER CODE END PV */
```

（2）在 stm32f1xx_it.c 中定义如下变量：

```
/* USER CODE BEGIN PV */
uint16_t usTms;                         /* 毫秒计时 */
extern uint8_t ucSec;                   /* 秒计时 */
/* USER CODE END PV */
```

（3）在 stm32f1xx_it.c 的 SysTick_Handler()中添加下列代码：

```
/* USER CODE BEGIN SysTick_IRQn 1 */
if (++usTms == 1000) {                  /* 1s 到 */
  usTms = 0;
  ++ucSec;                              /* 秒加 1 */
}
```

```
/* USER CODE END SysTick_IRQn 1 */
```

2）按键程序设计与实现

按键程序包括按键读取和按键处理两部分，设计与实现步骤是：

（1）在 gpio.h 中添加下列函数声明：

```
/* USER CODE BEGIN Prototypes */
uint8_t KEY_Read(void);                         /* 按键读取 */
/* USER CODE END Prototypes */
```

（2）在 gpio.c 中添加下列代码：

```
/* USER CODE BEGIN 2 */
uint8_t KEY_Read(void)                          /* 按键读取 */
{
  uint8_t ucVal = 0;
                                                /* B1 按下(PA0=0)或 B2 按下(PA8=0) */
  if (LL_GPIO_IsInputPinSet(GPIOA, LL_GPIO_PIN_0 | LL_GPIO_PIN_8) != 1) {
    LL_mDelay(10);                              /* 延时 10ms 消抖 */
    if (LL_GPIO_IsInputPinSet(GPIOA, LL_GPIO_PIN_0) == 0) {
      ucVal = 1;                                /* 赋值键值 1 */
    }
    if (LL_GPIO_IsInputPinSet(GPIOA, LL_GPIO_PIN_8) == 0) {
      ucVal = 2;                                /* 赋值键值 2 */
    }
  }                                             /* B3 按下(PB1=0)或 B4 按下(PB2=0) */
  if (LL_GPIO_IsInputPinSet(GPIOB, LL_GPIO_PIN_1 | LL_GPIO_PIN_2) != 1) {
    LL_mDelay(10);                              /* 延时 10ms 消抖 */
    if (LL_GPIO_IsInputPinSet(GPIOB, LL_GPIO_PIN_1) == 0) {
      ucVal = 3;                                /* 赋值键值 3 */
    }
    if (LL_GPIO_IsInputPinSet(GPIOB, LL_GPIO_PIN_2) == 0) {
      ucVal = 4;                                /* 赋值键值 4 */
    }
  }
  return ucVal;                                 /* 返回键值 */
}
/* USER CODE END 2 */
```

（3）在 main.c 中定义如下全局变量：

```
/* USER CODE BEGIN PV */
uint8_t ucSec;                                  /* 秒计时 */
uint8_t ucKey, ucDir;                           /* 按键值，LED 流水方向 */
/* USER CODE END PV */
```

（4）在 main.c 中添加下列函数声明：

```
/* USER CODE BEGIN PFP */
```

```
    void KEY_Proc(void);                        /* 按键处理 */
    /* USER CODE END PFP */
```

（5）在 main.c 的 while (1)中添加下列代码：

```
    /* USER CODE BEGIN WHILE */
    while (1) {
      KEY_Proc();                               /* 按键处理 */
    /* USER CODE END WHILE */
```

（6）在 main()后添加下列代码：

```
    /* USER CODE BEGIN 4 */
    void KEY_Proc(void)                         /* 按键处理 */
    {
      uint8_t ucVal = 0;

      ucVal = KEY_Read();                       /* 按键读取 */
      if (ucVal != ucKey) {                     /* 键值变化 */
        ucKey = ucVal;                          /* 保存键值 */
      } else {
        ucVal = 0;                              /* 清除键值 */
      }

      switch (ucVal) {
        case 1:                                 /* B1 按下 */
          ucDir ^= 1;                           /* 改变流水方向 */
          break;
        case 2:                                 /* B2 按下 */
          break;
      }
    }
    /* USER CODE END 4 */
```

3）LED 程序设计与实现

LED 程序包括 LED 显示和 LED 处理两部分，设计与实现步骤是：

（1）在 gpio.h 中添加下列函数声明：

```
    /* USER CODE BEGIN Prototypes */
    uint8_t KEY_Read(void);                     /* 按键读取 */
    void LED_Disp(uint8_t ucLed);               /* LED 显示 */
    /* USER CODE END Prototypes */
```

（2）在 gpio.c 的 KEY_Read()后边添加下列代码：

```
    void LED_Disp(uint8_t ucLed)                /* LED 显示 */
    {                                           /* LED 输出 */
      LL_GPIO_WriteOutputPort(GPIOC, ~ucLed << 8);
                                                /* LED 锁存 */
```

```
  LL_GPIO_SetOutputPin(GPIOD, LL_GPIO_PIN_2);
  LL_GPIO_ResetOutputPin(GPIOD, LL_GPIO_PIN_2);
}
```

（3）在 main.c 中定义如下全局变量：

```
/* USER CODE BEGIN PV */
uint8_t ucSec;                          /* 秒计时 */
uint8_t ucKey, ucDir;                   /* 按键值，LED 流水方向 */
uint8_t ucLed, ucSec1;                  /* LED 值，LED 显示延时 */
/* USER CODE END PV */
```

（4）在 main.c 中添加下列函数声明：

```
/* USER CODE BEGIN PFP */
void KEY_Proc(void);                    /* 按键处理 */
void LED_Proc(void);                    /* LED 处理 */
/* USER CODE END PFP */
```

（5）在 main.c 的 while (1)中添加下列代码：

```
/* USER CODE BEGIN WHILE */
while (1) {
  KEY_Proc();                           /* 按键处理 */
  LED_Proc();                           /* LED 处理 */
/* USER CODE END WHILE */
```

（6）在 main.c 的 KEY_Proc()后边添加下列代码：

```
void LED_Proc(void)                     /* LED 处理 */
{
  if (ucSec1 == ucSec) {
    return;                             /* 1s 未到返回 */
  }
  ucSec1 = ucSec;

  if (ucDir == 0) {                     /* LED 左环移 */
    ucLed <<= 1;
    if (ucLed == 0) {
      ucLed = 1;
    }
  } else {                             /* LED 右环移 */
    ucLed >>= 1;
    if (ucLed == 0) {
      ucLed = 0x80;
    }
  }
  LED_Disp(ucLed);                      /* LED 显示 */
}
```

编译下载运行程序，LED 每秒左移 1 位，按一下 B1 键，LED 右移，再按一下 B1 键，LED

恢复左移。

LL 工程程序流程如图 3.7 所示。

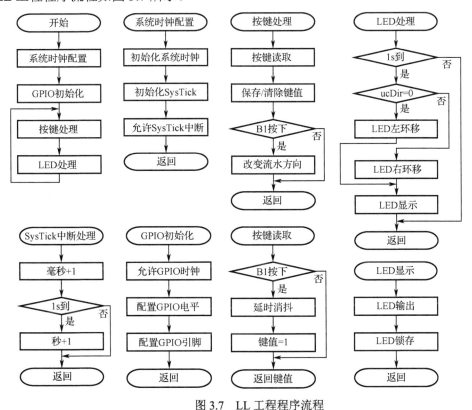

图 3.7　LL 工程程序流程

对比 HAL 和 LL 的按键和 LED 程序设计可以看出：除了 Key_Read() 和 Led_Disp() 分别用 HAL 和 LL 函数实现输入输出，Key_Proc() 和 Led_Proc() 的内容完全相同。这样就把上层处理和下层操作分离开了，便于程序的移植。

实际上，对于不同的 MCU，虽然寄存器不同，但只要 HAL 和 LL 库函数功能相同，Key_Read() 和 Led_Disp() 也很容易移植。

注意：为了节省篇幅，后续内容对于不同部分将分开介绍，相同部分将一起介绍。

3.5　GPIO 设计调试

GPIO 设计调试包括 HAL 库函数软件设计调试和 LL 库函数软件设计调试。

3.5.1　HAL 库函数软件设计调试

HAL 库函数软件设计调试步骤是：

（1）在 Keil 中单击"Debug"菜单下的"Start/Stop Debug Session"（开始/停止调试会话）菜单项，或单击文件工具栏中的"Start/Stop Debug Session"（开始/停止调试会话）按钮 ，将程序下载到开发板并进入调试界面，程序停在下列代码处：

```
SystemClock_Config();
```

注意：如果不能正常下载，请参考"2.3　集成开发环境（IDE）"进行配置，或使用仿真器（Use Simulator）进行调试。

（2）单击调试工具栏中的"Step Over"（单步跨越）按钮 🔲，运行下列代码：

```
SystemClock_Config();
MX_GPIO_Init();
```

（3）选择"Peripherals"（设备）>"System Viewer"（系统观察器）>"GPIO">"GPIOA"
菜单项打开"GPIOA"对话框，对话框中包含 GPIOA 的所有寄存器及其默认值，如图 3.8（a）所示，其中 PA0 的配置值 CNF0 和模式值 MODE0 分别为 0x01 和 0x00—浮空输入（复位状态，参见表 3.2），连接按键 B1。

（4）选择"Peripherals"（设备）>"System Viewer"（系统观察器）>"GPIO">"GPIOC"菜单项打开"GPIOC"对话框，对话框中包含 GPIOC 的所有寄存器及其默认值，如图 3.8（b）所示，其中 PC8~PC15 的配置值 CNF8~CNF15 和模式值 MODE8~MODE15 分别为 0x00 和 0x02—通用推挽输出，连接 LD1~LD8。

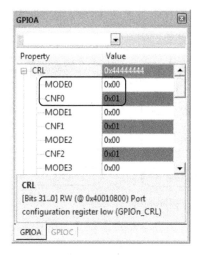 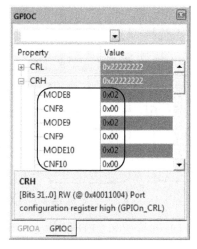

（a）"GPIOA"对话框　　　　　　　（b）"GPIOC"对话框

图 3.8　"GPIOA"和"GPIOC"对话框 1

（5）单击 while (1)中的下列代码：

```
KEY_Proc();                          /* 按键处理 */
```

再单击"Run to Cursor Line"（运行到光标行）按钮 🔲，运行到上列代码。

（6）单击"Step"（单步）按钮 🔲 进入按键处理子程序 KEY_Proc()：

① 单击"Step Over"（单步跨越）按钮 🔲，运行下列代码：

```
ucVal = KEY_Read();                  /* 按键读取 */
```

由于没有按键按下，ucVal 的值为 0x00。

注意：将鼠标指向 ucVal 可以显示 ucVal 的值，也可以右击 ucVal，在弹出的菜单中选择"Add 'ucVal' to ..."> "Watch 1"菜单项，将 ucVal 添加到"Watch 1"对话框进行显示和修改。

② 单击"Step Out"（单步跳出）按钮 🔲，退出按键处理子程序 KEY_Proc()。

（7）单击"Step"（单步）按钮 🔲 进入 LED 处理子程序 LED_Proc()：

① 单击下列代码：

```
if (ucDir == 0) {                    /* LED 左环移 */
```

再单击"Run to Cursor Line"（运行到光标行）按钮 ，1s 后程序运行到上列代码。

② 单击"Step"（单步）按钮 运行上列代码，由于 ucDir 的默认值为 0，程序运行到下列代码：

```
ucLed <<= 1;
if (ucLed == 0) {
  ucLed = 1;
}
```

③ 单击"Step"（单步）按钮 ，运行上列代码，ucLed 的值变为 0x01。

④ 单击"Step"（单步）按钮 ，进入 LED 显示子程序 LED_Proc()。

⑤ 单击"Step"（单步）按钮 ，运行下列代码：

```
GPIOC->ODR = ~ucLed << 8;
```

GPIOC 的 IDR 和 ODR 变为 0x0000FE00，如图 3.9（a）所示。

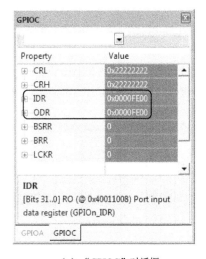 

（a）"GPIOC"对话框　　　　　　　（b）"GPIOA"对话框

图 3.9　"GPIOA"和"GPIOC"对话框 2

⑥ 单击"Step Over"（单步跨越）按钮 ，运行下列代码：

```
HAL_GPIO_WritePin(GPIOD, GPIO_PIN_2, GPIO_PIN_SET);
```

LD1 点亮，LD2～LD8 熄灭。

⑦ 单击"Step Out"（单步跳出）按钮 ，退出 LED 显示子程序 LED_Disp()。

（8）单击按键处理子程序 KEY_Proc()中下列代码的左侧设置断点 ●：

```
ucKey = ucVal;                    /* 保存键值 */
```

（9）单击"Run"（运行）按钮 ，连续运行程序，LD1～LD8 循环左移。

（10）按住开发板上的按键 B1，程序停在断点处，GPIOA 的 IDR0 变为 0，如图 3.9（b）所示，ucVal 的值为 0x01。

（11）松开 B1，单击断点取消断点。

（12）单击"Step Out"（单步跳出）按钮 ，退出按键处理子程序 KEY_Proc()，ucKey 和 ucDir 的值均变为 1。

（13）重新连续运行程序，LD1～LD8 循环右移。

（14）单击"Stop"（停止）按钮 ⊗，停止运行程序。

（15）单击"Debug"菜单下的"Start/Stop Debug Session"（开始/停止调试会话）菜单项，或单击文件工具栏中的"Start/Stop Debug Session"（开始/停止调试会话）按钮 ⓠ，退出调试界面。

3.5.2 LL 库函数软件设计调试

由于 LL 库函数软件设计和 HAL 库函数软件设计几乎相同，所以 LL 库函数软件设计的调试步骤也和 HAL 库函数软件设计的调试步骤基本一样，这里不再赘述。

注意：程序正常工作后，可以分别将 HAL 和 LL 文件夹中的 MDK-ARM 文件夹复制粘贴为"31_GPIO"文件夹，同时将 Core\Src 文件夹中的 stm32f1xx_it.c 文件复制粘贴到"31_GPIO"文件夹，以方便后续使用。

3.6 LCD 使用

LCD 是低功耗显示器件，可以通过并口控制，也可以通过串口控制。下面以竞赛实训平台使用的 LCD 为例介绍 LCD 的使用。

竞赛实训平台使用的是 240×320 TFT LCD，LCD 系统硬件方框图如图 3.10 所示。

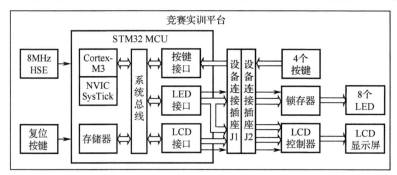

图 3.10 LCD 系统硬件方框图

LCD 通过并行接口与 STM32 相连，连接关系如表 3.3 所示。

表 3.3 LCD 与 STM32 的连接关系

LCD 引脚	STM32 引脚	STM32 方向	说　　明
CS#	PB9	输出	片选（低电平有效）
RS	PB8	输出	寄存器选择：0—索引或状态寄存器，1—控制寄存器
WR#	PB5	输出	写选通（低电平有效）
RD#	PB10	输出	读选通（低电平有效）
PD1～PD8	PC0～PC7	双向	数据低 8 位
PD10～PD17	PC8～PC15	双向	数据高 8 位

注意：因为 LED 和 LCD 共用 PC8～PC15，所以为了防止相互干扰，LED 和 LCD 的控制信号不能同时有效，即 LED 的 LE 和 LCD 的 CS#或 WR#不能同时有效。

3.6.1 LCD 功能简介

LCD 功能如表 3.4 所示。

表 3.4　LCD 功能

CS#	RS	WR#	RD#	功 能 说 明
0	0	0	1	设置索引寄存器（00H~FFH）
0	1	0	1	写控制寄存器或显示缓存（索引 22H）
0	1	1	0	读取器件 ID（索引 00H）
0	1	1	0	读显示缓存（索引 22H）

LCD 写控制寄存器和写显示缓存的时序如图 3.11 所示。

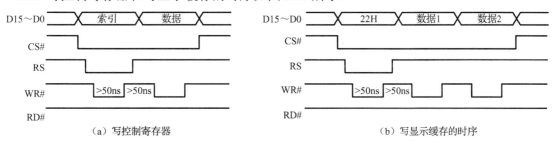

（a）写控制寄存器　　　　　　　　　　　　　　　（b）写显示缓存的时序

图 3.11　LCD 写时序

LCD 控制器是 ILI9325/8 或 UC8230（两者仅个别寄存器有差异），LCD 主要寄存器位如表 3.5 所示。

表 3.5　LCD 主要寄存器位

索引	名称	RS	RW	D15	D14	D13	D12	D11	D10	D9	D8	D7	D6	D5	D4	D3	D2	D1	D0
	索引	0	W	寄存器索引（00H~FFH）															
00H	器件 ID	1	R	9325H、9328H 或 8230H															
00H	显示允许	1	W																OS
03H	模式	1	W				BGR						ID1	ID0	AM				
07H	显示控制 1	1	W							BAS		VON	GON	DTE			D1	D0
10H	电源控制 1	1	W				SAP					APE		AP1	AP0				
11H	电源控制 2	1	W					DC12	DC11	DC10			DC02	DC01	DC00		VC2	VC1	VC0
12H	电源控制 3	1	W									PON	VRH3	VRH2		VHR1	VHR0		
20H	水平地址	1	W								AD7	AD6	AD5	AD4	AD3	AD2	AD1	AD0
21H	垂直地址	1	W								AD16	AD15	AD14	AD13	AD12	AD11	AD10	AD9	AD8
22H	显示缓存	1	W		R				G				B						
22H	显示缓存	1	R		R				G				B						
60H	输出控制	1	W			NL5	NL4	NL3	NL2	NL1	NL0								
61H	显示控制	1	W																REV

3.6.2 LCD 软件设计与实现

LCD 软件设计在竞赛资源包 LCD 驱动程序的基础上修改实现。LCD 库函数分为低层库函数（硬件接口函数）、中层库函数和高层库函数（软件接口函数）3 类。

1）低层库函数

低层库函数实现 LCD 的底层写操作，具体实现步骤是：

（1）在 gpio.h 中添加下列函数声明：

```
/* USER CODE BEGIN Prototypes */
uint8_t KEY_Read(void);                              /* 按键读取 */
void LED_Disp(uint8_t ucLed);                        /* LED 显示 */
void LCD_Write(uint8_t RS, uint16_t Value);          /* LCD 写 */
/* USER CODE END Prototypes */
```

（2）在 gpio.c 的 LED_Disp()后添加下列代码（参考图 3.11）：

```
/* HAL 工程代码 */
void LCD_Write(uint8_t RS, uint16_t Value)                    /* LCD 写 */
{
  HAL_GPIO_WritePin(GPIOB, GPIO_PIN_10, GPIO_PIN_SET);       /* RD#=1 */
  HAL_GPIO_WritePin(GPIOB, GPIO_PIN_9, GPIO_PIN_RESET);      /* CS#=0 */
  GPIOC->ODR = Value;                                         /* 输出数据 */
  if (RS == 0) {
    HAL_GPIO_WritePin(GPIOB, GPIO_PIN_8, GPIO_PIN_RESET);    /* RS=0 */
  } else {
    HAL_GPIO_WritePin(GPIOB, GPIO_PIN_8, GPIO_PIN_SET);      /* RS=1 */
  }
  HAL_GPIO_WritePin(GPIOB, GPIO_PIN_5, GPIO_PIN_RESET);      /* WR#=0 */
  HAL_GPIO_WritePin(GPIOB, GPIO_PIN_5, GPIO_PIN_SET);        /* WR#=1 */
}
/* LL 工程代码 */
void LCD_Write(uint8_t RS, uint16_t Value)                    /* LCD 写 */
{
  LL_GPIO_SetOutputPin(GPIOB, LL_GPIO_PIN_10);               /* RD#=1 */
  LL_GPIO_ResetOutputPin(GPIOB, LL_GPIO_PIN_9);              /* CS#=0 */
  LL_GPIO_WriteOutputPort(GPIOC, Value);                      /* 输出数据 */
  if (RS == 0) {
    LL_GPIO_ResetOutputPin(GPIOB, LL_GPIO_PIN_8);            /* RS=0 */
  } else {
    LL_GPIO_SetOutputPin(GPIOB, LL_GPIO_PIN_8);              /* RS=1 */
  }
  LL_GPIO_ResetOutputPin(GPIOB, LL_GPIO_PIN_5);              /* WR#=0 */
  LL_GPIO_SetOutputPin(GPIOB, LL_GPIO_PIN_5);                /* WR#=1 */
}
```

注意：LCD 的 HAL 和 LL 实现只有 LCD_Write()的内容不同，其他内容完全相同。

2）中层库函数

中层库函数实现 LCD 控制器的具体操作，程序代码在 lcd.c 中，主要内容如下：

```c
#include "gpio.h"
#include "fonts.h"

uint16_t TextColor = 0x0000, BackColor = 0xFFFF;

void LCD_Delay(uint16_t n)
{
  for (size_t i = 0; i < n; ++i) {
    for (size_t j = 0; j < 3000; ++j) {}
  }
}
/* 写寄存器（参考图 3.11） */
void LCD_WriteReg(uint8_t LCD_Reg, uint16_t LCD_RegValue)
{
  LCD_Write(0, LCD_Reg);                    /* 写索引 */
  LCD_Write(1, LCD_RegValue);               /* 写数据 */
}
/* 准备写 RAM（参考表 3.5） */
void LCD_WriteRAM_Prepare(void)
{
  LCD_Write(0, 0x22);                       /* 写索引 */
}
/* 写 RAM（参考表 3.5） */
void LCD_WriteRAM(uint16_t RGB_Code)
{
  LCD_Write(1, RGB_Code);                   /* 写数据 */
}
/* 设置光标（参考表 3.5） */
void LCD_SetCursor(uint8_t Xpos, uint16_t Ypos)
{
  LCD_WriteReg(0x20, Xpos);                 /* 水平地址 */
  LCD_WriteReg(0x21, Ypos);                 /* 垂直地址 */
}
/* 绘制字符 */
void LCD_DrawChar(uint8_t Xpos, uint16_t Ypos, uint16_t* ch)
{
  for (uint8_t index = 0; index < 24; ++index) { /* 24 行 */
    LCD_SetCursor(Xpos, Ypos);
    LCD_WriteRAM_Prepare();
    for (uint8_t i = 0; i < 16; ++i) {      /* 16 列 */
      if ((ch[index] & (1 << i)) == 0x00) {
        LCD_WriteRAM(BackColor);            /* 0-背景色 */
      } else {
```

```
            LCD_WriteRAM(TextColor);              /* 1-字符色 */
         }
      }
// ++Ypos;                                        /* 水平模式：下一行 */
      ++Xpos;                                      /* 垂直模式：下一行 */
   }
}
```

3）高层库函数

高层库函数是应用程序调用的库函数，在 lcd.h 中声明如下：

```
#ifndef __LCD_H
#define __LCD_H
#include "main.h"
/* LCD 颜色 */
#define White        0xFFFF
#define Black        0x0000
#define Red          0xF800
#define Green        0x07E0
#define Blue         0x001F
#define Grey         0xF7DE
#define Cyan         0x7FFF
#define Yellow       0xFFE0
/* 行定义 */
#define Line0        0
#define Line1        24
#define Line2        48
#define Line3        72
#define Line4        96
#define Line5        120
#define Line6        144
#define Line7        168
#define Line8        192
#define Line9        216
/* 列定义 */
#define Column0      319
#define Column1      303
#define Column2      287
#define Column3      271
#define Column4      255
........................................
#define Column15     79
#define Column16     63
#define Column17     47
#define Column18     31
#define Column19     15
```

```c
/* 函数声明 */
void LCD_Init(void);
void LCD_Clear(uint16_t Color);
void LCD_SetTextColor(uint16_t Color);
void LCD_SetBackColor(uint16_t Color);
void LCD_DisplayChar(uint8_t Line, uint16_t Column, uint8_t Ascii);
void LCD_DisplayStringLine(uint8_t Line, uint8_t* ptr);
#endif /* __LCD_H */
```

程序代码在 lcd.c 中，主要内容如下：

```c
/* 初始化 */
void LCD_Init(void)
{
  LCD_WriteReg(0x00,0x0001);          /* 8230 上电 */
//LCD_WriteReg(0x03,0x1030);          /* BGR 水平模式*/
  LCD_WriteReg(0x03,0x1008);          /* BGR 垂直模式*/
  LCD_WriteReg(0x07,0x0173);          /* 图形显示 */
  LCD_WriteReg(0x10,0x1090);          /* 电源控制 1 */
  LCD_WriteReg(0x11,0x0227);          /* 电源控制 2 */
  LCD_WriteReg(0x12,0x001d);          /* 电源控制 3 */
  LCD_WriteReg(0x60,0x2700);          /* 输出控制 */
  LCD_WriteReg(0x61,0x0001);          /* 显示控制 */
  Delay_LCD(250);                     /* 显示不全时增加延时值 */
}
/* 清屏 */
void LCD_Clear(uint16_t Color)
{
  LCD_SetCursor(0x00, 0x0000);
  LCD_WriteRAM_Prepare();
  for (uint32_t index = 0; index < 76800; ++index) {
    LCD_WriteRAM(Color);
  }
}
/* 设置字符色 */
void LCD_SetTextColor(uint16_t Color)
{
  TextColor = Color;
}
/* 设置背景色 */
void LCD_SetBackColor(uint16_t Color)
{
  BackColor = Color;
}
/* 显示字符 */
void LCD_DisplayChar(uint8_t Line, uint16_t Column, uint8_t Ascii)
{
```

```
    Ascii -= 32;
    LCD_DrawChar(Line, Column, &ASCII_Table[Ascii * 24]);
  }
```

注意： 字符点阵在 fonts.h 的 <u>unsigned short</u> ASCII_Table[]中。

```
/* 显示字符串 */
void LCD_DisplayStringLine(uint8_t Line, uint8_t* ptr)
{
  uint8_t i=0, j;
  uint16_t k;

//j = 15; k = 0;                          /* 水平模式：字符数，起始位置 */
  j = 20; k = 319;                        /* 垂直模式：字符数，起始位置 */

  while ((*ptr != 0) && (i < j)) {
//  LCD_DisplayChar(k, Line, *ptr);
//  k += 16;                              /* 水平模式：下一个字符位置 */
    LCD_DisplayChar(Line, k, *ptr);
    k -= 16;                              /* 垂直模式：下一个字符位置 */
    ++ptr;                               /* 下一个字符 */
    ++i;
  }
}
```

4）LCD 设计实现

LCD 设计实现在 GPIO 实现的基础上完成，步骤如下：

（1）按 1）中内容修改 gpio.h 和 gpio.c。

（2）将 lcd.h 和 fonts.h 放在"Core/inc"文件夹，将 lcd.c 放在"Core/src"文件夹并添加到"Application/User/Core"中。

（3）在 main.c 中包含下列头文件：

```
/* USER CODE BEGIN Includes */
#include "lcd.h"
#include "stdio.h"
/* USER CODE END Includes */
```

（4）声明下列全局变量：

```
/* USER CODE BEGIN PV */
uint8_t ucSec;                           /* 秒计时 */
uint8_t ucKey, ucDir;                    /* 按键值，LED 流水方向 */
uint8_t ucLed, ucSec1;                   /* LED 值，LED 显示延时 */
uint8_t ucLcd[21];                       /* LCD 值 */
uint16_t usLcd;                          /* LCD 刷新计时 */
/* USER CODE END PV */
```

（5）声明下列函数：

```
/* USER CODE BEGIN PFP */
void KEY_Proc(void);                    /* 按键处理 */
void LED_Proc(void);                    /* LED 处理 */
void LCD_Proc(void);                    /* LCD 处理 */
/* USER CODE END PFP */
```

（6）在 main()中添加下列代码：

```
/* USER CODE BEGIN 2 */
LCD_Init();                             /* LCD 初始化 */
LCD_Clear(Black);                       /* LCD 清屏 */
LCD_SetTextColor(White);                /* 设置字符色 */
LCD_SetBackColor(Black);                /* 设置背景色 */
/* USER CODE END 2 */
```

（7）在 while (1)中添加下列代码：

```
/* USER CODE BEGIN WHILE */
while (1) {
  KEY_Proc();                           /* 按键处理 */
  LED_Proc();                           /* LED 处理 */
  LCD_Proc();                           /* LCD 处理 */
    /* USER CODE END WHILE */
```

（8）在 LED_Proc()后添加下列代码：

```
void LCD_Proc(void)                     /* LCD 处理 */
{
  if (usLcd < 500) {                    /* 500ms 未到 */
    return;
  }
  usLcd = 0;

  sprintf((char*)ucLcd, "        %03u        ", ucSec);
  LCD_DisplayStringLine(Line4, ucLcd);
  LCD_DisplayChar(Line5, Column9, ucLcd[9]);
  LCD_SetTextColor(Red);
  LCD_DisplayChar(Line5, Column10, ucLcd[10]);
  LCD_SetTextColor(White);
  LCD_DisplayChar(Line5, Column11, ucLcd[11]);
  LCD_SetTextColor(Red);
  LCD_DisplayStringLine(Line6, ucLcd);
  LCD_SetTextColor(White);
}
```

注意：使用 sprintf()函数时必须包含 stdio.h。

（9）在 stm32f1xx_it.c 中添加下列外部变量声明：

```
uint16_t usTms;                          /* 毫秒计时 */
extern uint8_t ucSec;                    /* 秒计时 */
extern uint16_t usLcd;                   /* LCD 刷新计时 */
```

（10）在 stm32f1xx_it.c 的 SysTick_Handler()中添加下列代码：

```
++usLcd;                                 /* LCD 刷新计时 */
```

使用仿真器（Use Simulator）调试时，用逻辑分析仪观察"LCD_Init()"时"PORTC"（State，十六进制显示）、"PORTB.8"（Bit）和"PORTB.5"（Bit）的波形如图 3.12 所示。

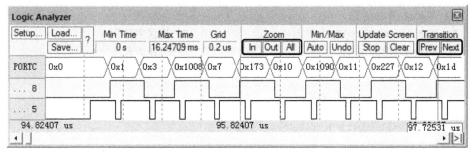

图 3.12　LCD 信号波形

对照图 3.11（a）和 LCD_Init()代码，可以验证波形和数据的正确性。

注意：单击"Zoom"下的"In"（放大）按钮 In 放大波形，单击"Out"（缩小）按钮 Out 缩小波形，单击"All"按钮 All 显示全部波形；单击"Transition"下的"Prev"（上一个）按钮 Prev 定位到上一个波形转变处，单击"Next"（下一个）按钮 Next 定位到下一个波形转变处。

注意：程序正常工作后，可以分别将 HAL 和 LL 文件夹中的 MDK-ARM 文件夹复制粘贴为"32_LCD"文件夹，同时将 Core\Src 文件夹中的 stm32f1xx_it.c 文件复制粘贴到"32_LCD"文件夹，以方便后续使用。

第4章 通用同步/异步收发器接口 USART

串行接口又分为异步和同步两种方式，异步串行接口不要求有严格的时钟同步，常用的异步串行接口是 UART（通用异步收发器），而同步串行接口要求有严格的时钟同步，常用的同步串行接口有 SPI（串行设备接口）和 I²C（内部集成电路接口）等。具有同步功能的 UART（包含时钟信号 SCLK）称为通用同步/异步收发器接口 USART，其功能和 SPI 相似。

同步串行接口除包含数据线（SPI 有两根单向数据线 MISO 和 MOSI，I²C 有一根双向数据线 SDA）外，还包含时钟线（SPI 和 I²C 的时钟线分别是 SCK 和 SCL）。SPI 和 I²C 都可以连接多个从设备，但两者选择从设备的方法不同：SPI 通过硬件（NSS 引脚）实现，而 I²C 通过软件（地址）实现。为了使不同电压输出的器件能够互连，I²C 的数据线 SDA 和时钟线 SCL 开漏输出。同步串行接口可以用专用接口电路实现，也可以用通用并行接口实现。

串行接口连接串行设备时必须遵循相关的物理接口标准，这些标准规定了接口的机械、电气、功能和过程特性。UART 的物理接口标准有 RS-232C、RS-449（其中电气标准是 RS-422 或 RS-423）和 RS-485 等，其中 RS-232C 和 RS-485 是最常用的 UART 物理接口标准。

RS-232C 的全称是"数据终端设备（DTE）和数据通信设备（DCE）之间串行二进制数据交换接口技术标准"，其中 DTE 包括微机、微控制器和打印机等，DCE 包括调制解调器 MODEM、GSM 模块和 WiFi 模块等。

RS-232C 机械特性规定 RS-232C 使用 25 针 D 型连接器，后来简化为 9 针 D 型连接器。RS-232C 电气特性采用负逻辑：逻辑"1"的电平低于−3V，逻辑"0"的电平高于+3V，这和 TTL 的正逻辑（逻辑"1"为高电平，逻辑"0"为低电平）不同，因此通过 RS-232C 和 TTL 器件通信时必须进行电平转换。

目前，微控制器的 UART 接口采用的是 TTL 正逻辑，与 TTL 器件连接不需要电平转换，与采用负逻辑的计算机相连时需要进行电平转换，或使用 UART-USB 转换器连接。

UART 的引脚只有 3 个：RXD（接收数据）、TXD（发送数据）和 GND（地）。用 UART 连接 DTE 和 DCE 时 RXD 和 TXD 直接连接。如果用 UART 连接 DTE 和 DTE（如微机和微控制器），RXD 和 TXD 需交叉连接：

- DTE1 的 TXD（输出）连接 DTE2 的 RXD（输入）
- DTE1 的 RXD（输入）连接 DTE2 的 TXD（输出）

UART 的主要指标有两个：数据速率和数据格式。数据速率用波特率表示，数据格式包括 1 个起始位、5~8 个数据位、0~1 个校验位和 1~2 个停止位，如图 4.1 所示。

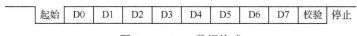

| 起始 | D0 | D1 | D2 | D3 | D4 | D5 | D6 | D7 | 校验 | 停止 |

图 4.1 UART 数据格式

通信双方的数据速率和数据格式必须一致，否则无法实现通信。

4.1 USART 结构及寄存器

USART 由收发数据和收发控制两部分组成，如图 4.2 所示。

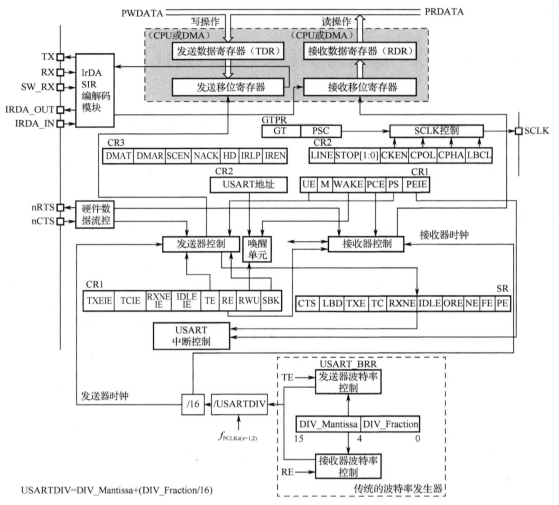

图 4.2　USART 方框图

$$USARTDIV=DIV\_Mantissa+(DIV\_Fraction/16)$$

收发数据使用双重数据缓冲：收发数据寄存器和收发移位寄存器，收发移位寄存器在收发时钟的作用下完成接收数据的串并转换和发送数据的并串转换。

收发控制包括控制状态寄存器、发送器控制、接收器控制、中断控制和波特率控制等，控制状态寄存器通过发送器控制、接收器控制和中断控制等控制数据的收发，波特率控制产生收发时钟。

USART 使用的 GPIO 引脚如表 4.1 所示（详见表 A.3）。

表 4.1　USART 使用的 GPIO 引脚

USART 引脚	GPIO 引脚			
	USART1	USART2	USART3	配　　置
TX	PA9（PB6）[1]	**PA2**	PB10（PC10）[1]	复用推挽输出
RX	PA10（PB7）[1]	**PA3**	PB11（PC11）[1]	浮空输入
CTS	PA11	PA0	PB13	浮空输入
RTS	PA12	PA1	PB14	复用推挽输出
SCLK	PA8	PA4	PB12（PC12）[1]	复用推挽输出

注：（1）括号中的引脚为复用功能重映射引脚。

USART 通过 7 个寄存器进行操作，如表 4.2 所示。

表 4.2 USART 寄存器

偏移地址	名　　称	类　型	复位值	说　　明
0x00	**SR**	读/写 0 清除	**0x00C0**	状态寄存器（TXE=1，TC=1，详见表 4.3）
0x04	**DR**	读/写	—	数据寄存器（读时对应 RDR，写时对应 TDR）
0x08	**BRR**	读/写	**0x0000**	波特率寄存器（分频值=f_{PCLK}/波特率[(1)]）
0x0C	**CR1**	读/写	**0x0000**	控制寄存器 1（详见表 4.4）
0x10	CR2	读/写	0x0000	控制寄存器 2
0x14	CR3	读/写	0x0000	控制寄存器 3
0x18	GTPR	读/写	0x0000	保护时间和预定标寄存器（智能卡使用）

注：（1）不用分为整数部分和小数部分。

USART 寄存器中按位操作寄存器的主要内容如表 4.3 和表 4.4 所示。

表 4.3 USART 状态寄存器（SR）

位	名　　称	类　型	复位值	说　　明
7	**TXE**	读	**1**	发送数据寄存器空（写 DR 清除）
6	TC	读/写 0 清除	1	发送完成
5	**RXNE**	读/写 0 清除	**0**	接收数据寄存器不空（读 DR 清除）

表 4.4 USART 控制寄存器 1（CR1）

位	名　　称	类　型	复位值	说　　明
13	**UE**	读/写	**0**	**UART 使能**
5	RXNEIE	读/写	0	RXNE 中断使能：0—禁止，1—允许
3	**TE**	读/写	**0**	发送使能：0—禁止，1—允许
2	**RE**	读/写	**0**	接收使能：0—禁止，1—允许

4.2 USART 配置

USART 的配置步骤如下：

（1）在 STM32CubeMX 中打开 HAL.ioc 或 LL.ioc。

（2）在 Pinout & Configuration 标签中单击左侧 Categories 下 Connectivity 中的 "USART2"。

（3）在 USART2 模式下选择模式 "Asynchronous"。

（4）选择配置下的 GPIO Settings 标签，USART2 的 GPIO 默认设置如图 4.3 所示。

● PA2：USART2_TX，复用推挽模式，高速输出

● PA3：USART2_RX，输入模式，不上拉下拉

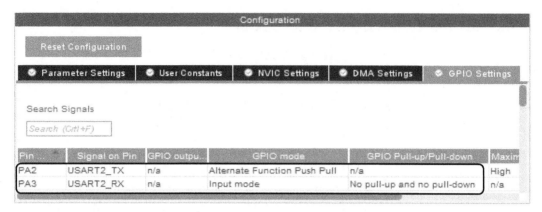

图 4.3　USART2 的 GPIO 默认设置

（5）选择配置下的 Parameter Settings 标签，USART2 的默认配置如图 4.4 所示。

图 4.4　USART2 的默认设置

● 基本参数：波特率为 115200 Bits/s，8 位字长，无校验，1 个停止位

● 高级参数：接收和发送

波特率的值可以输入，字长可以选择"8 Bits"或"9 Bits"，校验可以选择"None""Even"或"Odd"，停止位可以选择"1"或"2"，数据方向可以选择"Receive and Transmit""Receive Only"或"Transmit Only"。

● 将"Baud Rate"修改为"9600Bits/s"

USART 配置完成后生成的相应 HAL 和 LL 初始化程序分别在 HAL\Core\Src\usart.c 和 LL\Core\Src\usart.c 中，其中主要代码如下：

```
/* HAL 工程 */
huart2.Instance = USART2;
huart2.Init.BaudRate = 9600;
huart2.Init.WordLength = UART_WORDLENGTH_8B;
huart2.Init.StopBits = UART_STOPBITS_1;
huart2.Init.Parity = UART_PARITY_NONE;
huart2.Init.Mode = UART_MODE_TX_RX;
if (HAL_UART_Init(&huart2) != HAL_OK)
```

```
    {
    Error_Handler();
    }
        __HAL_RCC_USART2_CLK_ENABLE();
        __HAL_RCC_GPIOA_CLK_ENABLE();

        GPIO_InitStruct.Pin = GPIO_PIN_2;
        GPIO_InitStruct.Mode = GPIO_MODE_AF_PP;
        GPIO_InitStruct.Speed = GPIO_SPEED_FREQ_HIGH;
        HAL_GPIO_Init(GPIOA, &GPIO_InitStruct);

        GPIO_InitStruct.Pin = GPIO_PIN_3;
        GPIO_InitStruct.Mode = GPIO_MODE_INPUT;
        GPIO_InitStruct.Pull = GPIO_NOPULL;
        HAL_GPIO_Init(GPIOA, &GPIO_InitStruct);
/* LL 工程 */
LL_APB1_GRP1_EnableClock(LL_APB1_GRP1_PERIPH_USART2);
LL_APB2_GRP1_EnableClock(LL_APB2_GRP1_PERIPH_GPIOA);

GPIO_InitStruct.Pin = LL_GPIO_PIN_2;
GPIO_InitStruct.Mode = LL_GPIO_MODE_ALTERNATE;
GPIO_InitStruct.Speed = LL_GPIO_SPEED_FREQ_HIGH;
GPIO_InitStruct.OutputType = LL_GPIO_OUTPUT_PUSHPULL;
LL_GPIO_Init(GPIOA, &GPIO_InitStruct);

GPIO_InitStruct.Pin = LL_GPIO_PIN_3;
GPIO_InitStruct.Mode = LL_GPIO_MODE_FLOATING;
LL_GPIO_Init(GPIOA, &GPIO_InitStruct);

USART_InitStruct.BaudRate = 9600;
USART_InitStruct.DataWidth = LL_USART_DATAWIDTH_8B;
USART_InitStruct.StopBits = LL_USART_STOPBITS_1;
USART_InitStruct.Parity = LL_USART_PARITY_NONE;
USART_InitStruct.TransferDirection = LL_USART_DIRECTION_TX_RX;
LL_USART_Init(USART2, &USART_InitStruct);
LL_USART_Enable(USART2);
```

4.3 USART 库函数

USART 库函数包括 HAL 库函数和 LL 库函数。

4.3.1 USART HAL 库函数

基本的 USART HAL 库函数在 stm32f1xx_hal_usart.h 中声明如下：

```
HAL_StatusTypeDef HAL_UART_Init(UART_HandleTypeDef* huart);
```

```
HAL_StatusTypeDef HAL_UART_Transmit(UART_HandleTypeDef* huart,
  uint8_t* pData, uint16_t Size, uint32_t Timeout);
HAL_StatusTypeDef HAL_UART_Receive(UART_HandleTypeDef* huart,
  uint8_t* pData, uint16_t Size, uint32_t Timeout);
```

1）初始化 UART

```
HAL_StatusTypeDef HAL_UART_Init(UART_HandleTypeDef* huart);
```

参数说明：

★ huart：UART 句柄，在 stm32f1xx_hal_uart.h 中定义如下：

```
typedef struct __UART_HandleTypeDef
{
  USART_TypeDef* Instance;         /* UART 名称 */
  UART_InitTypeDef Init;           /* UART 初始化参数 */
  ...............................................................
} UART_HandleTypeDef;
```

其中 UART_InitTypeDef 在 stm32f1xx_hal_uart.h 中定义如下：

```
typedef struct
{
  uint32_t BaudRate;               /* 波特率 */
  uint32_t WordLength;             /* 字长 */
  uint32_t StopBits;               /* 停止位数 */
  uint32_t Parity;                 /* 校验方式 */
  uint32_t Mode;                   /* 工作模式 */
  ...............................................................
} UART_InitTypeDef;
```

其中 WordLength、StopBits、Parity 和 Mode 分别在 stm32f1xx_hal_uart.h 中定义如下：

```
#define UART_WORDLENGTH_8B      0x00000000U
#define UART_WORDLENGTH_9B      ((uint32_t)USART_CR1_M)

#define UART_STOPBITS_1         0x00000000U
#define UART_STOPBITS_2         ((uint32_t)USART_CR2_STOP_1)

#define UART_PARITY_NONE        0x00000000U
#define UART_PARITY_EVEN        ((uint32_t)USART_CR1_PCE)
#define UART_PARITY_ODD         ((uint32_t)(USART_CR1_PCE | USART_CR1_PS))

#define UART_MODE_RX            ((uint32_t)USART_CR1_RE))
#define UART_MODE_TX            ((uint32_t)USART_CR1_TE)
#define UART_MODE_TX_RX         ((uint32_t)(USART_CR1_TE | USART_CR1_RE))
```

返回值：HAL 状态，HAL_OK 等。

2）UART 发送

```
HAL_StatusTypeDef HAL_UART_Transmit(UART_HandleTypeDef* huart,
    uint8_t* pData, uint16_t Size, uint32_t Timeout);
```

参数说明：

★ huart：UART 句柄。

★ pData：数据缓存指针。

★ Size：数据长度。

★ Timeout：超时（ms）。

返回值：HAL 状态，HAL_OK 等。

3）UART 接收

```
HAL_StatusTypeDef HAL_UART_Receive(UART_HandleTypeDef* huart,
    uint8_t* pData, uint16_t Size, uint32_t Timeout);
```

参数说明：

★ huart：UART 句柄。

★ pData：数据缓存指针。

★ Size：数据长度。

★ Timeout：超时（ms）。

返回值：HAL 状态，HAL_OK 等。

4.3.2 USART LL 库函数

基本的 USART LL 库函数在 stm32f1xx_ll_usart.h 中声明如下：

```
ErrorStatus LL_USART_Init(USART_TypeDef* USARTx,
    LL_USART_InitTypeDef* USART_InitStruct);
void LL_USART_Enable(USART_TypeDef* USARTx);
uint32_t LL_USART_IsActiveFlag_TXE(USART_TypeDef* USARTx);
uint32_t LL_USART_IsActiveFlag_RXNE(USART_TypeDef* USARTx);
void LL_USART_TransmitData8(USART_TypeDef* USARTx, uint8_t Value);
uint8_t LL_USART_ReceiveData8(USART_TypeDef* USARTx);
```

1）初始化 USART

```
ErrorStatus LL_USART_Init(USART_TypeDef* USARTx,
    LL_USART_InitTypeDef* USART_InitStruct);
```

参数说明：

★ USARTx：USART 名称，取值是 USART1 或 USART2 等。

★ USART_InitStruct：USART 初始化参数结构体指针，初始化参数结构体在 stm32f1xx_ll_usart.h 定义如下：

```
typedefstruct
{ uint32_t USART_BaudRate;        /* 波特率 */
  uint32_t USART_DataWidth;       /* 数据宽度 */
  uint32_t USART_StopBits;        /* 停止位数 */
```

```
    uint32_t USART_Parity;              /* 校验位 */
    ...........................................................................
    } USART_InitTypeDef;
```

其中主要参数在 stm32f1xx_ll_usart.h 中定义如下：

```
#define LL_USART_DATAWIDTH_8B     0x00000000U
#define LL_USART_DATAWIDTH_9B     USART_CR1_M

#define LL_USART_STOPBITS_1       0x00000000U
#define LL_USART_STOPBITS_2       USART_CR2_STOP_1

#define LL_USART_PARITY_NONE      0x00000000U
#define LL_USART_PARITY_EVEN      USART_CR1_PCE
#define LL_USART_PARITY_ODD       (USART_CR1_PCE | USART_CR1_PS)
```

返回值：错误状态，SUCCESS 或 ERROR。

2）USART 使能

```
void LL_USART_Enable(USART_TypeDef* USARTx);
```

参数说明：

★ USARTx：USART 名称，取值是 USART1 或 USART2 等。

3）USART 发送寄存器空

```
uint32_t LL_USART_IsActiveFlag_TXE(USART_TypeDef* USARTx);
```

参数说明：

★ USARTx：USART 名称，取值是 USART1 或 USART2 等。
返回值：位状态，0 或 1。

4）USART 接收寄存器不空

```
uint32_t LL_USART_IsActiveFlag_RXNE(USART_TypeDef* USARTx);
```

参数说明：

★ USARTx：USART 名称，取值是 USART1 或 USART2 等。
返回值：位状态，0 或 1。

5）USART 发送 8 位数据

```
void LL_USART_TransmitData8(USART_TypeDef* USARTx, uint8_t Value);
```

参数说明：

★ USARTx：USART 名称，取值是 USART1 或 USART2 等。
★ Value：发送数据。

6）USART 接收 8 位数据

```
uint8_t LL_USART_ReceiveData8(USART_TypeDef* USARTx);
```

参数说明：

★ USARTx：USART 名称，取值是 USART1 或 USART2 等。

返回值：接收数据。

4.4　USART 设计实例

下面以嵌入式竞赛实训平台为例，介绍 USART 的设计。系统硬件方框图如图 4.5 所示。

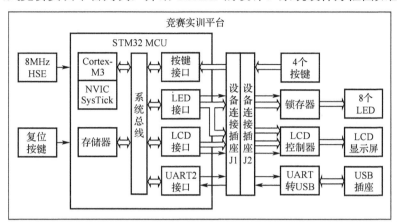

图 4.5　系统硬件方框图

系统包括 Cortex-M3 CPU（内嵌 SysTick 定时器）、按键、LED、LCD 显示屏和 UART2 接口（PA2-TX2、PA3-RX2），UART2 经 UART-USB 转换后通过 USB 线与 PC 连接。

下面编程实现 SysTick 秒计时，UART2 发送秒值到 PC（每秒发送 1 次），并接收 PC 发送的数据对秒进行设置。

UART 的软件设计与实现在 LCD 实现的基础上完成，包括接口函数和处理函数设计与实现。

1）接口函数设计与实现

接口函数设计与实现的步骤如下：

（1）在 usart.h 中添加下列代码：

```
/* USER CODE BEGIN Prototypes */
void UART_Transmit(uint8_t* ucData, uint8_t ucSize);
uint8_t UART_Receive(uint8_t* ucData);
/* USER CODE END Prototypes */
```

（2）在 usart.c 的后部添加下列代码：

```
/* USER CODE BEGIN 1 */
/* HAL 工程代码 */
void UART_Transmit(uint8_t* ucData, uint8_t ucSize)
{
  HAL_UART_Transmit(&huart2, ucData, ucSize, 100);
}

uint8_t UART_Receive(uint8_t* ucData)
{
  return HAL_UART_Receive(&huart2, ucData, 1, 0);
}
```

```
/* LL 工程代码 */
void UART_Transmit(uint8_t* ucData, uint8_t ucSize)
{
  for (uint8_t i = 0; i < ucSize; ++i) { /* 等待发送寄存器空 */
    while (LL_USART_IsActiveFlag_TXE(USART2) == 0) {}
    LL_USART_TransmitData8(USART2, *ucData++);
  }                                        /* 发送 8 位数据 */
}


uint8_t UART_Receive(uint8_t* ucData)
{                                          /* 接收寄存器不空 */
  if (LL_USART_IsActiveFlag_RXNE(USART2) == 1) {
    *ucData = LL_USART_ReceiveData8(USART2);
    return 0;                              /* 接收数据并返回 0 */
  } else {
    return 1;
  }
}
/* USER CODE END 1 */
```

2）处理函数设计与实现

处理函数设计与实现的步骤如下：

（1）在 main.c 中定义如下全局变量：

```
uint8_t ucUrx[20], ucUno, ucSec2;     /* UART 接收值，接收计数，发送延时 */
```

（2）在 main.c 中声明如下函数：

```
void UART_Proc(void);                 /* UART 处理 */
```

（3）在 while(1)中添加如下代码：

```
UART_Proc();                          /* UART 处理 */
```

（4）在 LCD_Proc()后添加如下代码：

```
void UART_Proc(void)                  /* UART 处理 */
{
  if (ucSec2 != ucSec) {              /* 1s 到 */
    ucSec2 = ucSec;
    printf("%04u\r\n", ucSec);        /* 发送秒值和回车换行 */
  }

  if (UART_Receive(ucUrx) == 0) {     /* 接收到字符 */
    ucUrx[++ucUno] = ucUrx[0];        /* 保存字符 */
    if (ucUno >= 2) {                 /* 修改秒值 */
      ucSec = (ucUrx[1]-0x30)*10+ucUrx[2]-0x30;
      ucUno = 0;
    }
```

```
    }
  }

  int fputc(int ch, FILE* f)                    /* printf()实现 */
  {
  UART_Transmit((uint8_t*)&ch, 1);
  return ch;
  }
```

编译下载运行程序，打开串口终端，显示秒值。在串口终端中发送 2 个数字，秒值应该改变。printf()支持的格式字符如表 4.5 所示。

表 4.5 printf()支持的格式字符

格 式 字 符	说　　明	格 式 字 符	说　　明
%c	输出单个字符	%s	输出字符串
%d	输出带符号十进制整数	%u	输出无符号十进制整数
%e	输出指数形式实数	%f	输出小数形式实数
%x	输出无符号十六进制整数（字母小写）	%X	输出无符号十六进制整数（字母大写）
%p	输出十六进制指针值	%%	输出百分号

4.5 USART 设计调试与分析

HAL 工程和 LL 工程的软件调试与分析方法相似，下面以 LL 工程为例介绍软件调试与分析方法，步骤如下：

（1）打开终端仿真软件，设置端口号和波特率（如"COM22"和"9600"）。

（2）在 Keil 中单击"Debug"菜单下的"Start/Stop Debug Session"（开始/停止调试会话）菜单项，或单击文件工具栏中的"Start/Stop Debug Session"（开始/停止调试会话）按钮 ，将程序下载到开发板并进入调试界面。

（3）单击调试工具栏中的"Step Over"（单步跨越）按钮 运行下列代码：

```
MX_USART2_UART_Init();
```

（4）选择"Peripherals"（设备）>"System Viewer"（系统观察器）>"GPIO">"GPIOA"菜单项打开"GPIOA"对话框，如图 4.6（a）所示，其中 PA2-TX 的配置值 CNF2 和模式值 MODE2 分别为 0x02 和 0x03-复用推挽输出，PA3-RX 的配置值 CNF3 和模式值 MODE3 分别为 0x01 和 0x00—浮空输入（复位状态）。

（5）选择"Peripherals"（设备）>"System Viewer"（系统观察器）>"USART">"USART2"菜单项打开"USART2"对话框，如图 4.6（b）所示，其中主要寄存器的值为：

- SR：0xC0-TXE=1，TC=1
- BRR：0x0EA6-36000000/9600=3750
- CR1：0x200C-UE=1，TE=1，RE=1

（6）单击 usart.c 中 UART_Transmit()中的下列代码：

```
LL_USART_TransmitData8(USART2, *ucData++);
```

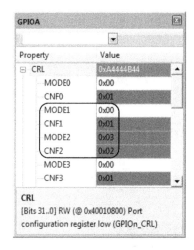
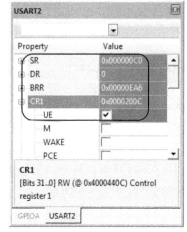

（a）"GPIOA"对话框　　　　　　　　（b）"USART2"对话框

图 4.6　"GPIOA"和"USART2"对话框

（7）单击"Run to Cursor Line"（运行到光标行）按钮 ，运行到上列代码。

（8）单击"Step Over"（单步跨越）按钮 运行上列代码，超级终端中显示"0"。

（9）单击 UART_Receive()中下列代码的左侧设置断点 ：

```
    return 0;                              /* 接收数据并返回 0 */
```

（10）单击"Run"（运行）按钮 ，连续运行程序，超级终端中显示变化的秒值。

（11）在超级终端中发送 1 个字符（例如"1"），程序停在断点处，其中主要寄存器的值为：

● SR 的值变为 0xD0，其中 IDLE 的值变为 1

● DR 的值变为 0x31—接收字符的 ASCII 码

（12）单击断点取消断点。

（13）重新连续运行程序，在超级终端中再发送 1 个字符（如"2"），超级终端中显示的秒值从"012"开始计时。

（14）单击"Debug"菜单下的"Start/Stop Debug Session"（开始/停止调试会话）菜单项或单击文件工具栏中的"Start/Stop Debug Session"（开始/停止调试会话）按钮 ，退出调试界面。

使用仿真器（Use Simulator）调试时，用逻辑分析仪观察"ucSec""USART2_DR"和"S2OUT"（显示类型均为 State，16 进制显示）的状态如图 4.7 所示。

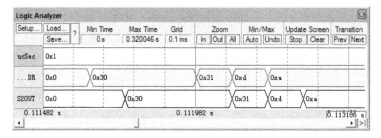

图 4.7　USART 信号状态

对照程序代码，可以验证状态和数据的正确性。

注意：程序正常工作后，可以分别将 HAL 和 LL 文件夹中的 MDK-ARM 文件夹复制粘贴为"41_USART"文件夹，同时将 Core\Src 文件夹中的 stm32f1xx_it.c 文件复制粘贴到"41_USART"文件夹，以方便后续使用。

第5章　串行设备接口 SPI

串行设备接口 SPI 是工业标准串行协议，通常用于嵌入式系统，将微处理器连接到各种片外传感器、转换器、存储器和控制设备。

SPI 可以实现主设备或从设备协议，当配置为主设备时，SPI 可以连接多达 16 个独立的从设备，发送数据和接收数据寄存器的宽度可配置为 8 位或 16 位。

SPI 使用 2 根数据线、1 根时钟线和 1 根控制线实现串行通信：

- 主出从入 MOSI：主设备输出数据，从设备输入数据
- 主入从出 MISO：主设备输入数据，从设备输出数据
- 串行时钟 SCK：主设备输出，从设备输入，用于同步数据位
- 从设备选择 NSS：主设备输出，从设备输入，低电平有效

SPI 时钟极性和时钟相位所有组合的信号波形如图 5.1 所示。

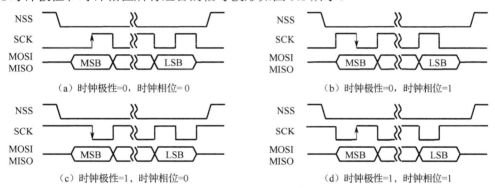

图 5.1　SPI 时钟极性和时钟相位所有组合的信号波形

SCK 时钟极性为 0 时初始电平是低电平，为 1 时初始电平是高电平。

SCK 时钟相位为 0 时第一个边沿采样数据，为 1 时第二个边沿采样数据。

5.1　SPI 结构及寄存器

SPI 由收发数据和收发控制两部分组成，如图 5.2 所示。

收发数据部分包括发送缓冲区、接收缓冲区和移位寄存器。

配置为主设备时，发送缓冲区的数据由移位寄存器并串转换后通过 MOSI 输出，MISO 输入的数据由移位寄存器串并转换后送至接收缓冲区。

配置为从设备时，发送缓冲区的数据由移位寄存器并串转换后通过 MISO 输出，MOSI 输入的数据由移位寄存器串并转换后送至接收缓冲区。

主设备和从设备的移位寄存器都在主设备的 SCK 作用下移位，因此从设备不能主动发送数据，只能将数据写入发送缓冲区，等待主设备读取。

收发控制部分包括控制状态寄存器、通信电路、主控制电路和波特率发生器等，控制状态寄存器通过通信电路、主控制电路和波特率发生器等控制数据的收发。

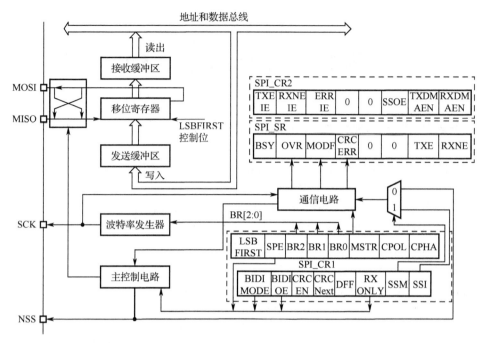

图 5.2 SPI 方框图

图中 NSS 是一个可选的引脚，用来选择从设备。NSS 的功能是用作"片选引脚"，让主设备可以单独地与特定从设备通信，避免数据线上的冲突。

NSS 有硬件和软件两种模式，通过 CR1 寄存器的 SSM（软件从设备管理）位进行设置。

SSM 为 0 时进入硬件模式，此时 NSS 引脚有效，可以通过 CR2 寄存器的 SSOE（NSS 输出使能）位设置 NSS 引脚的方向（0—输入，1—输出）：主设备设置为输出（低电平），从设备设置为输入（低电平时选中从设备）。

SSM 为 1 时进入软件模式，此时 NSS 引脚无效，可以通过 CR1 寄存器的 SSI（内部从设备选择）位设置 NSS 的状态：主设备设置为 1，从设备设置为 0（选中从设备）。

主设备处于软件模式时，NSS 引脚可以用通用 I/O 引脚实现。从设备处于硬件模式时，NSS 引脚可以用通用 I/O 引脚驱动。

当 SPI 连接多个从设备时，MOSI、MISO 和 SCK 连接所有的从设备，但每个从设备（硬件模式）的 NSS 引脚都必须连接到主设备（软件模式）的一个通用 I/O 引脚，主设备通过使能不同的通用 I/O 引脚实现与对应从设备的数据通信。

SPI 使用的 GPIO 引脚如表 5.1 所示（详见表 A.4）。

表 5.1 SPI 使用的 GPIO 引脚

SPI 引脚	GPIO 引脚			
	SPI1	SPI2	主模式配置	从模式配置
MOSI	PA7（PB5）[1]	**PB15**	复用推挽输出	浮空输入
MISO	PA6（PB4）[1]	**PB14**	浮空输入	复用推挽输出
SCK	PA5（PB3）[1]	**PB13**	复用推挽输出	浮空输入
NSS	PA4（PA15）[1]	PB12	复用推挽输出	浮空输入

注：（1）括号中的引脚为复用功能重映射引脚。

SPI 通过 7 个寄存器进行操作，如表 5.2 所示。

表 5.2　SPI 寄存器

偏移地址	名　称	类型	复位值	说　明
0x00	CR1	读/写	0x0000	控制寄存器 1（详见表 5.3）
0x04	CR2	读/写	0x0000	控制寄存器 2
0x08	SR	读	0x0002	状态寄存器（TXE=1，详见表 5.4）
0x0C	DR	读/写	0x0000	数据寄存器（8/16 位）
0x10	CRCPR	读/写	0x0007	CRC 多项式寄存器
0x14	RXCRCR	读	0x0000	接收 CRC 寄存器
0x18	TXCRCR	读	0x0000	发送 CRC 寄存器

SPI 寄存器中按位操作寄存器的主要内容如表 5.3 和表 5.4 所示。

表 5.3　SPI 控制寄存器 1（CR1）

位	名　称	类型	复位值	说　明
11	DFF	读/写	0	数据帧格式：0—8 位，1—16 位
10	RXONLY	读/写	0	只接收
9	SSM	读/写	0	软件从设备管理
8	SSI	读/写	0	内部从设备选择
7	LSBFIRST	读/写	0	帧格式：0—先发送 MSB，1—先发送 LSB
6	SPE	读/写	0	SPI 使能
5:3	BR[2:0]	读/写	000	波特率控制（主设备有效）： 000—$f_{PCLK}/2$，001—$f_{PCLK}/4$，010—$f_{PCLK}/8$，011—$f_{PCLK}/16$，100—$f_{PCLK}/32$， 101—$f_{PCLK}/64$，110—$f_{PCLK}/128$，111—$f_{PCLK}/256$
2	MSTR	读/写	0	主设备选择：0—从设备，1—主设备
1	CPOL	读/写	0	时钟极性：0—空闲时低电平，1—空闲时高电平
0	CPHA	读/写	0	时钟相位：0—第一个边沿采样，1—第二个边沿采样

表 5.4　SPI 状态寄存器（SR）

位	名　称	类型	复位值	说　明
1	TXE	读	1	发送缓冲区空（写 DR 清除）
0	RXNE	读	0	接收缓冲区不空（读 DR 清除）

5.2　SPI 配置

SPI 的配置步骤如下：

（1）在 STM32CubeMX 中打开 HAL.ioc 或 LL.ioc。

（2）在 Pinout & Configuration 标签中单击左侧 Categories 下 Connectivity 中的 "SPI2"。

（3）在 SPI2 模式下选择模式 "Full-Duplex Master"（全双工主设备）。

（4）选择配置下的 GPIO Settings 标签，SPI2 的 GPIO 默认设置如图 5.3 所示。

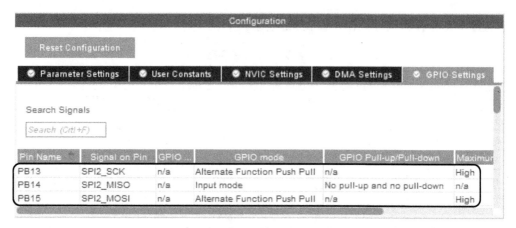

图 5.3　SPI2 的 GPIO 默认设置

- PB13：SPI2_SCK，复用推挽模式，高速输出
- PB14：SPI2_MISO，输入模式，不上拉下拉
- PB15：SPI2_MOSI，复用推挽模式，高速输出

（5）选择配置下的 Parameter Settings 标签，SPI2 的默认设置如图 5.4 所示。

图 5.4　SPI2 的默认设置

- 基本参数：帧格式—Motorola，数据大小—8 位，先发送 MSB
- 时钟参数：预分频—2（波特率—18.0 MBits/s），时钟极性—低，时钟相位—第 1 边沿

数据大小可以选择"8 位"或"16 位"，先发送位可以选择"MSB First"或"LSB First"。

SPI 配置完成后生成的相应 HAL 和 LL 初始化程序分别在 HAL\Core\Src\spi.c 和 LL\Core\Src\spi.c 中，其中主要代码如下：

```
/* HAL 工程 */
hspi2.Instance = SPI2;
hspi2.Init.Mode = SPI_MODE_MASTER;
hspi2.Init.Direction = SPI_DIRECTION_2LINES;
hspi2.Init.DataSize = SPI_DATASIZE_8BIT;
```

```
hspi2.Init.CLKPolarity = SPI_POLARITY_LOW;
hspi2.Init.CLKPhase = SPI_PHASE_1EDGE;
hspi2.Init.NSS = SPI_NSS_SOFT;
hspi2.Init.BaudRatePrescaler = SPI_BAUDRATEPRESCALER_2;
hspi2.Init.FirstBit = SPI_FIRSTBIT_MSB;
if (HAL_SPI_Init(&hspi2) != HAL_OK)
{
  Error_Handler();
}
  __HAL_RCC_SPI2_CLK_ENABLE();
  __HAL_RCC_GPIOB_CLK_ENABLE();

  GPIO_InitStruct.Pin = GPIO_PIN_13|GPIO_PIN_15;
  GPIO_InitStruct.Mode = GPIO_MODE_AF_PP;
  GPIO_InitStruct.Speed = GPIO_SPEED_FREQ_HIGH;
  HAL_GPIO_Init(GPIOB, &GPIO_InitStruct);

  GPIO_InitStruct.Pin = GPIO_PIN_14;
  GPIO_InitStruct.Mode = GPIO_MODE_INPUT;
  GPIO_InitStruct.Pull = GPIO_NOPULL;
  HAL_GPIO_Init(GPIOB, &GPIO_InitStruct);
/* LL 工程 */
  LL_APB1_GRP1_EnableClock(LL_APB1_GRP1_PERIPH_SPI2);
  LL_APB2_GRP1_EnableClock(LL_APB2_GRP1_PERIPH_GPIOB);

  GPIO_InitStruct.Pin = LL_GPIO_PIN_13|LL_GPIO_PIN_15;
  GPIO_InitStruct.Mode = LL_GPIO_MODE_ALTERNATE;
  GPIO_InitStruct.Speed = LL_GPIO_SPEED_FREQ_HIGH;
  GPIO_InitStruct.OutputType = LL_GPIO_OUTPUT_PUSHPULL;
  LL_GPIO_Init(GPIOB, &GPIO_InitStruct);

  GPIO_InitStruct.Pin = LL_GPIO_PIN_14;
  GPIO_InitStruct.Mode = LL_GPIO_MODE_FLOATING;
  LL_GPIO_Init(GPIOB, &GPIO_InitStruct);

  SPI_InitStruct.TransferDirection = LL_SPI_FULL_DUPLEX;
  SPI_InitStruct.Mode = LL_SPI_MODE_MASTER;
  SPI_InitStruct.DataWidth = LL_SPI_DATAWIDTH_8BIT;
  SPI_InitStruct.ClockPolarity = LL_SPI_POLARITY_LOW;
  SPI_InitStruct.ClockPhase = LL_SPI_PHASE_1EDGE;
  SPI_InitStruct.NSS = LL_SPI_NSS_SOFT;
  SPI_InitStruct.BaudRate = LL_SPI_BAUDRATEPRESCALER_DIV2;
  SPI_InitStruct.BitOrder = LL_SPI_MSB_FIRST;
  LL_SPI_Init(SPI2, &SPI_InitStruct);
```

5.3 SPI 库函数

SPI 库函数包括 HAL 库函数和 LL 库函数。

5.3.1 SPI HAL 库函数

基本的 SPI HAL 库函数在 stm32f1xx_hal_spi.h 中声明如下：

```
HAL_StatusTypeDef HAL_SPI_Init(SPI_HandleTypeDef* hspi);
HAL_StatusTypeDef HAL_SPI_TransmitReceive(SPI_HandleTypeDef* hspi,
  uint8_t* pTxData, uint8_t* pRxData, uint16_t Size, uint32_t Timeout);
```

1）初始化 SPI

```
HAL_StatusTypeDef HAL_SPI_Init(SPI_HandleTypeDef* hspi);
```

参数说明：

★ hspi：SPI 句柄，在 stm32f1xx_hal_spi.h 中定义如下：

```
typedef struct __SPI_HandleTypeDef
{
  SPI_TypeDef       *Instance;      /* SPI 名称 */
  SPI_InitTypeDef Init;             /* SPI 初始化参数 */
  ......................................................
} SPI_HandleTypeDef;
```

其中 SPI_InitTypeDef 在 stm32f1xx_hal_spi.h 中定义如下：

```
typedef struct
{
  uint32_t Mode;                    /* 模式(主设备/从设备) */
  uint32_t Direction;               /* 方向 */
  uint32_t DataSize;                /* 数据位数(8/16位) */
  ......................................................
} SPI_InitTypeDef;
```

返回值：HAL 状态，HAL 状态在 stm32f1xx_hal_def.h 中定义。

2）SPI 发送接收

```
HAL_StatusTypeDef HAL_SPI_TransmitReceive(SPI_HandleTypeDef* hspi,
  uint8_t* pTxData, uint8_t* pRxData, uint16_t Size, uint32_t Timeout);
```

参数说明：

★ hspi：SPI 句柄。

★ pTxData：发送数据缓存指针。

★ pRxData：接收数据缓存指针。

★ Size：数据长度。

★ Timeout：超时。

返回值：HAL 状态，HAL_OK 等。

5.3.2 SPI LL 库函数

基本的 SPI LL 库函数在 stm32f1xx_ll_spi.h 中声明如下：

```
ErrorStatus LL_SPI_Init(SPI_TypeDef* SPIx,
  LL_SPI_InitTypeDef* SPI_InitStruct);
void LL_SPI_Enable(SPI_TypeDef* SPIx);
uint32_t LL_SPI_IsActiveFlag_TXE(SPI_TypeDef* SPIx);
uint32_t LL_SPI_IsActiveFlag_RXNE(SPI_TypeDef* SPIx);
void LL_SPI_TransmitData8(SPI_TypeDef* SPIx, uint8_t TxData);
uint8_t LL_SPI_ReceiveData8(SPI_TypeDef* SPIx);
```

1）初始化 SPI

```
ErrorStatus LL_SPI_Init(SPI_TypeDef* SPIx,
  LL_SPI_InitTypeDef* SPI_InitStruct);
```

参数说明：

★ SPIx：SPI 名称。

★ SPI_InitStruct：SPI 初始化参数指针，SPI 初始化参数在 stm32f1xx_ll_spi.h 中定义如下：

```
typedef struct
{
  uint32_t TransferDirection;        /* 方向 */
  uint32_t Mode;                     /* 模式(主设备/从设备) */
  uint32_t DataWidth;                /* 数据宽度(8/16位) */
  ....................................................
} LL_SPI_InitTypeDef;
```

返回值：错误状态，错误状态在 stm32f1xx.h 中定义。

2）SPI 使能

```
void LL_SPI_Enable(SPI_TypeDef* SPIx);
```

参数说明：

★ SPIx：SPI 名称。

3）SPI 发送缓存空

```
uint32_t LL_SPI_IsActiveFlag_TXE(SPI_TypeDef* SPIx);
```

参数说明：

★ SPIx：SPI 名称。

返回值：0—发送缓存不空，1—发送缓存空。

4）SPI 接收缓存不空

```
uint32_t LL_SPI_IsActiveFlag_RXNE(SPI_TypeDef* SPIx);
```

参数说明：

★ SPIx：SPI 名称。

返回值：0—接收缓存空，1—接收缓存不空。

5）SPI 发送 8 位数据

```
void LL_SPI_TransmitData8(SPI_TypeDef* SPIx, uint8_t TxData);
```

参数说明：

★ SPIx：SPI 名称。

★ TxData：发送值。

6）SPI 接收 8 位数据

```
uint8_t LL_SPI_ReceiveData8(SPI_TypeDef* SPIx);
```

参数说明：

★ SPIx：SPI 名称。

返回值：接收值。

5.4　SPI 设计实例

下面以嵌入式竞赛实训平台为例，介绍 SPI 的设计。系统硬件方框图如图 5.5 所示。

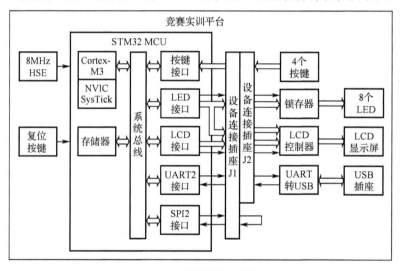

图 5.5　系统硬件方框图

系统包括 Cortex-M3 CPU（内嵌 SysTick 定时器）、按键、LED、LCD 显示屏、UART2 接口和 SPI2 接口（PB14-MISO 和 PB15-MOSI），编程实现 SPI 自发自收功能。

SPI 的软件设计与实现在 UART 实现的基础上完成，包括接口函数和处理函数设计与实现。

1）接口函数设计与实现

接口函数设计与实现的步骤如下：

（1）在 spi.h 中添加下列代码：

```
/* USER CODE BEGIN Prototypes */
uint8_t SPI_WriteRead(uint8_t ucData);  /* SPI 读写 */
/* USER CODE END Prototypes */
```

（2）在 spi.c 的 MX_SPI2_Init() 内后部添加下列代码（仅对 LL 工程）：

```
/* USER CODE BEGIN SPI2_Init 2 */
LL_SPI_Enable(SPI2);                     /* 允许 SPI2 */
/* USER CODE END SPI2_Init 2 */
```

（3）在 spi.c 的后部添加下列代码：

```
/* USER CODE BEGIN 1 */
/* HAL 工程代码 */
uint8_t SPI_WriteRead(uint8_t ucData)    /* SPI 读写 */
{
  uint8_t ucRxData;

  HAL_SPI_TransmitReceive(&hspi2, (uint8_t*)&ucData, (uint8_t*)&ucRxData,
    1, 10);
  return ucRxData;
}
/* LL 工程代码 */
uint8_t SPI_WriteRead(uint8_t ucData)                    /* SPI 读写 */
{
  while (LL_SPI_IsActiveFlag_TXE(SPI2) == 0) {}  /* 等待发送寄存器空 */
  LL_SPI_TransmitData8(SPI2, ucData);              /* 发送数据 */
  while (LL_SPI_IsActiveFlag_RXNE(SPI2) == 0) {} /* 等待接收寄存器不空 */
  return LL_SPI_ReceiveData8(SPI2);                /* 返回接收数据 */
}
/* USER CODE END 1 */
```

2）处理函数设计与实现

处理函数设计与实现的步骤如下：
在 UART_Proc()中将如下代码：

```
printf("%04u\r\n", ucSec);
```

修改为：

```
printf("%04u\r\n", SPI_WriteRead(ucSec));
```

编译下载运行程序，打开串口终端，显示"0255"。拔掉 PB14 和 PB15 上的短路块，用导线连接 J1-7（PB14）和 J1-11（PB15），串口终端中显示变化的秒值。在串口终端中发送 2 个数字，秒值改变。

使用仿真器（Use Simulator）调试和分析 SPI 程序时，可以用调试命令将 SPI2_OUT 环回到 SPI2_IN，具体步骤是：

（1）单击生成工具栏中的"Target Option"（目标选项）按钮 ，打开目标选项对话框，在"Debug"（调试）标签中选择"Use Simulator"（使用仿真器）。

（2）单击"Use Simulator"（使用仿真器）下"Initialization File"（初始化文件）输入框右边的按钮 打开选择仿真器初始化文件对话框，在"文件名"后输入"main"，单击"打开"按钮，选择"是"创建"main.ini"，初始化文件输入框出现".\main.ini"，如图 5.6 所示。

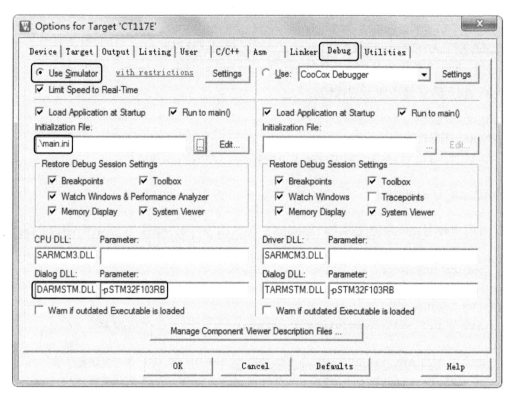

图 5.6　选择仿真器初始化文件

注意：确认标签下部"Dialog DLL"和"Parameter"的值分别为"DARMSTM.DLL"和"-pSTM32F103RB"。

（3）单击文件工具栏中的"Start/Stop Debug Session"（开始/停止调试会话）按钮 <!-- --> 进入调试界面，单击"Debug"菜单中的"Function Editor (Open Ini File)..."菜单项打开函数编辑器。

（4）在函数编辑器中输入下列内容：

```
signal void spi2_loop(void)
{
 printf("Spi2 Loop.\n");
 while (1) {
  SPI2_IN = SPI2_OUT;                    // SPI2 虚拟模拟寄存器(VTREG)符号
  swatch(0.1);                           // 预定义调试函数(延时 0.1s)
 }
}
define button "Spi2 Loop", "spi2_loop()" // 定义工具按钮
```

（5）单击"Compile"按钮，"Compile Errors:"中显示"compilation completely, no errors.", "Toolbox"（工具箱）中出现"Spi2 Loop"按钮，关闭函数编辑器。

（6）单击调试工具栏中的"Serial Window"（串行窗口）按钮 <!-- --> 打开 UART #2 串行窗口。

（7）单击调试工具栏中的"Run"（运行）按钮 <!-- --> 运行程序，UART #2 串行窗口中每秒显示一次"0000"。

（8）单击工具箱中的"Spi2 Loop"按钮执行信号函数 spi2_loop()，将 SPI2 输出的数据环回后再通过 USART2 发送，此时 UART #2 串行窗口中显示变化的秒值，说明 SPI2 发送、信号函数 spi2_loop()和 SPI2 接收均工作正常。

使用系统分析仪（System Analyzer）观察"ucSec""SPI2_OUT""SPI2_IN"和"SPI2_DR"（显示类型均为"States"，右击信号名修改）的状态如图 5.7 所示。

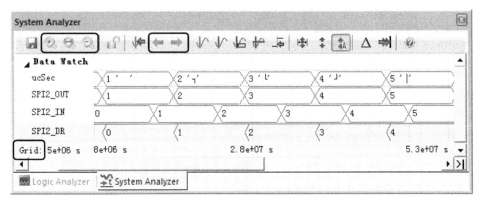

图 5.7　SPI 信号状态

注意：系统分析仪必须和逻辑分析仪配合使用，其中的信号和逻辑分析仪相同。系统分析仪的时间网格（Grid）最小为 1ns，逻辑分析仪的时间网格（Grid）最小为 10ns。

注意：程序正常工作后，可以分别将 HAL 和 LL 文件夹中的 MDK-ARM 文件夹复制粘贴为"51_SPI"文件夹，同时将 Core\Src 文件夹中的 stm32f1xx_it.c 文件复制粘贴到"51_SPI"文件夹，以方便后续使用。

注意：为了方便后续实验，SPI 实验完成后恢复 2）中修改。

第6章 内部集成电路总线接口 I²C

I²C（内部集成电路总线接口）是通信控制领域广泛采用的一种总线标准，用于连接微控制器和外围设备，连接在总线上的每个设备都有唯一的 7/10 位地址。

I²C 使用一根双向串行数据线 SDA 和一根双向串行时钟线 SCL 实现主/从设备间的多主串行通信，SDA 和 SCL 的时序关系如图 6.1 所示。

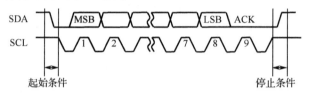

图 6.1 SDA 和 SCL 的时序关系

起始条件是在 SCL 高电平时 SDA 从高电平变为低电平，停止条件是在 SCL 高电平时 SDA 从低电平变为高电平。SDA 上的数据必须在 SCL 高电平时保持稳定，低电平时可以改变。发送器发送数据后释放 SDA（高电平），接收器接收数据后必须在 SCL 低电平时将 SDA 变为低电平，并在 SCL 高电平时保持稳定，作为对发送器的应答（ACK）。

6.1 I²C 结构及寄存器

I²C 由数据和时钟两部分组成，方框图如图 6.2 所示。

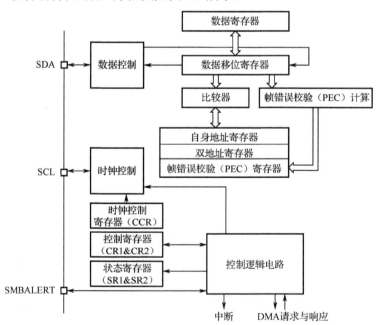

图 6.2 I²C 方框图

数据部分包括数据寄存器、数据移位寄存器和数据控制等。

时钟部分包括控制寄存器、状态寄存器、时钟控制寄存器、控制逻辑电路和时钟控制等，控制寄存器和状态寄存器通过控制逻辑电路等控制时钟的行为。

I^2C 可以工作在标准模式（输入时钟频率最低 2MHz，SCL 频率最高 100kHz），也可以工作在快速模式（输入时钟频率最低 4MHz，SCL 频率最高 400kHz）。

I^2C 使用的 GPIO 引脚如表 6.1 所示（详见表 A.5）。

表 6.1　I^2C 使用的 GPIO 引脚

I^2C 引脚	GPIO 引脚		
	I2C1	I2C2	配　置
SDA	**PB7**（PB9）[1]	PB11	复用开漏输出
SCL	**PB6**（PB8）[1]	PB10	复用开漏输出
SMBALERT	PB5	PB12	

注：（1）括号中的引脚为复用功能重映射引脚。

I^2C 通过 9 个寄存器进行操作，如表 6.2 所示。

表 6.2　I^2C 寄存器

偏 移 地 址	名　　称	类　型	复 位 值	说　　明
0x00	**CR1**	**读/写**	**0x0000**	**控制寄存器 1（详见表 6.3）**
0x04	CR2	读/写	0x0000	控制寄存器 2
0x08	OAR1	读/写	0x0000	自身地址寄存器 1
0x0C	OAR2	读/写	0x0000	自身地址寄存器 2
0x10	**DR**	**读/写**	**0x00**	**数据寄存器（8 位）**
0x14	**SR1**	**读/写 0 清除**	**0x0000**	**状态寄存器 1（详见表 6.4）**
0x18	SR2	读	0x0000	状态寄存器 2
0x1C	CCR	读/写	0x0000	时钟控制寄存器
0x20	TRISE	读/写	0x0002	上升时间寄存器（主模式） 标准模式：TRISE=int(1000ns*FREQ+1) 快速模式：TRISE=int(300ns*FREQ+1)

I^2C 寄存器中按位操作寄存器的主要内容如表 6.3 和表 6.4 所示。

表 6.3　I^2C 控制寄存器 1（CR1）

位	名　　称	类　型	复 位 值	说　　明
9	STOP	读/写	0	停止条件产生
8	START	读/写	0	起始条件产生
1	SMBUS	读/写	0	SMBus 模式：0—I^2C 模式，1—SMBus 模式
0	**PE**	**读/写**	**0**	**I^2C 使能**

表 6.4　I^2C 状态寄存器 1（SR1）

位	名　　称	类　型	复 位 值	说　　明
7	**TXE**	**读**	**0**	**数据寄存器空（发送）**
6	**RXNE**	**读**	**0**	**数据寄存器不空（接收）**
4	**STOPF**	**读**	**0**	**停止条件检测（从模式，写 CR1 清除）**

位	名 称	类 型	复 位 值	说 明
3	ADD10	读	0	10 位地址已发送（主模式）
2	**BTF**	**读**	**0**	**字节发送完成**
1	**ADDR**	**读**	**0**	**地址发送（主模式）/地址匹配（从模式）**
0	**SB**	**读**	**0**	**起始条件已发送（主模式）**

6.2 I²C 配置

I²C 的配置步骤如下：

（1）在 STM32CubeMX 中打开 HAL.ioc 或 LL.ioc。

（2）在 Pinout & Configuration 标签中单击左侧 Categories 下 Connectivity 中的"I2C1"。

（3）在 I2C1 模式下选择模式"I2C"。

（4）选择配置下的 GPIO Settings 标签，I2C1 的 GPIO 默认设置如图 6.3 所示。

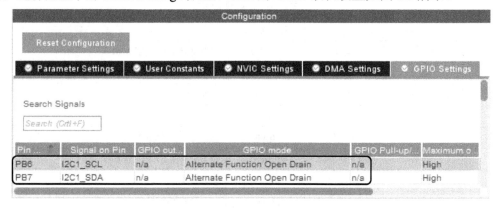

图 6.3　I2C1 的 GPIO 默认设置

● PB6：I2C1_SCL，复用开漏模式，高速输出。

● PB7：I2C1_SDA，复用开漏模式，高速输出。

（5）选择配置下的 Parameter Settings 标签，I2C1 的默认配置如图 6.4 所示。

图 6.4　I2C1 的默认设置

- 主设备特性：I^2C 速度模式—标准模式，I^2C 时钟速度—100kHz。
- 从设备特性：地址长度选择—7位。

速度模式可以选择"标准模式（100kHz）"或"快速模式（400kHz）"，地址长度可以选择"7-bit"或"10-bit"。

I2C1 配置完成后生成的相应 HAL 和 LL 初始化程序分别在 HAL\Core\Src\i2c.c 和 LL\Core\Src\i2c.c 中，其中主要代码如下：

```
/* HAL 工程 */
hi2c1.Instance = I2C1;
hi2c1.Init.ClockSpeed = 100000;
hi2c1.Init.DutyCycle = I2C_DUTYCYCLE_2;
hi2c1.Init.OwnAddress1 = 0;
hi2c1.Init.AddressingMode = I2C_ADDRESSINGMODE_7BIT;
if (HAL_I2C_Init(&hi2c1) != HAL_OK)
{
  Error_Handler();
}
  __HAL_RCC_I2C1_CLK_ENABLE();
  __HAL_RCC_GPIOB_CLK_ENABLE();

  GPIO_InitStruct.Pin = GPIO_PIN_6|GPIO_PIN_7;
  GPIO_InitStruct.Mode = GPIO_MODE_AF_OD;
  GPIO_InitStruct.Speed = GPIO_SPEED_FREQ_HIGH;
  HAL_GPIO_Init(GPIOB, &GPIO_InitStruct);
/* LL 工程 */
LL_APB1_GRP1_EnableClock(LL_APB1_GRP1_PERIPH_I2C1);
LL_APB2_GRP1_EnableClock(LL_APB2_GRP1_PERIPH_GPIOB);

GPIO_InitStruct.Pin = LL_GPIO_PIN_6|LL_GPIO_PIN_7;
GPIO_InitStruct.Mode = LL_GPIO_MODE_ALTERNATE;
GPIO_InitStruct.Speed = LL_GPIO_SPEED_FREQ_HIGH;
GPIO_InitStruct.OutputType = LL_GPIO_OUTPUT_OPENDRAIN;
LL_GPIO_Init(GPIOB, &GPIO_InitStruct);

I2C_InitStruct.PeripheralMode = LL_I2C_MODE_I2C;
I2C_InitStruct.ClockSpeed = 100000;
I2C_InitStruct.DutyCycle = LL_I2C_DUTYCYCLE_2;
I2C_InitStruct.OwnAddress1 = 0;
I2C_InitStruct.TypeAcknowledge = LL_I2C_ACK;
I2C_InitStruct.OwnAddrSize = LL_I2C_OWNADDRESS1_7BIT;
LL_I2C_Init(I2C1, &I2C_InitStruct);
```

6.3　I^2C 库函数

I^2C 库函数包括 HAL 库函数和 LL 库函数。

6.3.1 I²C HAL 库函数

基本的 I²C HAL 库函数在 stm32f1xx_hal_i2c.h 中声明如下：

```
HAL_StatusTypeDef HAL_I2C_Init(I2C_HandleTypeDef* hi2c);
HAL_StatusTypeDef HAL_I2C_Master_Transmit(I2C_HandleTypeDef* hi2c,
  uint16_t DevAddress, uint8_t* pData, uint16_t Size, uint32_t Timeout);
HAL_StatusTypeDef HAL_I2C_Master_Receive(I2C_HandleTypeDef* hi2c,
  uint16_t DevAddress, uint8_t* pData, uint16_t Size, uint32_t Timeout);
HAL_StatusTypeDef HAL_I2C_Mem_Write(I2C_HandleTypeDef* hi2c,
  uint16_t DevAddress, uint16_t MemAddress, uint16_t MemAddSize,
  uint8_t* pData, uint16_t Size, uint32_t Timeout);
HAL_StatusTypeDef HAL_I2C_Mem_Read(I2C_HandleTypeDef* hi2c,
  uint16_t DevAddress, uint16_t MemAddress, uint16_t MemAddSize,
  uint8_t* pData, uint16_t Size, uint32_t Timeout);
```

1）初始化 I²C

```
HAL_StatusTypeDef HAL_I2C_Init(I2C_HandleTypeDef* hi2c);
```

参数说明：

★ hi2c：I²C 句柄，在 stm32f1xx_hal_i2c.h 中定义如下：

```
typedef struct __I2C_HandleTypeDef
{
  I2C_TypeDef* Instance;          /* I2C 名称 */
  I2C_InitTypeDef Init;           /* 初始化参数 */
  ..................................................................
} I2C_HandleTypeDef;
```

其中 Init 在 stm32l0xx_hal_i2c.h 中定义如下：

```
typedef struct
{
  uint32_t ClockSpeed;            /* 时钟频率.*/
  uint32_t AddressingMode;        /* 地址模式（7 位或 10 位） */
  ..................................................................
} I2C_InitTypeDef;
```

返回值：HAL 状态，HAL_OK 等。

2）I²C 主设备发送

```
HAL_StatusTypeDef HAL_I2C_Master_Transmit(I2C_HandleTypeDef* hi2c,
  uint16_t DevAddress, uint_8* pData, uint16_t Size, uint16_t Timeout);
```

参数说明：

★ hi2c：I²C 句柄，在 stm32f1xx_hal_i2c.h 中定义。

★ DevAddress：器件地址。

★ pData：发送数据指针。

★ Size：发送数据数量。

★ Timeout：超时（ms）。

返回值：HAL 状态，HAL_OK 等。

3）I²C 主设备接收

```
HAL_StatusTypeDef HAL_I2C_Master_Receive(I2C_HandleTypeDef* hi2c,
    uint16_t DevAddress, uint_8* pData, uint16_t Size, uint16_t Timeout);
```

参数说明：

★ hi2c：I²C 句柄，在 stm32f1xx_hal_i2c.h 中定义。

★ DevAddress：器件地址。

★ pData：接收数据指针。

★ Size：接收数据数量。

★ Timeout：超时（ms）。

返回值：HAL 状态，HAL_OK 等。

4）I²C 存储器写

```
HAL_StatusTypeDef HAL_I2C_Mem_Write(I2C_HandleTypeDef* hi2c,
    uint16_t DevAddress, uint16_t MemAddress, uint16_t MemAddSize,
    uint8_t* pData, uint16_t Size, uint16_t Timeout);
```

参数说明：

★ hi2c：I²C 句柄，在 stm32f1xx_hal_i2c.h 中定义。

★ DevAddress：器件地址。

★ MemAddress：存储器地址。

★ MemAddSize：存储器地址大小（1—8 位地址，2—16 位地址）。

★ pData：写数据指针。

★ Size：写数据数量。

★ Timeout：超时（ms）。

返回值：HAL 状态，HAL_OK 等。

5）I²C 存储器读

```
HAL_StatusTypeDef HAL_I2C_Mem_Read(I2C_HandleTypeDef* hi2c,
    uint16_t DevAddress, uint16_t MemAddress, uint16_t MemAddSize,
    uint8_t* pData, uint16_t Size, uint16_t Timeout);
```

参数说明：

★ hi2c：I²C 句柄，在 stm32f1xx_hal_i2c.h 中定义。

★ DevAddress：器件地址。

★ MemAddress：存储器地址。

★ MemAddSize：存储器地址大小（1—8 位地址或 2—16 位地址）。

★ pData：读数据指针。

★ Size：读数据数量。

★ Timeout：超时（ms）。

返回值：HAL 状态，HAL_OK 等。

6.3.2 I²C LL 库函数

基本的 I²C LL 库函数在 stm32f1xx_ll_i2c.h 中声明如下：

```
uint32_t LL_I2C_Init(I2C_TypeDef* I2Cx, LL_I2C_InitTypeDef* I2C_InitStruct);
void LL_I2C_GenerateStartCondition(I2C_TypeDef* I2Cx);
void LL_I2C_GenerateStopCondition(I2C_TypeDef* I2Cx);
void LL_I2C_AcknowledgeNextData(I2C_TypeDef* I2Cx, uint32_t TypeAcknowledge);
uint32_t LL_I2C_IsActiveFlag_SB(I2C_TypeDef* I2Cx);
uint32_t LL_I2C_IsActiveFlag_ADDR(I2C_TypeDef* I2Cx);
void LL_I2C_ClearFlag_ADDR(I2C_TypeDef* I2Cx);
uint32_t LL_I2C_IsActiveFlag_TXE(I2C_TypeDef* I2Cx)
uint32_t LL_I2C_IsActiveFlag_RXNE(I2C_TypeDef* I2Cx);
uint32_t LL_I2C_IsActiveFlag_BTF(I2C_TypeDef* I2Cx);
void LL_I2C_TransmitData8(I2C_TypeDef* I2Cx, uint8_t Data);
uint8_t LL_I2C_ReceiveData8(I2C_TypeDef* I2Cx);
```

1）初始化 I²C

```
uint32_t LL_I2C_Init(I2C_TypeDef* I2Cx, LL_I2C_InitTypeDef* I2C_InitStruct);
```

参数说明：

★ I2Cx：I²C 名称。

★ LL_I2C_InitTypeDef：I²C 初始化参数结构体指针，I²C 初始化参数结构体在 stm32f1xx _ll_i2c.h 中定义如下：

```
typedef struct
{
  uint32_t PeripheralMode;          /* 设备模式 */
  uint32_t ClockSpeed;              /* 时钟频率 */
  ..................................................................
  uint32_t OwnAddrSize;             /* 自身地址位数（7 位或 10 位） */
} LL_I2C_InitTypeDef;
```

返回值：0—成功。

2）生成起始条件

```
void LL_I2C_GenerateStartCondition(I2C_TypeDef* I2Cx);
```

参数说明：

★ I2Cx：I²C 名称。

3）生成停止条件

```
void LL_I2C_GenerateStopCondition(I2C_TypeDef* I2Cx);
```

参数说明：

★ I2Cx：I²C 名称。

4）应答下一个数据

```
void LL_I2C_AcknowledgeNextData(I2C_TypeDef* I2Cx, uint32_t TypeAcknowledge);
```

参数说明：

★ I2Cx：I²C 名称。

★ TypeAcknowledge：应答类型（LL_I2C_ACK 或 LL_I2C_NACK）。

5）起始状态

```
uint32_t LL_I2C_IsActiveFlag_SB(I2C_TypeDef* I2Cx);
```

参数说明：

★ I2Cx：I²C 名称。

返回值：起始状态（0 或 1）。

6）地址状态

```
uint32_t LL_I2C_IsActiveFlag_ADDR(I2C_TypeDef* I2Cx);
```

参数说明：

★ I2Cx：I²C 名称。

返回值：地址状态（0 或 1）。

7）清除地址状态

```
void LL_I2C_ClearFlag_ADDR(I2C_TypeDef* I2Cx);
```

参数说明：

★ I2Cx：I²C 名称。

8）发送寄存器空状态

```
uint32_t LL_I2C_IsActiveFlag_TXE(I2C_TypeDef* I2Cx);
```

参数说明：

★ I2Cx：I²C 名称。

返回值：发送寄存器空状态（0 或 1）。

9）接收寄存器不空状态

```
uint32_t LL_I2C_IsActiveFlag_RXNE(I2C_TypeDef* I2Cx);
```

参数说明：

★ I2Cx：I²C 名称。

返回值：接收寄存器不空状态（0 或 1）。

10）字节发送完成状态

```
uint32_t LL_I2C_IsActiveFlag_BTF(I2C_TypeDef* I2Cx);
```

参数说明：

★ I2Cx：I²C 名称。

返回值：字节发送完成状态（0 或 1）。

11）发送 8 位数据

```
void LL_I2C_TransmitData8(I2C_TypeDef* I2Cx, uint8_t Data);
```

参数说明：

★ I2Cx：I^2C 名称。

★ Data：发送数据。

12）接收 8 位数据

```
uint8_t LL_I2C_ReceiveData8(I2C_TypeDef* I2Cx);
```

参数说明：

★ I2Cx：I^2C 名称。

返回值：接收数据。

注意：STM32F1 系列 I^2C 接口的 LL 实现比较复杂，STM32G4 和 STM32L0 系列有所改进（参见 12.3 节）。

6.4 I^2C 设计实例

下面以 2 线串行 EEPROM 24C02 为例，介绍通过 I^2C 接口实现对 24C02 的读/写操作。

24C02 是 2KB 串行 EEPROM，内部组织为 256B×8B，支持 8B 页写，写周期内部定时（小于 5ms），2 线串行接口，可实现 8 个器件共用 1 个接口，工作电压 2.7～5.5V，8 引脚封装。

24C02 的字节数据读/写格式如图 6.5 所示。

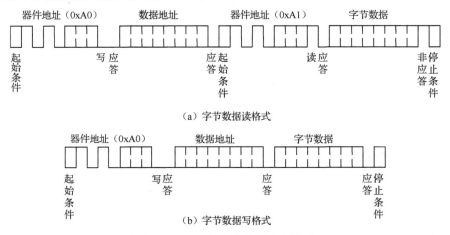

图 6.5 24C02 的字节数据读/写格式

读数据时，控制器的操作包含两步：写数据地址和读字节数据。写数据地址和读字节数据前，控制器首先发送 7 位器件地址和 1 位读/写操作，写数据地址前读/写操作位为 0（写操作），读字节数据前读/写操作位为 1（读操作）。

应答（ACK）由 24C02 发出，作为写操作的响应；非应答（NAK）由控制器发出，作为读操作的响应。当连续读取多个字节数据时，前面字节数据后为应答，最后一个字节数据后为非应答。

写数据时，写数据地址和写字节数据一起进行，7 位器件地址后的读/写操作位为 0（写操作），应答由 24C02 发出，作为写操作的响应。

下面以嵌入式竞赛实训平台为例介绍 24C02 读/写程序的设计，系统硬件方框图如图 6.6 所示。

系统包括 Cortex-M3 CPU（内嵌 SysTick 定时器）、按键、LED 接口、LCD 显示屏、UART 转 USB 和 I2C1 接口（PB6-SCL1、PB7-SDA1），I2C1 接口与 24C02 连接。

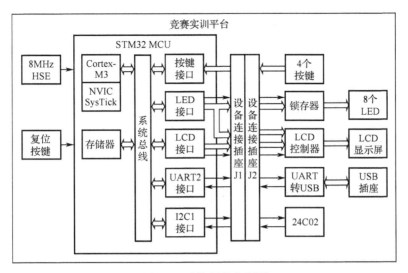

图 6.6　系统硬件方框图

下面编程用 24C02 存储系统的启动次数。I^2C 的软件设计与实现在 UART 实现的基础上完成，包括接口函数和处理函数设计与实现。

1）接口函数设计与实现

接口函数设计与实现的步骤如下：

（1）在 i2c.h 中添加下列代码：

```
/* USER CODE BEGIN Prototypes */
void MEM_Read(uint8_t ucAddr, uint8_t* pucBuf, uint8_t ucNum);
void MEM_Write(uint8_t ucAddr, uint8_t* pucBuf, uint8_t ucNum);
/* USER CODE END Prototypes */
```

（2）在 i2c.c 的后部添加下列代码：

```
/* USER CODE BEGIN 1 */
/* HAL 工程代码 */
void MEM_Read(uint8_t ucAddr, uint8_t* pucBuf, uint8_t ucNum)
{
  HAL_I2C_Mem_Read(&hi2c1, 0xA0, ucAddr, 1, pucBuf, ucNum, 100);
}

void MEM_Write(uint8_t ucAddr, uint8_t* pucBuf, uint8_t ucNum)
{
  HAL_I2C_Mem_Write(&hi2c1, 0xA0, ucAddr, 1, pucBuf, ucNum, 100);
}
/* LL 工程代码（参见图 6.5） */
void MEM_Read(uint8_t ucAddr, uint8_t* pucBuf, uint8_t ucNum)
{
  LL_I2C_GenerateStartCondition(I2C1);
  while (!LL_I2C_IsActiveFlag_SB(I2C1)) {}

  LL_I2C_TransmitData8(I2C1, 0xA0);
```

```c
  while (!LL_I2C_IsActiveFlag_ADDR(I2C1)) {}
  LL_I2C_ClearFlag_ADDR(I2C1);

  while (!LL_I2C_IsActiveFlag_TXE(I2C1)) {}
  LL_I2C_TransmitData8(I2C1, ucAddr);

  LL_I2C_GenerateStartCondition(I2C1);
  while (!LL_I2C_IsActiveFlag_SB(I2C1)) {}

  LL_I2C_TransmitData8(I2C1, 0xA1);
  while (!LL_I2C_IsActiveFlag_ADDR(I2C1)) {}
  LL_I2C_ClearFlag_ADDR(I2C1);

  while (ucNum > 0) {
    if (LL_I2C_IsActiveFlag_RXNE(I2C1)) {
      *pucBuf++ = LL_I2C_ReceiveData8(I2C1);
      if (--ucNum != 0) {
        LL_I2C_AcknowledgeNextData(I2C1, LL_I2C_ACK);
      } else {
        LL_I2C_AcknowledgeNextData(I2C1, LL_I2C_NACK);
      }
    }
  }
  LL_I2C_GenerateStopCondition(I2C1);
}

void MEM_Write(uint8_t ucAddr, uint8_t* pucBuf, uint8_t ucNum)
{
  LL_I2C_GenerateStartCondition(I2C1);
  while (!LL_I2C_IsActiveFlag_SB(I2C1)) {}

  LL_I2C_TransmitData8(I2C1, 0xA0);
  while (!LL_I2C_IsActiveFlag_ADDR(I2C1)) {}
  LL_I2C_ClearFlag_ADDR(I2C1);

  while (!LL_I2C_IsActiveFlag_TXE(I2C1)) {}
  LL_I2C_TransmitData8(I2C1, ucAddr);

  while (ucNum > 0) {
    if (LL_I2C_IsActiveFlag_TXE(I2C1)) {
      LL_I2C_TransmitData8(I2C1, *pucBuf++);
      --ucNum;
    }
  }

  while (!LL_I2C_IsActiveFlag_BTF(I2C1)) {}
```

```
    LL_I2C_GenerateStopCondition(I2C1);
}
/* USER CODE END 1 */
```

2）处理函数设计与实现

处理函数设计与实现的步骤如下：

（1）在 main.c 中定义如下全局变量：

uint8_t ucCnt;   **/* 启动次数 */**

（2）在 main()初始化部分添加如下代码：

```
/* USER CODE BEGIN 2 */
LCD_Init();                       /* LCD 初始化 */
LCD_Clear(Black);                 /* LCD 清屏 */
LCD_SetTextColor(White);          /* 设置字符色 */
LCD_SetBackColor(Black);          /* 设置背景色 */

MEM_Read(0, (uint8_t*)&ucCnt, 1);   /* 存储器读 */
++ucCnt;
MEM_Write(0, (uint8_t*)&ucCnt, 1);  /* 存储器写 */
/* USER CODE END 2 */
```

（3）在 LCD_Proc()中将下列代码：

```
sprintf((char*)ucLcd, "        %03u        ", ucSec);
LCD_DisplayStringLine(Line4, ucLcd);
LCD_DisplayChar(Line5, Column9, ucLcd[9]);
LCD_SetTextColor(Red);
LCD_DisplayChar(Line5, Column10, ucLcd[10]);
LCD_SetTextColor(White);
LCD_DisplayChar(Line5, Column11, ucLcd[11]);
LCD_SetTextColor(Red);
LCD_DisplayStringLine(Line6, ucLcd);
LCD_SetTextColor(White);
```

替换为：

```
sprintf((char*)ucLcd, " SEC:%03u   CNT:%03u ", ucSec, ucCnt);
LCD_DisplayStringLine(Line2, ucLcd);
```

编译下载运行程序，LCD 上显示秒值和启动次数，按下复位键重启系统，启动次数加 1。

注意：由于设计缺陷，STM32F1 系列 I^2C 多字节读写时可能存在问题。

注意：I^2C 接口的调试有些麻烦，这里就不介绍了。

注意：程序正常工作后，可以分别将 HAL 和 LL 文件夹中的 MDK-ARM 文件夹复制粘贴为 "61_I2C" 文件夹，同时将 Core\Src 文件夹中的 stm32f1xx_it.c 文件复制粘贴到 "61_I2C" 文件夹，以方便后续使用。

第7章 模数转换器 ADC

ADC（模数转换器）的主要功能是将模拟信号转化为数字信号，以便于微控制器进行数据处理。ADC 按转换原理分为逐次比较型、双积分型和 Σ-Δ 型。

逐次比较型 ADC 通过逐次比较将模拟信号转化为数字信号，转换速度快，但精度较低，是最常用的 ADC。

双积分型 ADC 通过两次积分将模拟信号转化为数字信号，精度高，抗干扰能力强，但速度较慢，主要用于万用表等测量仪器。

Σ-Δ 型 ADC 具有逐次比较型和双积分型的双重优点，正在广泛地得到应用。

STM32 ADC 是 12 位逐次比较型，多达 18 个通道，可测量 16 个外部和 2 个内部信号源，各通道的转换可以单次、连续、扫描或间断模式执行，转换结果可以左对齐或右对齐方式存储在 16 位数据寄存器中。

模拟看门狗特性允许应用程序检测输入电压是否超出用户定义的高/低阈值。

ADCCLK 不得超过 14MHz，由 PCLK2 分频产生，默认值为 4MHz。

7.1 ADC 结构及寄存器

STM32 ADC 主要由模拟多路开关、模拟至数字转换器、数据寄存器和触发选择等部分组成，方框图如图 7.1 所示。

转换通道分为规则通道和注入通道两组。

规则通道最多由 16 个通道组成，按顺序转换，通道数和转换顺序存放在规则序列寄存器 SQR1～SQR3 中，转换结果存放在规则通道数据寄存器 DR 中。

注入通道最多由 4 个通道组成，可插入转换，通道数和转换顺序存放在注入序列寄存器 JSQR 中，转换结果分别存放在注入通道数据寄存器 JDR1～JDR4 中。

ADC 使用的 GPIO 引脚如表 7.1 所示（详见表 A.6）。

表 7.1 ADC 使用的 GPIO 引脚

ADC 引脚	GPIO 引脚	GPIO 配置	ADC 引脚	GPIO 引脚	GPIO 配置
IN0	PA0	模拟输入	IN8	**PB0**	模拟输入
IN1	PA1	模拟输入	IN9	PB1	模拟输入
IN2	PA2	模拟输入	IN10	PC0	模拟输入
IN3	PA3	模拟输入	IN11	PC1	模拟输入
IN4	PA4	模拟输入	IN12	PC2	模拟输入
IN5	PA5	模拟输入	IN13	PC3	模拟输入
IN6	PA6	模拟输入	IN14	PC4	模拟输入
IN7	PA7	模拟输入	IN15	PC5	模拟输入

ADC1 的通道 16 内部与温度传感器 V_{TS} 相连，通道 17 内部与参考电源 V_{REFINT} 相连。

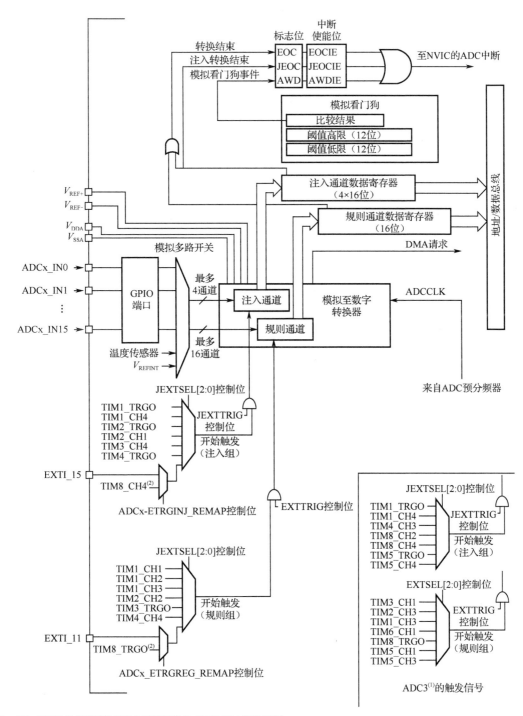

注：（1）ADC3 的规则转换和注入转换触发与 ADC1 和 ADC2 不同。

（2）TIM8_CH4 和 TIM8_TRGO 及它们的重映射位只存在于大容量产品中。

图 7.1　ADC 方框图

ADC 主要寄存器如表 7.2 所示。

表 7.2　ADC 主要寄存器

偏移地址	名　称	类　型	复 位 值	说　明
0x00	**SR**	**读/写 0 清除**	**0x0000**	**状态寄存器（详见表 7.3）**
0x04	CR1	读/写	0x0000	控制寄存器 1
0x08	**CR2**	**读/写**	**0x0000**	**控制寄存器 2（详见表 7.4）**
0x0C	SMPR1	读/写	0x0000	采样时间寄存器 1（详见表 7.5）
0x10	SMPR2	读/写	0x0000	采样时间寄存器 2
0x2C	**SQR1**	**读/写**	**0x0000**	**规则序列寄存器 1（详见表 7.7）**
0x30	SQR2	读/写	0x0000	规则序列寄存器 2
0x34	**SQR3**	**读/写**	**0x0000**	**规则序列寄存器 3（详见表 7.8）**
0x38	**JSQR**	**读/写**	**0x0000**	**注入序列寄存器（详见表 7.9）**
0x3C	JDR1	读	0x0000	注入数据寄存器 1（13/16 位有符号数）
0x4C	DR	读	0x0000	规则数据寄存器（12 位无符号数）

ADC 寄存器中按位操作寄存器的主要内容如表 7.3～表 7.9 所示。

表 7.3　ADC 状态寄存器（SR）

位	名　称	类　型	复 位 值	说　明
4	STRT	读/写 0 清除	0	规则通道转换开始
3	JSTRT	读/写 0 清除	0	注入通道转换开始
2	**JEOC**	**读/写 0 清除**	**0**	**注入通道转换结束**
1	**EOC**	**读/写 0 清除**	**0**	**转换结束（规则通道或注入通道，读 DR 清除）**
0	AWD	读/写 0 清除	0	模拟看门狗事件发生

表 7.4　ADC 控制寄存器 2（CR2）

位	名　称	类　型	复 位 值	说　明
23	**TSVREFE**	读/写	**0**	温度传感器和参考电源 V_{REFINT} 使能
22	SWSTART	读/写	0	规则通道转换开始
21	JSWSTART	读/写	0	注入通道转换开始
20	**EXTTRIG**	读/写	**0**	**外部触发转换模式（规则通道）**
19:17	**EXTSEL[2:0]**	读/写	**000**	**外部触发事件选择（规则通道）：** 000—TIM1_CH1，001—TIM1_CH2，010—TIM1_CH3， 011—TIM2_CH2，100—TIM3_TRGO，101—TIM4_CH4， 110—EXTI_11，**111—SWSTART**
15	JEXTTRIG	读/写	0	外部触发转换模式（注入通道）
14:12	**JEXTSEL[2:0]**	读/写	**000**	**外部触发事件选择（注入通道）：** 000—TIM1_TRGO，001—TIM1_CH4，010—TIM2_TRGO， 011—TIM2_CH1，100—TIM3_CH4，101—TIM4_TRGO， 110—EXTI_15，**111—SWSTART**
0	**ADON**	读/写	**0**	**允许 ADC 并启动转换**

表 7.5 ADC 采样时间寄存器 1（SMPR1）

位	名 称	类 型	复 位 值	说 明
20:18	SMP16[2:0]	读/写	000	通道 16 采样时间（详见表 7.6）
23:21	SMP17[2:0]	读/写	000	通道 17 采样时间（详见表 7.6）

表 7.6 ADC 采样时间周期数

SMPx[2:0]	000	001	010	011	100	101	110	111
周期数 [1]	1.5	7.5	13.5	28.5	41.5	55.5	71.5	239.5

注：（1）转换时间=采样时间周期数+12.5 个周期。

当 ADCCLK=14MHz（最大值）时，000 对应 14 个周期（1μs）。

表 7.7 ADC 规则序列寄存器 1（SQR1）

位	名 称	类 型	复 位 值	说 明
23:20	L[3:0]	读/写	0000	规则通道序列长度（1～16 个转换）

表 7.8 ADC 规则序列寄存器 3（SQR3）

位	名 称	类 型	复 位 值	说 明
9:5	SQ2[4:0]	读/写	00000	规则通道序列中的第 2 个转换通道号（0～17）
4:0	SQ1[4:0]	读/写	00000	规则通道序列中的第 1 个转换通道号（0～17）

表 7.9 ADC 注入序列寄存器（JSQR）

位	名 称	类 型	复 位 值	说 明
21:20	JL[1:0]	读/写	00	注入通道序列长度（1～4 个转换）
19:15	JSQ4[4:0]	读/写	00000	注入通道序列中的第 4 个转换通道号（0～17）
14:10	JSQ3[4:0]	读/写	00000	注入通道序列中的第 3 个转换通道号（0～17）
9:5	JSQ2[4:0]	读/写	00000	注入通道序列中的第 2 个转换通道号（0～17）
4:0	JSQ1[4:0]	读/写	00000	注入通道序列中的第 1 个转换通道号（0～17）

7.2 ADC 配置

ADC 的配置步骤如下：

（1）在 STM32CubeMx 中打开 HAL.ioc 或 LL.ioc。

（2）在 Pinout & Configuration 标签中单击左侧 Categories 下 Analog 中的"ADC1"。

（3）在 ADC1 模式下选择"IN8"和"Temperature Sensor Channel"。

（4）选择配置下的 GPIO Settings 标签，ADC1 的 GPIO 默认设置如图 7.2 所示。

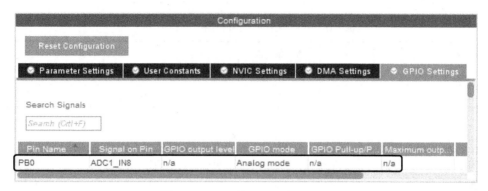

图 7.2　ADC1 的 GPIO 默认设置

● PB0：ADC1_IN8，模拟模式，连接 R37。

（5）选择配置下的 Parameter Settings 标签，ADC1 设置如图 7.3 所示。

图 7.3　ADC1 设置

在默认设置的基础上，在 ADC_Injected_ConversionMode 项下做如下设置：

● Enable Injected Conversions　　　　　Enable
● Number Of Conversions　　　　　　　1
● Injected Conversion Mode　　　　　　Auto Injected Mode
● Rank 1 的 Channel　　　　　　　　　Channel Temperature Sensor
● Rank 1 的 Simpling Time　　　　　　55.5 Cycles

ADC 配置完成后生成的相应 HAL 和 LL 初始化程序分别存放在 HAL\Core\Src\adc.c 和

LL\Core\Src\adc.c 中，其中主要代码如下：

```
/* HAL 工程 */
hadc1.Instance = ADC1;
hadc1.Init.ExternalTrigConv = ADC_SOFTWARE_START;
hadc1.Init.DataAlign = ADC_DATAALIGN_RIGHT;
hadc1.Init.NbrOfConversion = 1;
if (HAL_ADC_Init(&hadc1) != HAL_OK)
{
  Error_Handler();
}
sConfig.Channel = ADC_CHANNEL_8;
sConfig.Rank = ADC_REGULAR_RANK_1;
sConfig.SamplingTime = ADC_SAMPLETIME_1CYCLE_5;
if (HAL_ADC_ConfigChannel(&hadc1, &sConfig) != HAL_OK)
{
  Error_Handler();
}
  __HAL_RCC_ADC1_CLK_ENABLE();
  __HAL_RCC_GPIOB_CLK_ENABLE();

  GPIO_InitStruct.Pin = GPIO_PIN_0;
  GPIO_InitStruct.Mode = GPIO_MODE_ANALOG;
  HAL_GPIO_Init(GPIOB, &GPIO_InitStruct);
/* LL 工程 */
 LL_APB2_GRP1_EnableClock(LL_APB2_GRP1_PERIPH_ADC1);
 LL_APB2_GRP1_EnableClock(LL_APB2_GRP1_PERIPH_GPIOB);

 GPIO_InitStruct.Pin = LL_GPIO_PIN_0;
 GPIO_InitStruct.Mode = LL_GPIO_MODE_ANALOG;
 LL_GPIO_Init(GPIOB, &GPIO_InitStruct);

 ADC_REG_InitStruct.TriggerSource = LL_ADC_REG_TRIG_SOFTWARE;
 ADC_REG_InitStruct.SequencerLength = LL_ADC_REG_SEQ_SCAN_DISABLE;
 ADC_REG_InitStruct.SequencerDiscont = LL_ADC_REG_SEQ_DISCONT_DISABLE;
 ADC_REG_InitStruct.ContinuousMode = LL_ADC_REG_CONV_SINGLE;
 LL_ADC_REG_Init(ADC1, &ADC_REG_InitStruct);

 LL_ADC_REG_SetSequencerRanks(ADC1, LL_ADC_REG_RANK_1, LL_ADC_CHANNEL_8);
 LL_ADC_SetChannelSamplingTime(ADC1, LL_ADC_CHANNEL_8,
   LL_ADC_SAMPLINGTIME_13CYCLES_5);
```

注意：由于设计缺陷，STM32F1 系列 ADC 规则通道转换两个及以上通道时，必须使用 DMA。为了简化设计，这里将第 2 个通道用注入通道实现，也可以用 ADC2 的规则通道实现。

注意：STM32G4 和 STM32L0 系列 ADC 有所改进，规则通道转换两个及以上通道时，可以使用查询方式实现，不必使用 DMA。

7.3 ADC 库函数

ADC 库函数包括 HAL 库函数和 LL 库函数。

7.3.1 ADC HAL 库函数

基本的 ADC HAL 库函数在 stm32f1xx_hal_adc.h 中声明如下：

```
HAL_StatusTypeDef HAL_ADC_Init(ADC_HandleTypeDef* hadc);
HAL_StatusTypeDef HAL_ADC_ConfigChannel(ADC_HandleTypeDef* hadc,
  ADC_ChannelConfTypeDef* sConfig);
HAL_StatusTypeDef HAL_ADCEx_InjectedConfigChannel(ADC_HandleTypeDef* hadc,
  ADC_InjectionConfTypeDef* sConfigInjected);
HAL_StatusTypeDef HAL_ADCEx_Calibration_Start(ADC_HandleTypeDef* hadc);
HAL_StatusTypeDef HAL_ADC_Start(ADC_HandleTypeDef* hadc);
HAL_StatusTypeDef HAL_ADC_PollForConversion(ADC_HandleTypeDef* hadc,
  uint32_t Timeout);
HAL_StatusTypeDef HAL_ADCEx_InjectedPollForConversion(ADC_HandleTypeDef*
  hadc, uint32_t Timeout);
uint32_t HAL_ADC_GetValue(ADC_HandleTypeDef* hadc);
uint32_t HAL_ADCEx_InjectedGetValue(ADC_HandleTypeDef* hadc,
  uint32_t InjectedRank);
```

1）初始化 ADC

```
HAL_StatusTypeDef HAL_ADC_Init(ADC_HandleTypeDef* hadc);
```

参数说明：

★ hadc：ADC 句柄，在 stm32f1xx_hal_adc.h 中定义如下：

```
typedef struct __ADC_HandleTypeDef
{
  ADC_TypeDef      *Instance;        /* ADC 名称 */
  ADC_InitTypeDef Init;             /* ADC 初始化参数 */
  ..................................................................
} ADC_HandleTypeDef;
```

其中 ADC_InitTypeDef 在 stm32f1xx_hal_adc.h 中定义如下（参见图 7.3）：

```
typedef struct
{
  uint32_t DataAlign;               /* 数据对齐 */
  uint32_t ScanConvMode;            /* 扫描模式 */
  uint32_t NbrOfConversion;         /* 规则通道数(1-16) */
  ..................................................................
} ADC_InitTypeDef;
```

返回值：HAL 状态，HAL_OK 等。

2）配置 ADC 规则通道

```
HAL_StatusTypeDef HAL_ADC_ConfigChannel(ADC_HandleTypeDef* hadc,
  ADC_ChannelConfTypeDef* sConfig);
```

参数说明：

★ hadc：ADC 句柄。

★ sConfig：ADC 配置参数，在 stm32f1xx_hal_adc.h 中定义如下：

```
typedef struct
{
  uint32_t Channel;              /* 通道号 */
  uint32_t Rank;                 /* 顺序号 */
  uint32_t SamplingTime;         /* 采样时间 */
} ADC_ChannelConfTypeDef;
```

其中 Channel、Rank 和 SamplingTime 在 stm32f1xx_hal_adc.h 中定义如下：

```
#define ADC_CHANNEL_0             0x00000000U
#define ADC_CHANNEL_1             ((uint32_t)(ADC_SQR3_SQ1_0))
······························································
#define ADC_CHANNEL_17            ((uint32_t)(ADC_SQR3_SQ1_4 |
                                  ADC_SQR3_SQ1_0))
#define ADC_CHANNEL_TEMPSENSOR    ADC_CHANNEL_16
#define ADC_CHANNEL_VREFINT       ADC_CHANNEL_17


#define ADC_REGULAR_RANK_1        0x00000001U
#define ADC_REGULAR_RANK_2        0x00000002U
····················································
#define ADC_REGULAR_RANK_16       0x00000010U


#define ADC_SAMPLETIME_1CYCLE_5      0x00000000U
#define ADC_SAMPLETIME_7CYCLES_5     ((uint32_t)(ADC_SMPR2_SMP0_0))
···················································
#define ADC_SAMPLETIME_239CYCLES_5   (uint32_t)(ADC_SMPR2_SMP0_2 |
                                     ADC_SMPR2_SMP0_1 | ADC_SMPR2_SMP0_0))
```

返回值：HAL 状态，HAL_OK 等。

3）配置 ADC 注入通道

```
HAL_StatusTypeDef HAL_ADCEx_InjectedConfigChannel(ADC_HandleTypeDef* hadc,
  ADC_InjectionConfTypeDef* sConfigInjected);
```

参数说明：

★ hadc：ADC 句柄。

★ sConfigInjected：ADC 注入通道配置参数，在 stm32f1xx_hal_adc.h 中定义如下：

```
typedef struct
{
  uint32_t InjectedChannel;               /* 注入通道号 */
```

```
    uint32_t InjectedRank;                /* 注入顺序号 */
    uint32_t InjectedSamplingTime;        /* 注入采样时间 */
    ...............................................................
} ADC_ChannelConfTypeDef;
```

其中 InjectedRank 在 stm32f1xx_hal_adc.h 中定义如下：

```
#define ADC_INJECTED_RANK_1        0x00000001U
#define ADC_INJECTED_RANK_2        0x00000002U
#define ADC_INJECTED_RANK_3        0x00000003U
#define ADC_INJECTED_RANK_4        0x00000004U
```

返回值：HAL 状态，HAL_OK 等。

4）ADC 校准

```
HAL_StatusTypeDef HAL_ADCEx_Calibration_Start(ADC_HandleTypeDef* hadc);
```

参数说明：

★ hadc：ADC 句柄。

返回值：HAL 状态，HAL_OK 等。

5）启动 ADC 转换

```
HAL_StatusTypeDef HAL_ADC_Start(ADC_HandleTypeDef* hadc);
```

参数说明：

★ hadc：ADC 句柄。

返回值：HAL 状态，HAL_OK 等。

6）等待 ADC 转换完成

```
HAL_StatusTypeDef HAL_ADC_PollForConversion(ADC_HandleTypeDef* hadc,
    uint32_t Timeout);
```

参数说明：

★ hadc：ADC 句柄。

★ Timeout：超时（ms）。

返回值：HAL 状态，HAL_OK 等。

7）等待 ADC 注入通道转换完成

```
HAL_StatusTypeDef HAL_ADCEx_InjectedPollForConversion(ADC_HandleTypeDef*
    hadc, uint32_t Timeout);
```

参数说明：

★ hadc：ADC 句柄。

★ Timeout：超时（ms）。

返回值：HAL 状态，HAL_OK 等。

8）获取 ADC 转换值

```
uint32_t HAL_ADC_GetValue(ADC_HandleTypeDef* hadc);
```

参数说明：

★ hadc：ADC 句柄。

返回值：ADC 转换值。

9）获取 ADC 注入通道转换值

```
uint32_t HAL_ADCEx_InjectedGetValue(ADC_HandleTypeDef* hadc,
  uint32_t InjectedRank);
```

参数说明：

★ hadc：ADC 句柄。

★ InjectedRank：注入顺序号

返回值：ADC 转换值。

7.3.2 ADC LL 库函数

基本的 ADC LL 库函数在 stm32f1xx_ll_adc.h 中声明如下：

```
ErrorStatus LL_ADC_REG_Init(ADC_TypeDef* ADCx,
  LL_ADC_REG_InitTypeDef* ADC_REG_InitStruct);
void LL_ADC_REG_SetSequencerRanks(ADC_TypeDef* ADCx, uint32_t Rank,
  uint32_t Channel);
void LL_ADC_INJ_SetSequencerRanks(ADC_TypeDef* ADCx, uint32_t Rank,
  uint32_t Channel);
void LL_ADC_SetChannelSamplingTime(ADC_TypeDef* ADCx, uint32_t Channel,
  uint32_t SamplingTime);
void LL_ADC_INJ_SetTriggerSource(ADC_TypeDef* ADCx, uint32_t TriggerSource);
void LL_ADC_INJ_SetTrigAuto(ADC_TypeDef* ADCx, uint32_t TrigAuto);
void LL_ADC_Enable(ADC_TypeDef* ADCx);
void LL_ADC_StartCalibration(ADC_TypeDef* ADCx);
uint32_t LL_ADC_IsCalibrationOnGoing(ADC_TypeDef* ADCx);
void LL_ADC_REG_StartConversionSWStart(ADC_TypeDef* ADCx);
uint32_t LL_ADC_IsActiveFlag_EOS(ADC_TypeDef* ADCx);
uint32_t LL_ADC_IsActiveFlag_JEOS(ADC_TypeDef* ADCx);
uint16_t LL_ADC_REG_ReadConversionData12(ADC_TypeDef* ADCx);
uint16_t LL_ADC_INJ_ReadConversionData12(ADC_TypeDef* ADCx, uint32_t Rank);
```

1）初始化 ADC 规则通道

```
ErrorStatus LL_ADC_REG_Init(ADC_TypeDef* ADCx,
  LL_ADC_REG_InitTypeDef* ADC_REG_InitStruct);
```

参数说明：

★ ADCx：ADC 名称，取值是 ADC1 或 ADC2 等。

★ ADC_REG_InitStruct：ADC 规则通道初始化参数结构体指针，初始化参数结构体在 stm32f10x_adc.h 中定义如下：

```
typedef struct
{
```

```
    uint32_t TriggerSource;            /* 触发源 */
    uint32_t SequencerLength;          /* 序列长度 */
    .......................................................................
} LL_ADC_REG_InitTypeDef;
```

返回值：错误状态，0-SUCCESS。

2）设置规则通道顺序

```
void LL_ADC_REG_SetSequencerRanks(ADC_TypeDef* ADCx, uint32_t Rank,
  uint32_t Channel);
```

参数说明：

★ ADCx：ADC 名称，取值是 ADC1 或 ADC2 等。

★ Rank：顺序号，取值是 LL_ADC_REG_RANK_1～LL_ADC_REG_RANK_16。

★ Channel：通道号，取值是 LL_ADC_CHANNEL_0～LL_ADC_CHANNEL_17。

3）设置注入通道顺序

```
void LL_ADC_INJ_SetSequencerRanks(ADC_TypeDef* ADCx, uint32_t Rank,
  uint32_t Channel);
```

参数说明：

★ ADCx：ADC 名称，取值是 ADC1 或 ADC2 等。

★ Rank：顺序号，取值是 LL_ADC_INJ_RANK_1～LL_ADC_INJ_RANK_4。

★ Channel：通道号，取值是 LL_ADC_CHANNEL_0～LL_ADC_CHANNEL_17。

注意：STM32CubeMX 生成的设置注入通道顺序函数中的 Rank 参数有误：使用的不是 LL_ADC_INJ_RANK_1，而是 LL_ADC_REG_RANK_1。

4）设置通道采样时间

```
void LL_ADC_SetChannelSamplingTime(ADC_TypeDef* ADCx, uint32_t Channel,
  uint32_t SamplingTime);
```

参数说明：

★ ADCx：ADC 名称，取值是 ADC1 或 ADC2 等。

★ Channel：通道号，取值是 LL_ADC_CHANNEL_0～LL_ADC_CHANNEL_17。

★ SamplingTime：采样时间，取值是 LL_ADC_SAMPLINGTIME_1CYCLE_5 等。

5）设置注入通道触发源

```
void LL_ADC_INJ_SetTriggerSource(ADC_TypeDef* ADCx, uint32_t TriggerSource);
```

参数说明：

★ ADCx：ADC 名称，取值是 ADC1 或 ADC2 等。

★ TriggerSource：触发源，取值是 LL_ADC_INJ_TRIG_SOFTWARE 等。

6）设置注入通道自动触发

```
void LL_ADC_INJ_SetTrigAuto(ADC_TypeDef* ADCx, uint32_t TrigAuto);
```

参数说明：

★ ADCx：ADC 名称，取值是 ADC1 或 ADC2 等。

★ TrigAuto：自动触发选择，取值是 LL_ADC_INJ_TRIG_FROM_GRP_REGULAR 等。

7）允许 ADC

```
void LL_ADC_Enable(ADC_TypeDef* ADCx);
```

参数说明：

★ ADCx：ADC 名称，取值是 ADC1 或 ADC2 等。

8）启动校准

```
void LL_ADC_StartCalibration(ADC_TypeDef* ADCx);
```

参数说明：

★ ADCx：ADC 名称，取值是 ADC1 或 ADC2 等。

9）获取校准状态

```
uint32_t LL_ADC_IsCalibrationOnGoing(ADC_TypeDef* ADCx);
```

参数说明：

★ ADCx：ADC 名称，取值是 ADC1 或 ADC2 等。
返回值：0—校准完成，1—校准正在进行。

10）启动规则通道转换

```
void LL_ADC_REG_StartConversionSWStart(ADC_TypeDef* ADCx);
```

参数说明：

★ ADCx：ADC 名称，取值是 ADC1 或 ADC2 等。

11）获取 EOS 标志

```
uint32_t LL_ADC_IsActiveFlag_EOS(ADC_TypeDef* ADCx);
```

参数说明：

★ ADCx：ADC 名称，取值是 ADC1 或 ADC2 等。
返回值：EOS 标志（0 或 1）。

12）获取 JEOS 标志

```
uint32_t LL_ADC_IsActiveFlag_JEOS(ADC_TypeDef* ADCx);
```

参数说明：

★ ADCx：ADC 名称，取值是 ADC1 或 ADC2 等。
返回值：JEOS 标志（0 或 1）。

13）读取规则通道转换数据

```
uint16_t LL_ADC_REG_ReadConversionData12(ADC_TypeDef* ADCx);
```

参数说明：

★ ADCx：ADC 名称，取值是 ADC1 或 ADC2 等。
返回值：规则通道转换数据。

14）读取注入通道转换数据

```
uint16_t LL_ADC_INJ_ReadConversionData12(ADC_TypeDef* ADCx, uint32_t Rank);
```

参数说明：

★ ADCx：ADC 名称，取值是 ADC1 或 ADC2 等。

★ Rank：注入通道顺序号，取值是 LL_ADC_INJ_RANK_1～LL_ADC_INJ_RANK_4。

返回值：注入通道转换数据。

7.4 ADC 设计实例

下面以嵌入式竞赛实训平台为例，介绍 ADC 的设计与实现。系统硬件方框图如图 7.4 所示。

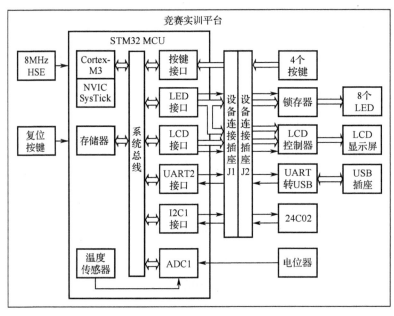

图 7.4 系统硬件方框图

系统包括 Cortex-M3 CPU（内嵌 SysTick 定时器）、按键、LED 接口、LCD 显示屏、UART 转 USB、I2C1 接口和 ADC，ADC_IN8（PB0）连接电位器 R37，ADC_IN16 内部连接温度传感器。

温度传感器可以用来测量芯片的温度。温度传感器的推荐采样时间为 17.1μs，温度范围为 -40～125℃，温度计算公式如下：

$$T=25+(1.43-V)/0.0043$$

$$T=25+(5855.85-3.3N)/17.6085$$

式中，V 为温度传感器电压值，N 为模数转换后的数字值，$V=3.3N/4095$。

ADC 的软件设计与实现在 I^2C 实现的基础上完成，包括接口函数和处理函数设计与实现。

1）接口函数设计与实现

接口函数设计与实现的步骤如下：

（1）在 adc.h 中添加下列代码：

```
/* USER CODE BEGIN Prototypes */
void ADC1_Read(uint16_t* usBuf);        /* ADC1 读取 */
/* USER CODE END Prototypes */
```

（2）在 adc.c 中 MX_ADC1_Init() 内后部添加下列代码：

```
/* USER CODE BEGIN ADC1_Init 2 */
/* HAL 工程代码 */
HAL_ADCEx_Calibration_Start(&hadc1);  /* 校准 ADC1 */
/* LL 工程代码 */
LL_ADC_INJ_SetSequencerRanks(ADC1, LL_ADC_INJ_RANK_1,
  LL_ADC_CHANNEL_TEMPSENSOR);
LL_ADC_INJ_SetTriggerSource(ADC1, LL_ADC_INJ_TRIG_SOFTWARE);
LL_ADC_INJ_SetTrigAuto(ADC1, LL_ADC_INJ_TRIG_FROM_GRP_REGULAR);

LL_ADC_Enable(ADC1);
LL_ADC_StartCalibration(ADC1);
while (LL_ADC_IsCalibrationOnGoing(ADC1)) {}
/* USER CODE END ADC1_Init 2 */
```

（3）在 adc.c 中 MX_ADC1_Init() 后添加下列代码：

```
/* USER CODE BEGIN 1 */
/* HAL 工程代码 */
void ADC1_Read(uint16_t* usBuf)          /* ADC1 读取 */
{
  HAL_ADC_Start(&hadc1);
  if (HAL_ADC_PollForConversion(&hadc1, 10) == HAL_OK) {
    usBuf[0] = HAL_ADC_GetValue(&hadc1);
  }
  if (HAL_ADCEx_InjectedPollForConversion(&hadc1, 10) == HAL_OK) {
    usBuf[1] = HAL_ADCEx_InjectedGetValue(&hadc1, ADC_INJECTED_RANK_1);
  }
}
/* LL 工程代码 */
void ADC1_Read(uint16_t* usBuf)          /* ADC1 读取 */
{
  LL_ADC_REG_StartConversionSWStart(ADC1);
  while (LL_ADC_IsActiveFlag_EOS(ADC1) == 0) {}
  usBuf[0] = LL_ADC_REG_ReadConversionData12(ADC1);
  while (LL_ADC_IsActiveFlag_JEOS(ADC1) == 0) {}
  usBuf[1] = LL_ADC_INJ_ReadConversionData12(ADC1, LL_ADC_INJ_RANK_1);
}
/* USER CODE END 1 */
```

2）处理函数设计与实现

处理函数设计与实现的步骤如下：

（1）在 main.c 中定义如下全局变量：

```
uint16_t usAdc[2];                    /* ADC 转换值 */
```

（2）在 LCD_Proc() 内添加如下代码：

```
sprintf((char*)ucLcd, " SEC:%03u   CNT:%03u ", ucSec, ucCnt);
LCD_DisplayStringLine(Line2, ucLcd);

ADC1_Read(usAdc);                         /* ADC1 读取 */
sprintf((char*)ucLcd, " R37:%04u  TEM:%04u", usAdc[0], usAdc[1]);
LCD_DisplayStringLine(Line4, ucLcd);
sprintf((char*)ucLcd, " R37:%3.1fV  TEM:%04.1fC", usAdc[0]*3.3/4095,
  25+(5855.85-usAdc[1]*3.3)/17.61);
LCD_DisplayStringLine(Line5, ucLcd);
```

（3）在 UART_Proc() 中将如下代码：

```
printf("%04u\r\n", ucSec);
```

修改为：

```
printf("%04u %s\r\n", ucSec, ucLcd);
```

编译下载运行程序，LCD 上显示 R37 的转换值和电压值以及温度传感器的转换值和温度值，旋转 R37，转换值的变化范围是 0～4095，电压的变化范围是 0～3.3V，将手放在电路板背面 MCU 处（LCD 下边），温度传感器的转换值减小，温度值增加。

使用仿真器（Use Simulator）调试时，可以选择"Peripherals"菜单中"A/D Converters"菜单项中的"ADC1"，打开"ADC1"对话框，在对话框的下部改变"ADC1_IN8"和"VTEMP1"的值，如图 7.5 所示。

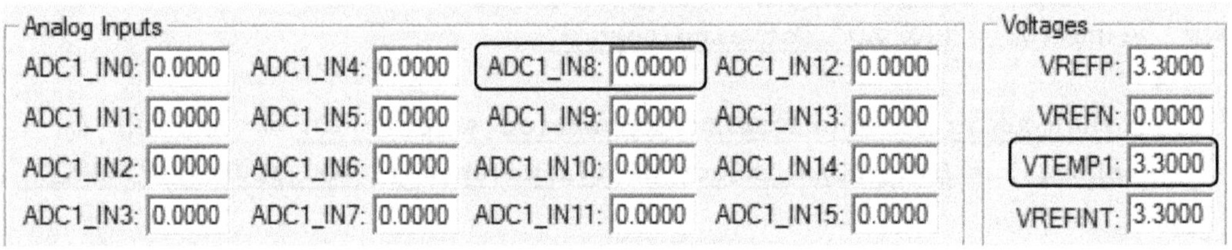

图 7.5 "ADC1"对话框

注意：程序正常工作后，可以分别将 HAL 和 LL 文件夹中的 MDK-ARM 文件夹复制粘贴为"71_ADC"文件夹，同时将 Core\Src 文件夹中的 stm32f1xx_it.c 文件复制粘贴到"71_ADC"文件夹中，以方便后续使用。

第8章 定时器 TIM

STM32 定时器除系统滴答定时器 SysTick 外，还有高级控制定时器 TIM1/8、通用定时器 TIM2～5、基本定时器 TIM6/7、实时钟 RTC、独立看门狗 IWDG 和窗口看门狗 WWDG 等。

高级控制定时器除了具有刹车输入 BKIN、互补输出 CHxN 和重复次数计数器外，与通用定时器的主要功能基本相同，两者都包含基本定时器的功能。RTC 提供时钟日历的功能。IWDG 和 WWDG 用来检测和解决软件错误引起的故障。

8.1 TIM 结构及寄存器

高级控制定时器由时钟控制、时基单元、输入捕获和输出比较等部分组成，方框图如图 8.1 所示。

时钟控制包含触发控制器、从模式控制器和编码器接口等，可以选择内部时钟（CK_INT：默认值）、外部时钟模式 1（TIxFPx）、外部时钟模式 2（ETR）和内部触发（ITRx）。

时基单元包含 16 位计数器 CNT、预分频器 PSC、自动重装载寄存器 ARR 和重复次数计数器 RCR。计数器可以向上计数、向下计数或向上向下双向计数，计数器时钟由预分频器对多种时钟源分频得到，计数器初值来自自动重装载寄存器，重复次数计数器实现重复计数。

时基单元是定时器的核心，也是基本定时器的主要功能单元。

输入捕获包含输入滤波器和边沿检测器、预分频器和捕获/比较寄存器等，可以捕获计数器的值到捕获/比较寄存器，也可以测量 PWM 信号的周期和脉冲宽度。

输出比较包含捕获/比较寄存器、死区发生器 DTG 和输出控制，可以输出单脉冲，也可以输出 PWM 信号。

TIM 使用的 GPIO 引脚如表 8.1 所示（详见表 A.7）。

表 8.1　TIM 使用的 GPIO 引脚

定时器引脚	GPIO 引脚				配　置
	TIM1	TIM2	TIM3	TIM4	
CH1	PA8	PA0[(1)]（PA15）[(2)]	**PA6**（PB4/PC6）[(2)]	PB6	浮空输入（输入捕获）复用推挽输出（输出比较）
CH2	PA9	**PA1**（PB3）[(2)]	PA7（PB5/PC7）[(2)]	PB7	
CH3	PA10	PA2（PB10）[(2)]	PB0（PC8）[(2)]	PB8	
CH4	PA11	PA3（PB11）[(2)]	PB1（PC9）[(2)]	PB9	
ETR	PA12	PA0[(1)]（PA15）[(2)]	PD2	—	浮空输入
BKIN	PB12（PA6）[(2)]	—	—	—	浮空输入
CH1N	PB13（**PA7**）[(2)]	—	—	—	复用推挽输出
CH2N	PB14（PB0）[(2)]	—	—	—	
CH3N	PB15（PB1）[(2)]	—	—	—	

注：（1）TIM2_CH1 和 TIM2_ETR 共用一个引脚，但不能同时使用。

　　（2）括号中的引脚为复用功能重映射引脚。

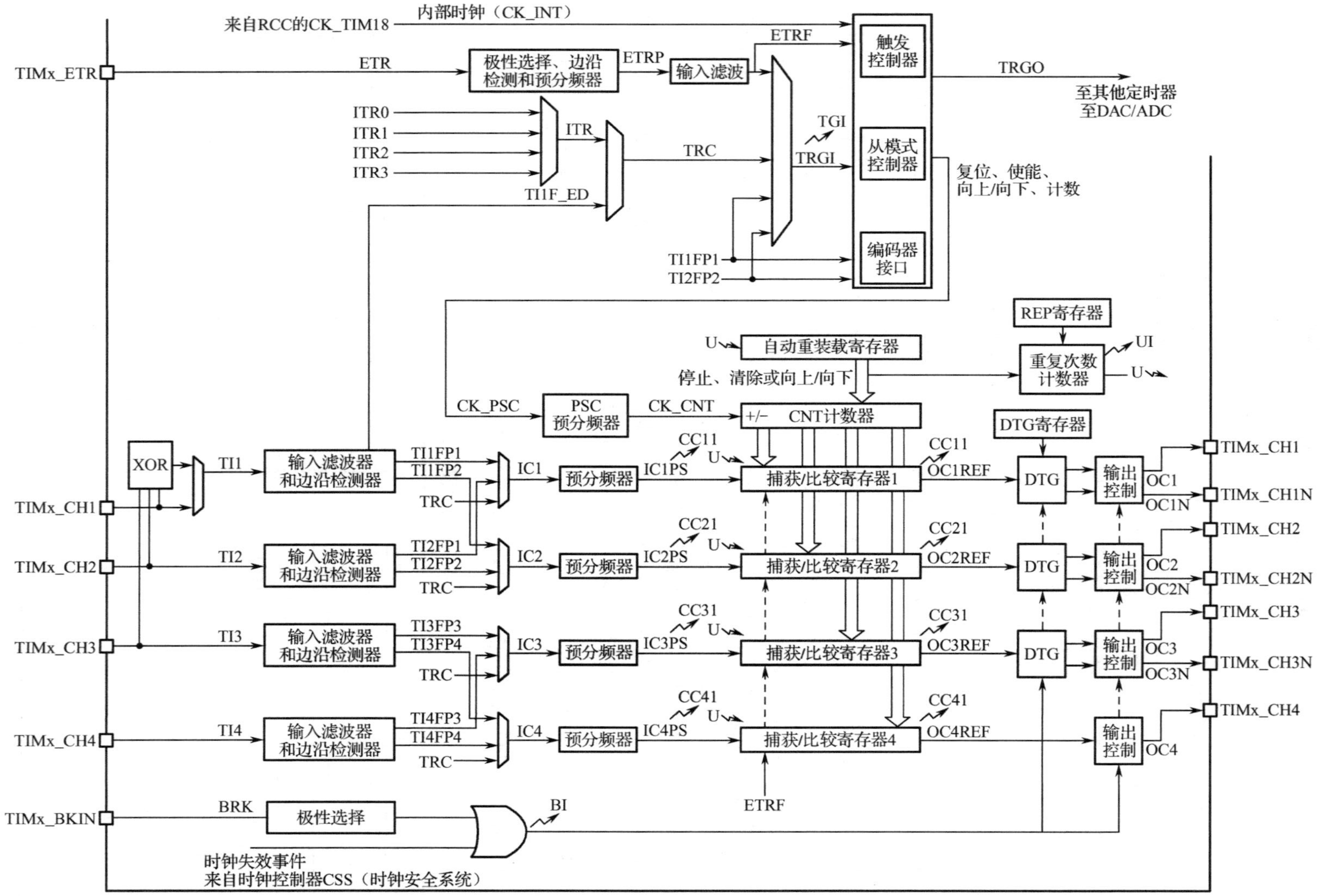

图8.1 高级控制定时器方框图

TIM 寄存器如表 8.2 所示。

表 8.2　TIM 寄存器

偏移地址	名　称	类　型	复位值	说　明
0x00	CR1	读/写	0x0000	控制寄存器 1（详见表 8.3）
0x04	CR2	读/写	0x0000	控制寄存器 2
0x08	SMCR	读/写	0x0000	从模式控制寄存器（详见表 8.4）
0x0C	DIER	读/写	0x0000	DMA/中断使能寄存器
0x10	SR	读/写 0 清除	0x0000	状态寄存器（详见表 8.5）
0x14	EGR	写	0x0000	事件产生寄存器
0x18	CCMR1	读/写	0x0000	捕获/比较模式寄存器 1（详见表 8.6 和表 8.7）
0x1C	CCMR2	读/写	0x0000	捕获/比较模式寄存器 2
0x20	CCER	读/写	0x0000	捕获/比较使能寄存器（详见表 8.9）
0x24	CNT	读/写	0x0000	计数器（16 位计数值）
0x28	PSC	读/写	0x0000	预分频器（16 位预分频值）
0x2C	ARR	读/写	0x0000	自动重装载寄存器（16 位自动重装载值）
0x30	RCR	读/写	0x00	重复计数寄存器（8 位重复计数值，高级控制定时器）
0x34	CCR1	读/写	0x0000	捕获/比较寄存器 1（16 位捕获/比较 1 值）
0x38	CCR2	读/写	0x0000	捕获/比较寄存器 2（16 位捕获/比较 2 值）
0x3C	CCR3	读/写	0x0000	捕获/比较寄存器 3（16 位捕获/比较 3 值）
0x40	CCR4	读/写	0x0000	捕获/比较寄存器 4（16 位捕获/比较 4 值）
0x44	BDTR	读/写	0x0000	刹车和死区寄存器（详见表 8.10，高级控制定时器）
0x48	DCR	读/写	0x0000	DMA 控制寄存器
0x4C	DMAR	读/写	0x0000	DMA 地址寄存器（16 位 DMA 地址）

TIM 寄存器中按位操作寄存器的主要内容如表 8.3～表 8.10 所示。

表 8.3　TIM 控制寄存器 1（CR1）

位	名　称	类　型	复位值	说　明
4	DIR	读/写	0	计数方向：0—向上计数，1—向下计数
0	**CEN**	**读/写**	**0**	**计数器使能（基本功能）**

表 8.4　TIM 从模式控制寄存器（SMCR）

位	名　称	类　型	复位值	说　明
6:4	**TS[2:0]**	读/写	**000**	触发选择：000—ITR0，001—ITR1，010—ITR2，011—ITR3，100—TI1F_ED，101—TI1FP1，**110—TI2FP2**，111—ETRF
2:0	**SMS[2:0]**	读/写	**000**	从模式选择：000—关闭从模式，001—编码器模式 1，010—编码器模式 2，011—编码器模式 3，**100—复位模式**，101—门控模式，110—触发模式，111—外部时钟模式

表 8.5　TIM 状态寄存器（SR）

位	名　称	类　型	复 位 值	说　明
2	CC2IF	读/写 0 清除	0	捕获/比较 2 中断标志（读 CCR2 清除）
1	CC1IF	读/写 0 清除	0	捕获/比较 1 中断标志（读 CCR1 清除）
0	UIF	读/写 0 清除	0	更新中断标志（基本功能）

表 8.6　TIM 捕获/比较模式寄存器 1（CCMR1）（输入捕获模式）

位	名　称	类　型	复 位 值	说　明
15:12	IC2F[3:0]	读/写	0000	输入捕获 2 滤波器
11:10	IC2PSC[1:0]	读/写	00	输入捕获 2 预分频器：00—1，01—2，10—4，11—8
9:8	**CC2S[1:0]**	**读/写**	**00**	捕获/比较 2 选择：00—输出比较，**01—输入捕获 TI2**，10—输入捕获 TI1，11—输入捕获 TRC
7:4	IC1F[3:0]	读/写	0000	输入捕获 1 滤波器
3:2	IC1PSC[1:0]	读/写	00	输入捕获 1 预分频器：00—1，01—2，10—4，11—8
1:0	**CC1S[1:0]**	**读/写**	**00**	捕获/比较 1 选择：00—输出比较，01—输入捕获 TI1，**10—输入捕获 TI2**，11—输入捕获 TRC

表 8.7　TIM 捕获/比较模式寄存器 1（CCMR1）（输出比较模式）

位	名　称	类　型	复 位 值	说　明
7	OC1CE	读/写	0	输出比较 1 清零使能
6:4	**OC1M[2:0]**	**读/写**	**000**	**输出比较 1 模式（详见表 8.8）**
3	OC1PE	读/写	0	输出比较 1 预重装使能
2	OC1FE	读/写	0	输出比较 1 快速使能
1:0	CC1S[1:0]	读/写	00	捕获/比较 1 选择（参见表 8.6）

表 8.8　TIM 输出比较模式

OCxM[2:0]	模　式	OCxM[2:0]	模　式
000	定时模式	100	强制输出为低电平
001	匹配时设置输出为高电平	101	强制输出为高电平
010	匹配时设置输出为低电平	**110**	**PWM 模式 1**
011	输出翻转	111	PWM 模式 2

表 8.9　TIM 捕获/比较使能寄存器（CCER）

位	名　称	类　型	复 位 值	说　明
3	CC1NP	读/写	0	捕获/比较 1 互补输出极性（高级控制定时器）：0—高电平有效，1—低电平有效
2	**CC1NE**	**读/写**	**0**	**捕获/比较 1 互补输出使能（高级控制定时器）：0—禁止，1—允许**
1	**CC1P**	**读/写**	**0**	**捕获/比较 1 极性：捕获，0—上升沿，1—下降沿** 比较，0—高电平有效，1—低电平有效
0	**CC1E**	**读/写**	**0**	**捕获/比较 1 使能：0—禁止，1—允许**

表 8.10　TIM 刹车和死区寄存器（BDTR）（高级控制定时器）

位	名　　称	类　　型	复　位　值	说　　明
15	MOE	读/写	**0**	主输出使能

8.2　TIM 配置

将 TIM1 CH1N 和 TIM3 CH1 配置为 PWM 输出以及将 TIM2 CH1 和 CH2 配置为 PWM 捕捉的步骤如下：

（1）在 STM32CubeMx 中打开 HAL.ioc 或 LL.ioc。

（2）在 Pinout & Configuration 标签中单击左侧 Categories 下 Timers 中的"TIM1"。

（3）在 TIM1 模式下选择 Channel1 为"PWM Generation CH1N"。

（4）选择配置下的 GPIO Settings 标签，TIM1 的 GPIO 默认设置如图 8.2 所示。

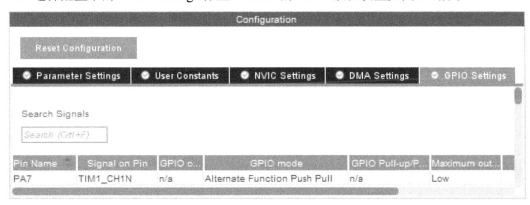

图 8.2　TIM1 的 GPIO 默认设置

● PA7：TIM1_CH1N，复用推挽模式，低速输出。

（5）选择配置下的 Parameter Settings 标签，TIM1 设置如图 8.3 所示。

在默认设置的基础上做如下设置：

● Prescaler (PSC - 16 bits value)　　　　　　　　　71（72/(71+1)=1(MHz)）

● Counter Period (AutoReload Register - 16 bits value)　4999（周期 200Hz）

● Automatic Output State Enable

● Output Compare Channel 2 的 Pluse(16 bits value)　　500（占空比 10%）

（6）在 Pinout & Configuration 标签中单击左侧 Categories 下 Timers 中的"TIM2"。

（7）在 TIM2 模式下做如下选择，如图 8.4 所示。

● Slave Mode　　　　　　　　　　　Reset Mode

● Trigger Source　　　　　　　　　TI2FP2（默认设置 PA1-TIM2_CH2 输入捕捉）

● Channel2　　　　　　　　　　　　Input Capture direct mode（直接捕捉）

● Channel1　　　　　　　　　　　　Input Capture indirect mode（间接捕捉）

（8）选择配置下的 GPIO Settings 标签，TIM2 的 GPIO 默认设置如图 8.5 所示。

● PA1：TIM2_CH2，不上拉下拉输入模式。

（9）选择配置下的 Parameter Settings 标签，TIM2 设置如图 8.6 所示。

Configuration
Reset Configuration
Parameter Settings
User Constants
NVIC Settings
DMA Settings
GPIO Settings
Configure the below parameters :
Search (Crtl+F)
Counter Settings
Prescaler (PSC - 16 bits value) 71
Counter Mode Up
Counter Period (AutoReload Register - 16 bi... 4999
Internal Clock Division (CKD) No Division
Repetition Counter (RCR - 8 bits value) 0
auto-reload preload Disable
Trigger Output (TRGO) Parameters
Break And Dead Time management - BRK Config...
Break And Dead Time management - Output Conf...
Automatic Output State Enable
Off State Selection for Run Mode (OSSR) Disable
Off State Selection for Idle Mode (OSSI) Disable
Lock Configuration Off
PWM Generation Channel 1N
Mode PWM mode 1
Pulse (16 bits value) 500

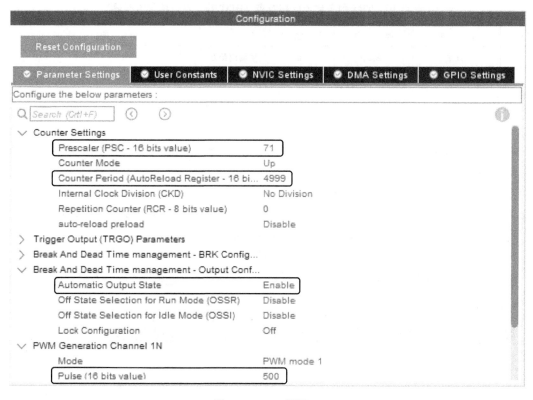

图 8.3　TIM1 设置

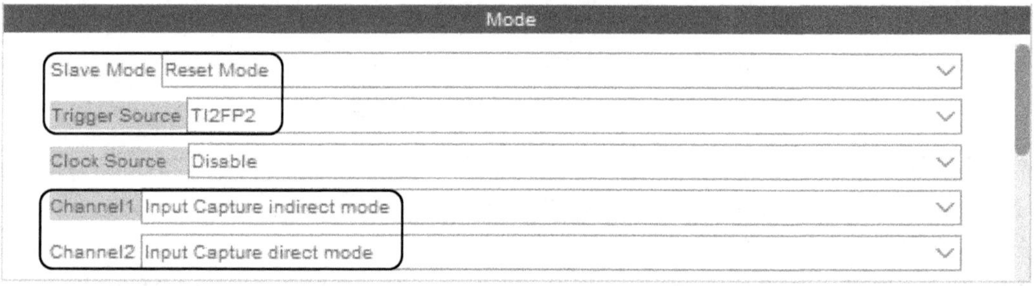

Mode
Slave Mode Reset Mode
Trigger Source TI2FP2
Clock Source Disable
Channel1 Input Capture indirect mode
Channel2 Input Capture direct mode

图 8.4　TIM2 模式选择

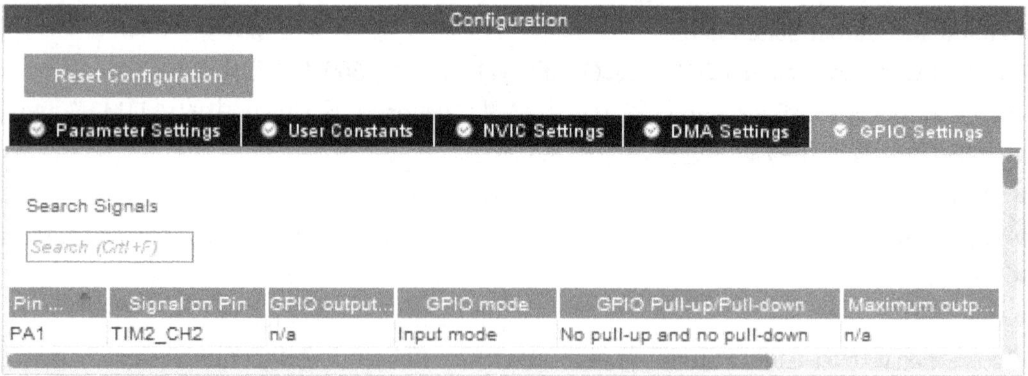

Configuration
Reset Configuration
Parameter Settings
User Constants
NVIC Settings
DMA Settings
GPIO Settings
Search Signals
Search (Crtl+F)
Pin ...
Signal on Pin
GPIO output...
GPIO mode
GPIO Pull-up/Pull-down
Maximum outp...
PA1
TIM2_CH2
n/a
Input mode
No pull-up and no pull-down
n/a

图 8.5　TIM2 的 GPIO 默认设置

图 8.6　TIM2 设置

在默认设置的基础上做如下设置：

- Prescaler (PSC - 16 bits value)　　　　　　　　　　71（72/(71+1)=1（MHz））
- Counter Period (AutoReload Register - 16 bits value)　65535（最大值）
- Input Capture Channel 1 的 Polarity Selection　　　　Falling Edge

（10）在 Pinout & Configuration 标签中单击左侧 Categories 下 Timers 中的"TIM3"。

（11）在 TIM3 模式下选择 Channel1 为"PWM Generation CH1"。

（12）选择配置下的 GPIO Settings 标签，TIM3 的 GPIO 默认设置如图 8.7 所示。

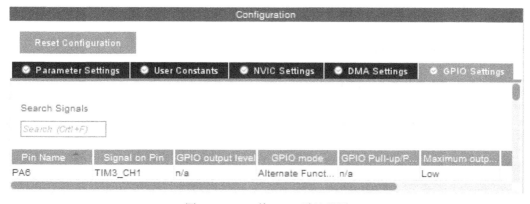

图 8.7　TIM3 的 GPIO 默认设置

- PA6：TIM3_CH1，复用推挽模式，低速输出。

（13）选择配置下的 Parameter Settings 标签，TIM3 设置如图 8.8 所示。

在默认设置的基础上做如下设置：

- Prescaler (PSC - 16 bits value)　　　　　　　　　　71（72/(71+1)=1（MHz））
- Counter Period (AutoReload Register - 16 bits value)　9999（周期100Hz）
- Output Compare Channel 2 的 Pluse(16 bits value)　　1000（占空比10%）

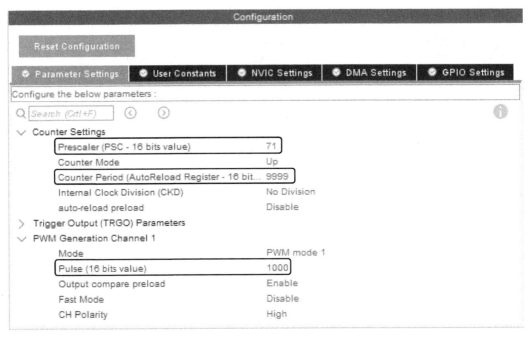

图 8.8 TIM3 设置

TIM 设置完成后生成的相应 HAL 和 LL 初始化程序分别存放在 HAL\Core\Src\tim.c 和 LL\Core\Src\tim.c 中，其中主要代码如下：

```
/* HAL 工程 */
htim1.Instance = TIM1;
htim1.Init.Prescaler = 71;
htim1.Init.CounterMode = TIM_COUNTERMODE_UP;
htim1.Init.Period = 4999;
if (HAL_TIM_PWM_Init(&htim1) != HAL_OK)
{
  Error_Handler();
}
sConfigOC.OCMode = TIM_OCMODE_PWM1;
sConfigOC.Pulse = 500;
if (HAL_TIM_PWM_ConfigChannel(&htim1, &sConfigOC, TIM_CHANNEL_1) != HAL_OK)
{
  Error_Handler();
}
htim2.Instance = TIM2;
htim2.Init.Prescaler = 71;
htim2.Init.CounterMode = TIM_COUNTERMODE_UP;
htim2.Init.Period = 65535;
if (HAL_TIM_Base_Init(&htim2) != HAL_OK)
{
  Error_Handler();
}
sSlaveConfig.SlaveMode = TIM_SLAVEMODE_RESET;
```

```
sSlaveConfig.InputTrigger = TIM_TS_TI2FP2;
sSlaveConfig.TriggerPolarity = TIM_INPUTCHANNELPOLARITY_RISING;
if (HAL_TIM_SlaveConfigSynchro(&htim2, &sSlaveConfig) != HAL_OK)
{
  Error_Handler();
}
sConfigIC.ICPolarity = TIM_INPUTCHANNELPOLARITY_FALLING;
sConfigIC.ICSelection = TIM_ICSELECTION_INDIRECTTI;
if (HAL_TIM_IC_ConfigChannel(&htim2, &sConfigIC, TIM_CHANNEL_1) != HAL_OK)
{
  Error_Handler();
}
sConfigIC.ICPolarity = TIM_INPUTCHANNELPOLARITY_RISING;
sConfigIC.ICSelection = TIM_ICSELECTION_DIRECTTI;
if (HAL_TIM_IC_ConfigChannel(&htim2, &sConfigIC, TIM_CHANNEL_2) != HAL_OK)
{
  Error_Handler();
}
htim1.Instance = TIM3;
htim1.Init.Prescaler = 71;
htim1.Init.CounterMode = TIM_COUNTERMODE_UP;
htim1.Init.Period = 9999;
if (HAL_TIM_PWM_Init(&htim3) != HAL_OK)
{
  Error_Handler();
}
sConfigOC.OCMode = TIM_OCMODE_PWM1;
sConfigOC.Pulse = 1000;
if (HAL_TIM_PWM_ConfigChannel(&htim3, &sConfigOC, TIM_CHANNEL_1) != HAL_OK)
{
  Error_Handler();
}
  __HAL_RCC_TIM1_CLK_ENABLE();
  __HAL_RCC_TIM2_CLK_ENABLE();
  __HAL_RCC_TIM3_CLK_ENABLE();
  __HAL_RCC_GPIOA_CLK_ENABLE();

  GPIO_InitStruct.Pin = GPIO_PIN_1;
  GPIO_InitStruct.Mode = GPIO_MODE_INPUT;
  GPIO_InitStruct.Pull = GPIO_NOPULL;
  HAL_GPIO_Init(GPIOA, &GPIO_InitStruct);

  GPIO_InitStruct.Pin = GPIO_PIN_7;
  GPIO_InitStruct.Mode = GPIO_MODE_AF_PP;
  GPIO_InitStruct.Speed = GPIO_SPEED_FREQ_LOW;
  HAL_GPIO_Init(GPIOA, &GPIO_InitStruct);
```

```
   GPIO_InitStruct.Pin = GPIO_PIN_6;
   GPIO_InitStruct.Mode = GPIO_MODE_AF_PP;
   GPIO_InitStruct.Speed = GPIO_SPEED_FREQ_LOW;
   HAL_GPIO_Init(GPIOA, &GPIO_InitStruct);
/* LL 工程 */
 LL_APB2_GRP1_EnableClock(LL_APB2_GRP1_PERIPH_TIM1);
 LL_APB2_GRP1_EnableClock(LL_APB2_GRP1_PERIPH_GPIOA);

 GPIO_InitStruct.Pin = LL_GPIO_PIN_7;
 GPIO_InitStruct.Mode = LL_GPIO_MODE_ALTERNATE;
 GPIO_InitStruct.Speed = LL_GPIO_SPEED_FREQ_LOW;
 GPIO_InitStruct.OutputType = LL_GPIO_OUTPUT_PUSHPULL;
 LL_GPIO_Init(GPIOA, &GPIO_InitStruct);

 TIM_InitStruct.Prescaler = 71;
 TIM_InitStruct.CounterMode = LL_TIM_COUNTERMODE_UP;
 TIM_InitStruct.Autoreload = 4999;
 LL_TIM_Init(TIM1, &TIM_InitStruct);

 TIM_OC_InitStruct.OCMode = LL_TIM_OCMODE_PWM1;
 TIM_OC_InitStruct.CompareValue = 500;
 LL_TIM_OC_Init(TIM1, LL_TIM_CHANNEL_CH1, &TIM_OC_InitStruct);

 LL_APB1_GRP1_EnableClock(LL_APB1_GRP1_PERIPH_TIM2);
 LL_APB2_GRP1_EnableClock(LL_APB2_GRP1_PERIPH_GPIOA);

 GPIO_InitStruct.Pin = LL_GPIO_PIN_1;
 GPIO_InitStruct.Mode = LL_GPIO_MODE_FLOATING;
 LL_GPIO_Init(GPIOA, &GPIO_InitStruct);

 TIM_InitStruct.Prescaler = 71;
 TIM_InitStruct.CounterMode = LL_TIM_COUNTERMODE_UP;
 TIM_InitStruct.Autoreload = 65535;
 LL_TIM_Init(TIM2, &TIM_InitStruct);

 LL_TIM_SetTriggerInput(TIM2, LL_TIM_TS_TI2FP2);
 LL_TIM_SetSlaveMode(TIM2, LL_TIM_SLAVEMODE_RESET);

 LL_TIM_IC_SetActiveInput(TIM2, LL_TIM_CHANNEL_CH1,
   LL_TIM_ACTIVEINPUT_INDIRECTTI);
 LL_TIM_IC_SetPolarity(TIM2, LL_TIM_CHANNEL_CH1, LL_TIM_IC_POLARITY_FALLING);
 LL_TIM_IC_SetActiveInput(TIM2, LL_TIM_CHANNEL_CH2,
   LL_TIM_ACTIVEINPUT_DIRECTTI);
 LL_TIM_IC_SetPolarity(TIM2, LL_TIM_CHANNEL_CH2, LL_TIM_IC_POLARITY_RISING);
```

```
LL_APB1_GRP1_EnableClock(LL_APB1_GRP1_PERIPH_TIM3);
LL_APB2_GRP1_EnableClock(LL_APB2_GRP1_PERIPH_GPIOA);

GPIO_InitStruct.Pin = LL_GPIO_PIN_6;
GPIO_InitStruct.Mode = LL_GPIO_MODE_ALTERNATE;
GPIO_InitStruct.Speed = LL_GPIO_SPEED_FREQ_LOW;
GPIO_InitStruct.OutputType = LL_GPIO_OUTPUT_PUSHPULL;
LL_GPIO_Init(GPIOA, &GPIO_InitStruct);

TIM_InitStruct.Prescaler = 71;
TIM_InitStruct.CounterMode = LL_TIM_COUNTERMODE_UP;
TIM_InitStruct.Autoreload = 9999;
LL_TIM_Init(TIM3, &TIM_InitStruct);

TIM_OC_InitStruct.OCMode = LL_TIM_OCMODE_PWM1;
TIM_OC_InitStruct.CompareValue = 1000;
LL_TIM_OC_Init(TIM3, LL_TIM_CHANNEL_CH1, &TIM_OC_InitStruct);
```

注意：TIM1 CH1N 使用的是 PA7 的重映射功能，重映射时必须允许 AFIO 时钟。但 STM32CubeMX 生成的 HAL 工程中没有允许 AFIO 时钟，造成 PA7 无法正常输出。为了使 PA7 正常输出，必须添加允许 AFIO 时钟函数（参见 8.4 节的 1）→ (5)）。

8.3 TIM 库函数

TIM 库函数包括 HAL 库函数和 LL 库函数。

8.3.1 TIM HAL 库函数

基本的 TIM HAL 库函数在 stm32f1xx_hal_tim.h 中声明如下：

```
HAL_StatusTypeDef HAL_TIM_Base_Init(TIM_HandleTypeDef* htim);
HAL_StatusTypeDef HAL_TIM_PWM_Init(TIM_HandleTypeDef* htim);
HAL_StatusTypeDef HAL_TIM_IC_Init(TIM_HandleTypeDef* htim);
HAL_StatusTypeDef HAL_TIM_SlaveConfigSynchro(TIM_HandleTypeDef* htim,
  TIM_SlaveConfigTypeDef* sSlaveConfig);
HAL_StatusTypeDef HAL_TIM_PWM_ConfigChannel(TIM_HandleTypeDef* htim,
  TIM_OC_InitTypeDef* sConfig, uint32_t Channel);
HAL_StatusTypeDef HAL_TIM_IC_ConfigChannel(TIM_HandleTypeDef* htim,
  TIM_IC_InitTypeDef* sConfig, uint32_t Channel);
HAL_StatusTypeDef HAL_TIM_PWM_Start(TIM_HandleTypeDef* htim,
  uint32_t Channel);
HAL_StatusTypeDef HAL_TIM_IC_Start(TIM_HandleTypeDef* htim,
  uint32_t Channel);
uint32_t HAL_TIM_ReadCapturedValue(TIM_HandleTypeDef* htim,
  uint32_t Channel);
```

1）初始化 TIM 时基

```
HAL_StatusTypeDef HAL_TIM_Base_Init(TIM_HandleTypeDef* htim);
```

参数说明：

★ htim：TIM 句柄，在 stm32f1xx_hal_tim.h 中定义如下：

```
typedef struct __TIM_HandleTypeDef
{
  TIM_TypeDef          *Instance;   /* TIM 名称 */
  TIM_Base_InitTypeDef  Init;        /* TIM 时基初始化参数 */
  ..............................................................
} TIM_HandleTypeDef;
```

其中 TIM_Base_InitTypeDef 在 stm32f1xx_hal_tim.h 中定义如下：

```
typedef struct
{
  uint32_t Prescaler;             /* 预分频（-1） */
  uint32_t CounterMode;           /* 计数模式 */
  uint32_t Period;                /* 周期（-1） */
  ..............................................................
} TIM_Base_InitTypeDef;
```

返回值：HAL 状态，在 stm32f1xx_hal_def.h 中定义。

2）初始化 PWM（脉冲宽度调制）

```
HAL_StatusTypeDef HAL_TIM_PWM_Init(TIM_HandleTypeDef* htim);
```

参数说明：

★ htim：TIM 句柄，在 stm32f1xx_hal_tim.h 中定义。

返回值：HAL 状态，在 stm32f1xx_hal_def.h 中定义。

3）初始化 IC（输入捕捉）

```
HAL_StatusTypeDef HAL_TIM_IC_Init(TIM_HandleTypeDef* htim);
```

参数说明：

★ htim：TIM 句柄，在 stm32f1xx_hal_tim.h 中定义。

返回值：HAL 状态，在 stm32f1xx_hal_def.h 中定义。

4）配置从模式

```
HAL_StatusTypeDef HAL_TIM_SlaveConfigSynchro(TIM_HandleTypeDef* htim,
  TIM_SlaveConfigTypeDef* sSlaveConfig);
```

参数说明：

★ htim：TIM 句柄，在 stm32f1xx_hal_tim.h 中定义。

★ sSlaveConfig：从模式配置，在 stm32f1xx_hal_tim.h 中定义如下：

```
typedef struct
{
  uint32_t  SlaveMode;                      /* 从模式选择 */
```

```
    uint32_t  InputTrigger;              /* 输入触发源 */
    uint32_t  TriggerPolarity;           /* 输入触发极性 */
    uint32_t  TriggerPrescaler;          /* 输入触发预分频 */
    uint32_t  TriggerFilter;             /* 输入触发滤波 */
  } TIM_SlaveConfigTypeDef;
```

返回值：HAL 状态，在 stm32f1xx_hal_def.h 中定义。

5）配置 PWM 通道

```
HAL_StatusTypeDef HAL_TIM_PWM_ConfigChannel(TIM_HandleTypeDef* htim,
  TIM_OC_InitTypeDef* sConfig, uint32_t Channel);
```

参数说明：

★ htim：TIM 句柄，在 stm32f1xx_hal_tim.h 中定义。

★ sConfig：输出比较初始化参数，在 stm32f1xx_hal_tim.h 中定义如下：

```
typedef struct
{
  uint32_t OCMode;                    /* 输出模式 */
  uint32_t Pulse;                     /* 脉冲宽度 */
  ..........................................................................
} TIM_OC_InitTypeDef;
```

★ Channel：通道号，在 stm32f1xx_hal_tim.h 中定义如下：

```
#define TIM_CHANNEL_1              0x00000000U
#define TIM_CHANNEL_2              0x00000004U
#define TIM_CHANNEL_3              0x00000008U
#define TIM_CHANNEL_4              0x0000000CU
```

注意：HAL 库中没有定义 TIM_CHANNEL_1N（0x00000002U）。

返回值：HAL 状态，在 stm32f1xx_hal_def.h 中定义。

6）配置 IC 通道

```
HAL_StatusTypeDef HAL_TIM_IC_ConfigChannel(TIM_HandleTypeDef* htim,
  TIM_IC_InitTypeDef* sConfig, uint32_t Channel);
```

参数说明：

★ htim：TIM 句柄，在 stm32f1xx_hal_tim.h 中定义。

★ sConfig：输入捕捉初始化参数，在 stm32f1xx_hal_tim.h 中定义如下：

```
typedef struct
{
  uint32_t ICPolarity;                /* 输入捕捉极性 */
  uint32_t ICSelection;               /* 输入捕捉选择 */
  uint32_t ICPrescaler;               /* 输入捕捉预分频 */
  uint32_t ICFilter;                  /* 输入捕捉滤波 */
} TIM_IC_InitTypeDef;
```

★ Channel：通道号，在 stm32f1xx_hal_tim.h 中定义。

返回值：HAL 状态，在 stm32f1xx_hal_def.h 中定义。

7）启动 PWM

```
HAL_StatusTypeDef HAL_TIM_PWM_Start(TIM_HandleTypeDef* htim,
  uint32_t Channel);
```

参数说明：

★ htim：TIM 句柄，在 stm32f1xx_hal_tim.h 中定义。

★ Channel：通道号，在 stm32f1xx_hal_tim.h 中定义。

返回值：HAL 状态，在 stm32f1xx_hal_def.h 中定义。

8）启动 IC

```
HAL_StatusTypeDef HAL_TIM_IC_Start(TIM_HandleTypeDef* htim,
  uint32_t Channel);
```

参数说明：

★ htim：TIM 句柄，在 stm32f1xx_hal_tim.h 中定义。

★ Channel：通道号，在 stm32f1xx_hal_tim.h 中定义。

返回值：HAL 状态，在 stm32f1xx_hal_def.h 中定义。

9）读取捕捉值

```
uint32_t HAL_TIM_ReadCapturedValue(TIM_HandleTypeDef* htim,
  uint32_t Channel);
```

参数说明：

★ htim：TIM 句柄，在 stm32f1xx_hal_tim.h 中定义。

★ Channel：通道号，在 stm32f1xx_hal_tim.h 中定义。

返回值：捕捉值。

注意：HAL 没有单独设置 ARR 和 CCRx 的函数，可以使用下列宏定义：

```
__HAL_TIM_SET_AUTORELOAD(__HANDLE__, __AUTORELOAD__);
__HAL_TIM_SET_COMPARE(__HANDLE__, __CHANNEL__, __COMPARE__);
```

也可以直接使用下列寄存器操作：

```
TIMx->ARR = usAutoreload;
TIMx->CCRx = usCompare;
```

8.3.2 TIM LL 库函数

基本的 TIM LL 库函数在 stm32f1xx_ll_tim.h 中声明如下：

```
ErrorStatus LL_TIM_Init(TIM_TypeDef* TIMx,
  LL_TIM_InitTypeDef* TIM_InitStruct);
ErrorStatus LL_TIM_OC_Init(TIM_TypeDef* TIMx, uint32_t Channel,
  LL_TIM_OC_InitTypeDef* TIM_OC_InitStruct);
void LL_TIM_SetSlaveMode(TIM_TypeDef* TIMx, uint32_t SlaveMode);
void LL_TIM_SetTriggerInput(TIM_TypeDef* TIMx, uint32_t TriggerInput);
void LL_TIM_IC_SetActiveInput(TIM_TypeDef* TIMx, uint32_t Channel,
```

```
  uint32_t ICActiveInput);
void LL_TIM_IC_SetPolarity(TIM_TypeDef *TIMx, uint32_t Channel,
  uint32_t ICPolarity);
void LL_TIM_EnableCounter(TIM_TypeDef* TIMx);
void LL_TIM_CC_EnableChannel(TIM_TypeDef* TIMx, uint32_t Channels);
void LL_TIM_OC_SetCompareCH1(TIM_TypeDef* TIMx, uint32_t CompareValue);
uint32_t LL_TIM_IC_GetCaptureCH1(TIM_TypeDef* TIMx);
```

1）初始化 TIM

```
ErrorStatus LL_TIM_Init(TIM_TypeDef* TIMx,
  LL_TIM_InitTypeDef* TIM_InitStruct);
```

参数说明：

★ TIMx：TIM 名称。

★ TIM_InitStruct：TIM 初始化结构体指针，在 stm32f1xx_ll_tim.h 中定义如下：

```
typedef struct
{
  uint16_t Prescaler;            /* 预分频（-1） */
  uint32_t CounterMode;          /* 计数模式 */
  uint32_t Autoreload;           /* 自动重装值（-1） */
  ......................................
} LL_TIM_InitTypeDef;
```

返回值：错误状态，在 stm32f1xx.h 中定义。

2）初始化 TIM 输出通道

```
ErrorStatus LL_TIM_OC_Init(TIM_TypeDef* TIMx, uint32_t Channel,
  LL_TIM_OC_InitTypeDef* TIM_OC_InitStruct);
```

参数说明：

★ TIMx：TIM 名称。

★ Channel：通道号，在 stm32f1xx_hal_tim.h 中定义如下：

```
#define LL_TIM_CHANNEL_CH1        TIM_CCER_CC1E
#define LL_TIM_CHANNEL_CH2        TIM_CCER_CC2E
..............................................
```

★ TIM_OC_InitStruct：TIM 输出通道初始化结构体指针，在 stm32f1xx_ll_tim.h 中定义如下：

```
typedef struct
{
  uint32_t OCMode;               /* 输出模式 */
  uint32_t OCState;              /* 输出状态 */
  uint32_t OCNState;             /* 互补输出状态 */
  uint32_t CompareValue;         /* 输出比较值 */
  ......................................
} LL_TIM_OC_InitTypeDef;
```

返回值：错误状态，在 stm32f1xx.h 中定义。

3）设置 TIM 从模式

```
void LL_TIM_SetSlaveMode(TIM_TypeDef* TIMx, uint32_t SlaveMode);
```

参数说明：

★ TIMx：TIM 名称。

★ SlaveMode：从模式，LL_TIM_SLAVEMODE_RESET 等（参见表 8.4）。

4）设置 TIM 触发输入

```
void LL_TIM_SetTriggerInput(TIM_TypeDef* TIMx, uint32_t TriggerInput);
```

参数说明：

★ TIMx：TIM 名称。

★ TriggerInput：触发输入，LL_TIM_TS_TI1FP1 或 LL_TIM_TS_TI2FP2 等（参见表 8.4）。

5）设置 IC 活动输入

```
void LL_TIM_IC_SetActiveInput(TIM_TypeDef* TIMx, uint32_t Channel,
  uint32_t ICActiveInput);
```

参数说明：

★ TIMx：TIM 名称。

★ Channel：通道号，在 stm32f1xx_ll_tim.h 中定义如下：

```
#define LL_TIM_CHANNEL_CH1        TIM_CCER_CC1E
#define LL_TIM_CHANNEL_CH2        TIM_CCER_CC2E
```
．．

★ ICActiveInput：IC 活动输入，在 stm32f1xx_ll_tim.h 中定义如下：

```
#define LL_TIM_ACTIVEINPUT_DIRECTTI      (TIM_CCMR1_CC1S_0 << 16U)
#define LL_TIM_ACTIVEINPUT_INDIRECTTI    (TIM_CCMR1_CC1S_1 << 16U)
```

6）设置 IC 极性

```
void LL_TIM_IC_SetPolarity(TIM_TypeDef *TIMx, uint32_t Channel,
  uint32_t ICPolarity);
```

参数说明：

★ TIMx：TIM 名称。

★ Channels：通道号，在 stm32f1xx_ll_tim.h 中定义如下：

```
#define LL_TIM_CHANNEL_CH1        TIM_CCER_CC1E
#define LL_TIM_CHANNEL_CH2        TIM_CCER_CC2E
```
★ ICPolarity：IC 极性，在 stm32f1xx_ll_tim.h 中定义如下：

```
#define LL_TIM_IC_POLARITY_RISING         0x00000000U
#define LL_TIM_IC_POLARITY_FALLING        TIM_CCER_CC1P
```

7）允许 TIM 计数器

```
void LL_TIM_EnableCounter(TIM_TypeDef* TIMx);
```

参数说明：

★ TIMx：TIM 名称。

8）允许 TIM 捕捉/比较通道

```
void LL_TIM_CC_EnableChannel(TIM_TypeDef* TIMx, uint32_t Channels);
```

参数说明：

★ TIMx：TIM 名称。

★ Channels：通道号，在 stm32f1xx_ll_tim.h 中定义如下：

```
#define LL_TIM_CHANNEL_CH1      TIM_CCER_CC1E
#define LL_TIM_CHANNEL_CH1N     TIM_CCER_CC1NE
#define LL_TIM_CHANNEL_CH2      TIM_CCER_CC2E
```

注意：Channels 可以是多个通道的组合。

9）设置输出通道 1 比较值

```
void LL_TIM_OC_SetCompareCH1(TIM_TypeDef* TIMx, uint32_t CompareValue);
```

参数说明：

★ TIMx：TIM 名称。

★ CompareValue：比较值。

10）获取输入通道 1 捕捉值

```
uint32_t LL_TIM_IC_GetCaptureCH1(TIM_TypeDef* TIMx);
```

参数说明：

★ TIMx：TIM 名称。

返回值：捕捉值。

8.4 TIM 设计实例

TIM 系统硬件方框图如图 8.9 所示。系统包括 Cortex-M3 CPU（内嵌 SysTick 定时器）、按键、LED 接口、LCD 显示屏、UART 转 USB、I^2C 接口、ADC1 和 TIM1～TIM3。

TIM1 和 TIM3 分别通过 CH1N（PA7：J3-10）和 CH1（PA6：J3-9）输出 200Hz 和 100Hz 的矩形波，矩形波的脉冲宽度可以通过按键 B2 改变。TIM2 通过 CH2（PA1：J3-4）输入 TIM1 或 TIM3 产生的矩形波，用 CH1 和 CH2 测量矩形波的周期和脉冲宽度。

TIM1～4 的时钟频率 TIMCLK 为 72MHz（时钟周期为 13.89ns），经过 16 位预分频后的最低频率和最长周期分别为：

$$72MHz / 65536 = 1099Hz$$

$$65536 / 72MHz = 910.22\mu s$$

再经过 16 位计数器分频后的最长周期为：

$$65536 / 1099Hz = 59.63ms$$

TIM 初始化的主要工作是确定预分频值和周期值，对于单个通道，预分频值和周期值分别为：

$$分频值 = 时钟频率 / 输出频率$$

int (分频值 / 65536) < 预分频值 <= min (分频值 / 2, 65535)

$$周期值 = 分频值 / 预分频值$$

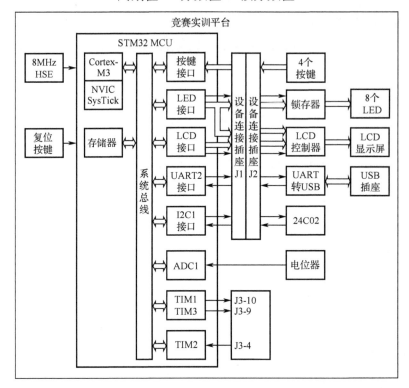

图 8.9　TIM 系统硬件方框图

TIM1 输出 200Hz 矩形波时，分频值为 $7.2 \times 10^7 / 200 = 3.6 \times 10^5$，预分频值为：

$$5 < 预分频值 < 65536$$

取预分频为 72，则周期值为：

$$周期值 = 3.6 \times 10^5 / 72 = 5000$$

TIM 设计与实现在 ADC 实现的基础上修改完成，包括接口函数和处理函数的设计与实现。

1）接口函数设计与实现

接口函数设计与实现的步骤如下：

（1）在 tim.h 中添加下列函数声明：

```
/* USER CODE BEGIN Prototypes */
void TIM1_SetCompare1(uint16_t usComp); /* 设置 TIM1 输出比较值 1 */
void TIM3_SetCompare1(uint16_t usComp); /* 设置 TIM3 输出比较值 1 */
void TIM_GetCapture(uint16_t* usBuf);   /* 获取输入捕获值 */
/* USER CODE END Prototypes */
```

（2）在 tim.c 的 MX_TIM1_Init()中添加下列代码：

```
   /* USER CODE BEGIN TIM1_Init 2 */
/* HAL 工程代码 */
   HAL_TIM_PWM_Start(&htim1, 2);            /* 启动 TIM1_CH1N PWM */
/* 注意：HAL 没有定义 TIM_CHANNEL_1N（2） */
/* LL 工程代码 */
   LL_TIM_EnableCounter(TIM1);              /* 允许 TIM1 */
```

```
  LL_TIM_CC_EnableChannel(TIM1, LL_TIM_CHANNEL_CH1N);  /* 允许 TIM1_CH1N */
  /* USER CODE END TIM1_Init 2 */
```

（3）在 tim.c 的 MX_TIM2_Init()中添加下列代码：

```
  /* USER CODE BEGIN TIM2_Init 2 */
  /* HAL 工程代码 */
  HAL_TIM_IC_Start(&htim2, TIM_CHANNEL_1);  /* 启动 TIM2_CH1 IC */
  HAL_TIM_IC_Start(&htim2, TIM_CHANNEL_2);  /* 启动 TIM2_CH2 IC */
  /* LL 工程代码 */
  LL_TIM_EnableCounter(TIM2);               /* 允许 TIM2 */
  LL_TIM_CC_EnableChannel(TIM2, LL_TIM_CHANNEL_CH1 | LL_TIM_CHANNEL_CH2);
                                            /* 允许 TIM2_CH1 和 CH2 */
  /* USER CODE END TIM2_Init 2 */
```

（4）在 tim.c 的 MX_TIM3_Init()中添加下列代码：

```
  /* USER CODE BEGIN TIM3_Init 2 */
  /* HAL 工程代码 */
  HAL_TIM_PWM_Start(&htim3, TIM_CHANNEL_1);  /* 启动 TIM3_CH1 PWM */
  /* LL 工程代码 */
  LL_TIM_EnableCounter(TIM3);               /* 允许 TIM3 */
  LL_TIM_CC_EnableChannel(TIM3, LL_TIM_CHANNEL_CH1);  /* 允许 TIM3_CH1 */
  /* USER CODE END TIM3_Init 2 */
```

（5）在 tim.c 的 HAL_TIM_MspPostInit()中添加下列代码：

```
  /* USER CODE BEGIN TIM1_MspPostInit 0 */
    __HAL_RCC_AFIO_CLK_ENABLE();            /* 仅用于 HAL 工程 */
  /* USER CODE END TIM1_MspPostInit 0 */
```

（6）在 tim.c 后部添加下列代码：

```
/* USER CODE BEGIN 1 */
/* HAL 工程代码 */
void TIM1_SetCompare1(uint16_t usComp)   /* 设置 TIM1 输出比较值 1 */
{                                        /* 设置 TIM1_CH1 比较值 */
  __HAL_TIM_SET_COMPARE(&htim1, TIM_CHANNEL_1, usComp);
}

void TIM3_SetCompare1(uint16_t usComp)   /* 设置 TIM3 输出比较值 1 */
{                                        /* 设置 TIM3_CH1 比较值 */
  __HAL_TIM_SET_COMPARE(&htim3, TIM_CHANNEL_1, usComp);
}

void TIM_GetCapture(uint16_t* usBuf)     /* 获取输入捕获值 */
{
  usBuf[0] = HAL_TIM_ReadCapturedValue(&htim2, TIM_CHANNEL_1)+1;
  usBuf[1] = HAL_TIM_ReadCapturedValue(&htim2, TIM_CHANNEL_2)+1;
}
```

```
/* LL 工程代码 */
void TIM1_SetCompare1(uint16_t usComp)   /* 设置 TIM1 输出比较值 1 */
{
    LL_TIM_OC_SetCompareCH1(TIM1, usComp);/* 设置 TIM1_CH1 比较值 */
}

void TIM3_SetCompare1(uint16_t usComp)   /* 设置 TIM3 输出比较值 1 */
{
    LL_TIM_OC_SetCompareCH1(TIM3, usComp);/* 设置 TIM3_CH1 比较值 */
}

void TIM_GetCapture(uint16_t* usBuf)      /* 获取输入捕获值 */
{
    usBuf[0]=LL_TIM_IC_GetCaptureCH1(TIM2)+1;
    usBuf[1]=LL_TIM_IC_GetCaptureCH2(TIM2)+1;
}
/* USER CODE END 1 */
```

2）处理函数设计与实现

处理函数设计与实现的步骤如下：

（1）在 main.c 中声明下列全局变量：

```
uint8_t ucDuty=10;                    /* TIM 输出占空比 */
uint16_t usCapt[2];                   /* TIM 输入捕捉值 */
```

（2）在 KEY_Proc()的 case 2 中添加下列代码：

```
        ucDuty += 10;
        if (ucDuty == 100) {
          ucDuty = 10;
        }
        TIM1_SetCompare1(ucDuty*50);
        TIM3_SetCompare1(ucDuty*100);
```

（3）在 LCD_Proc()中添加下列代码：

```
TIM_GetCapture(usCapt);                /* TIM 捕捉 */
sprintf((char*)ucLcd, " FRE:%03uHz DUT:%02u%%  ", 1000000/usCapt[1], ucDuty);
LCD_DisplayStringLine(Line7, ucLcd);
sprintf((char*)ucLcd, " PER:%03ums WID:%3.1fms", usCapt[1]/1000,
    usCapt[0]/1000.0);
LCD_DisplayStringLine(Line8, ucLcd);
```

（4）在 UART_Proc()中将如下代码：

```
        printf("%04u\r\n", ucSec);
```

修改为：

```
        printf("%04u %s\r\n", ucSec, ucLcd);
```

编译下载程序，用导线连接 J3-4（PA1）和 J3-9（PA6），FRE 的值变为 100Hz，PER 的值变为 10ms，DUT 的值变为 10%，WID 的值变为 1.0ms，按一下 B2，DUT 的值增加 10%，WID 的值增加 1.0ms，增加到 9.0ms 时返回 1.0ms。

用导线连接 J3-4（PA1）和 J3-10（PA7），FRE 的值变为 200Hz，PER 的值变为 5ms，DUT 的值为 10% 时，WID 的值为 0.5ms，按一下 B2，B2 的值增加 10%，WID 的值增加 0.5ms。

使用仿真器（Use Simulator）调试时，用逻辑分析仪观察"TIM3_CNT"（State）和"PORTA.6"（Bit）的波形如图 8.10 所示。

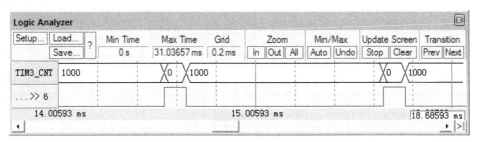

图 8.10　TIM 信号波形

使用下列信号函数可以将 PA6（TIM3_CH1）连接到 PA1（TIM2_CH2）进行周期和脉冲宽度测量，具体实现方法参见"5.4　SPI 设计实例"。

```
signal void tim32_loop(void)
{
  printf("TIM32 Loop.\n");
  while (1) {
    if (PORTA & 0x40) {          // PA6
      PORTA |= 2;                // PA1 置位
    } else {
      PORTA &= ~2;               // PA1 复位
    }
    twatch(100);                 // 延时 100 时钟周期
  }
}
define button "TIM32 Loop", "tim32_loop()"
```

注意：程序正常工作后，可以分别将 HAL 和 LL 文件夹中的 MDK-ARM 文件夹复制粘贴为"81_TIM"文件夹，同时将 Core\Src 文件夹中的 stm32f1xx_it.c 文件复制粘贴到"81_TIM"文件夹中，以方便后续使用。

第 9 章　嵌套向量中断控制器 NVIC

接口数据传送控制方式有查询、中断和 DMA 等。中断是重要的接口数据传送控制方式。STM32 中断控制分为全局和局部两级。全局中断由 NVIC 控制。局部中断由设备控制。

9.1　NVIC 简介和配置

嵌套向量中断控制器 NVIC 支持多个内部异常和多达 240 个外部中断。从广义上讲，异常和中断都是暂停正在执行的程序转去执行异常或中断处理程序后，再返回原来的程序继续执行。从狭义上讲，异常由内部事件引起，而中断由外部硬件产生。

异常和中断的处理与子程序调用有相似之处，但也有下列本质区别：
- 什么时候调用子程序是确定的，而什么时候产生异常和中断是不确定的。
- 子程序的起始地址由调用程序给出，而异常和中断程序的起始地址存放在地址表中。
- 子程序的执行一般是无条件的，而异常和中断处理程序的执行要先使能。

STM32 异常和中断如表 9.1 所示（表中的地址是异常和中断处理程序的起始地址，系统使用 4 位优先级控制、1 位使能控制，处理程序的名称在 startup_stm32f103xb.s 中定义）。

表 9.1　STM32 异常和中断

中断号（地址）	名　称	优 先 级	使　能	说　明
(0x00)	—	—	—	SP 初始地址
(0x04)	Reset	−3（固定）	1	复位（优先级最高）
(0x08)	NMI	−2（固定）	1	不可屏蔽中断
(0x0C)	HardFault	−1（固定）	1	硬件异常
(0x10)	MemManage	0xE000ED18	0xE000ED24.16	存储管理异常
(0x14)	BusFault	0xE000ED19	0xE000ED24.17	总线异常
(0x18)	UsageFault	0xE000ED1A	0xE000ED24.18	应用异常
(0x1C)	—			保留
(0x2C)	SVCall	0xE000ED1F	1	系统服务调用
(0x30)	DebugMonitor	0xE000ED20	0xE000EDFC.16	调试监控
(0x34)	—			保留
(0x38)	PendSV	0xE000ED22	1	挂起系统服务
(0x3C)	**SysTick**	**0xE000ED23**	**1**	**系统滴答定时器中断**
0(0x40)	WWDG	0xE000E400	0xE000E100.00	窗口看门狗中断
1(0x44)	PVD	0xE000E401	0xE000E100.01	连接到 EXTI16 的 PVD 中断
2(0x48)	TAMPER	0xE000E402	0xE000E100.02	侵入检测中断
3(0x4C)	RTC	0xE000E403	0xE000E100.03	实时钟全局中断
4(0x50)	FLASH	0xE000E404	0xE000E100.04	闪存全局中断

中断号 (地址)	名　称	优 先 级	使　能	说　明
5(0x54)	RCC	0xE000E405	0xE000E100.05	复位和时钟控制中断
6(0x58)	EXTI0	0xE000E406	0xE000E100.06	EXTI0 中断
7(0x5C)	EXTI1	0xE000E407	0xE000E100.07	EXTI1 中断
8(0x60)	EXTI2	0xE000E408	0xE000E100.08	EXTI2 中断
9(0x64)	EXTI3	0xE000E409	0xE000E100.09	EXTI3 中断
10(0x68)	EXTI4	0xE000E40A	0xE000E100.10	EXTI4 中断
11(0x6C)	DMA1_Channel1	0xE000E40B	0xE000E100.11	DMA1 通道 1 全局中断
12(0x70)	DMA1_Channel2	0xE000E40C	0xE000E100.12	DMA1 通道 2 全局中断
13(0x74)	DMA1_Channel3	0xE000E40D	0xE000E100.13	DMA1 通道 3 全局中断
14(0x78)	DMA1_Channel4	0xE000E40E	0xE000E100.14	DMA1 通道 4 全局中断
15(0x7C)	DMA1_Channel5	0xE000E40F	0xE000E100.15	DMA1 通道 5 全局中断
16(0x80)	**DMA1_Channel6**	**0xE000E410**	**0xE000E100.16**	**DMA1 通道 6 全局中断**
17(0x84)	DMA1_Channel7	0xE000E411	0xE000E100.17	DMA1 通道 7 全局中断
18(0x88)	ADC1_2	0xE000E412	0xE000E100.18	ADC1 和 ADC2 的全局中断
19(0x8C)	USB_HP_CAN_TX	0xE000E413	0xE000E100.19	USB 高优先级或 CAN 发送中断
20(0x90)	USB_LP_CAN_RX0	0xE000E414	0xE000E100.20	USB 低优先级或 CAN 接收 0 中断
21(0x94)	CAN_RX1	0xE000E415	0xE000E100.21	CAN 接收 1 中断
22(0x98)	CAN_SCE	0xE000E416	0xE000E100.22	CAN SCE 中断
23(0x9C)	**EXTI9_5**	**0xE000E417**	**0xE000E100.23**	**EXTI9-5 中断**
24(0xA0)	TIM1_BRK	0xE000E418	0xE000E100.24	TIM1 刹车中断
25(0xA4)	TIM1_UP	0xE000E419	0xE000E100.25	TIM1 更新中断
26(0xA8)	TIM1_TRG_COM	0xE000E41A	0xE000E100.26	TIM1 触发和通信中断
27(0xAC)	TIM1_CC	0xE000E41B	0xE000E100.27	TIM1 捕获比较中断
28(0xB0)	TIM2	0xE000E41C	0xE000E100.28	TIM2 全局中断
29(0xB4)	TIM3	0xE000E41D	0xE000E100.29	TIM3 全局中断
30(0xB8)	TIM4	0xE000E41E	0xE000E100.30	TIM4 全局中断
31(0xBC)	I2C1_EV	0xE000E41F	0xE000E100.31	I2C1 事件中断
32(0xC0)	I2C1_ER	0xE000E420	0xE000E104.00	I2C1 错误中断
33(0xC4)	I2C2_EV	0xE000E421	0xE000E104.01	I2C2 事件中断
34(0xC8)	I2C2_ER	0xE000E422	0xE000E104.02	I2C2 错误中断
35(0xCC)	SPI1	0xE000E423	0xE000E104.03	SPI1 全局中断
36(0xD0)	SPI2	0xE000E424	0xE000E104.04	SPI2 全局中断
37(0xD4)	USART1	0xE000E425	0xE000E104.05	USART1 全局中断
38(0xD8)	**USART2**	**0xE000E426**	**0xE000E104.06**	**USART2 全局中断**
39(0xDC)	USART3	0xE000E427	0xE000E104.07	USART3 全局中断
40(0xE0)	EXTI15_10	0xE000E428	0xE000E104.08	EXTI15-10 中断
41(0xE4)	RTCAlarm	0xE000E429	0xE000E104.09	连接到 EXTI17 的 RTC 闹钟中断
42(0xE8)	USB 唤醒	0xE000E42A	0xE000E104.10	连接到 EXTI18 的 USB 唤醒中断

Keil 中 NVIC 对话框如图 9.1 所示。

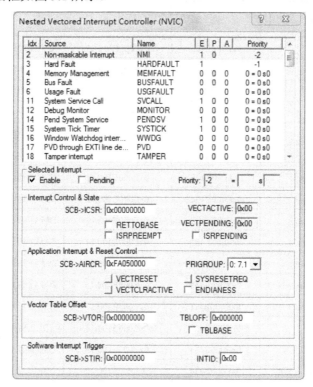

图 9.1 NVIC 对话框

NVIC 通过 6 种寄存器对中断进行管理，NVIC 寄存器如表 9.2 所示。

表 9.2 NVIC 寄存器

偏移地址	名　　称	类　　型	复　位　值	说　　　明
0x0000	ISER0	读/写	0x00000000	中断使能设置寄存器 0（中断号 31～0，1—允许中断）
0x0004	ISER1	读/写	0x00000000	中断使能设置寄存器 1（中断号 42～32，1—允许中断）
0x0080	ICER0	读/写 1 清除	0x00000000	中断使能清除寄存器 0（中断号 31～0，1—禁止中断）
0x0084	ICER1	读/写 1 清除	0x00000000	中断使能清除寄存器 1（中断号 42～32，1—禁止中断）
0x0100	ISPR0	读/写	0x00000000	中断悬起设置寄存器 0（中断号 31～0，1—悬起中断）
0x0104	ISPR1	读/写	0x00000000	中断悬起设置寄存器 1（中断号 42～32，1—悬起中断）
0x0180	ICPR0	读/写 1 清除	0x00000000	中断悬起清除寄存器 0（中断号 31～0，1—清除悬起）
0x0184	ICPR1	读/写 1 清除	0x00000000	中断悬起清除寄存器 1（中断号 42～32，1—清除悬起）
0x0200	IABR0	读	0x00000000	中断活动位寄存器 0（中断号 31～0，1—中断活动）
0x0204	IABR1	读	0x00000000	中断活动位寄存器 1（中断号 42～32，1—中断活动）
0x0300	IPR0-10	读/写	0x00000000	中断优先级寄存器 0～10（1 个中断号占 8 位）

STM32 支持 16 个中断优先级，使用 8 位中断优先级设置的高 4 位，并分为抢占优先级（Preemption Priority）和次优先级（Subpriority），抢占优先级在前，次优先级在后，具体位数分配通过应用程序中断及复位控制寄存器 AIRCR 的优先级分组 PRIGROUP 位段（AIRCR[10:8]）设置，如表 9.3 所示（AIRCR 地址 0xE000 ED0C，写时高 16 位必须为 0x05FA，读时返回 0xFA05）。

表 9.3　中断优先级分组设置

组　　号	AIRCR[10:8]	抢占优先级位段	次优先级位段
0	111	无	[7:4]
1	110	[7:7]	[6:4]
2	101	[7:6]	[5:4]
3	100	[7:5]	[4:4]
4	011	[7:4]	无

抢占优先级高（数值小）的中断可以中断抢占优先级低（数值大）的中断，而次优先级高的中断不能中断次优先级低的中断。

NVIC 常用的 HAL 库函数在 stm32f1xx_hal_cortex.h 中声明如下：

```
void HAL_NVIC_SetPriorityGrouping(uint32_t PriorityGroup);
void HAL_NVIC_SetPriority(IRQn_Type IRQn, uint32_t PreemptPriority,
    uint32_t SubPriority);
void HAL_NVIC_EnableIRQ(IRQn_Type IRQn);
```

1）设置中断优先级分组

```
void HAL_NVIC_SetPriorityGrouping(uint32_t PriorityGroup);
```

参数说明：

★ PriorityGroup：中断优先级分组，在 stm32f1xx_hal_cortex.h 中定义如下（参见表 9.3）：

```
#define NVIC_PriorityGroup_0     0x00000007U    /* 0 位抢占优先级，4 位次优先级 */
#define NVIC_PriorityGroup_1     0x00000006U    /* 1 位抢占优先级，3 位次优先级 */
#define NVIC_PriorityGroup_2     0x00000005U    /* 2 位抢占优先级，2 位次优先级 */
#define NVIC_PriorityGroup_3     0x00000004U    /* 3 位抢占优先级，1 位次优先级 */
#define NVIC_PriorityGroup_4     0x00000003U    /* 4 位抢占优先级，0 位次优先级 */
```

2）设置中断优先级

```
void HAL_NVIC_SetPriority(IRQn_Type IRQn, uint32_t PreemptPriority,
    uint32_t SubPriority);
```

参数说明：

★ IRQn：中断号，在 stm32f103xb.h 中定义如下：

```
typedef enum
{
  SysTick_IRQn            = -1,
  DMA1_Channel6_IRQn      = 16,
  EXTI9_5_IRQn            = 23,
  USART2_IRQn            = 38,
} IRQn_Type;
```

★ PreemptPriority：抢占优先级，0～15（NVIC_PriorityGroup_4）。

★ SubPriority：次优先级，0（NVIC_PriorityGroup_4）。

3）使能中断

```
void HAL_NVIC_EnableIRQ(IRQn_Type IRQn);
```

参数说明：

★ IRQn：中断号，在 stm32f103xb.h 中定义。

NVIC 常用的 LL 库函数在 core_cm3.h 中宏定义如下：

```
void NVIC_SetPriorityGrouping(uint32_t PriorityGroup);
void NVIC_SetPriority(IRQn_Type IRQn, uint32_t Priority);
void NVIC_EnableIRQ(IRQn_Type IRQn);
```

1）设置中断优先级分组

```
void NVIC_SetPriorityGrouping(uint32_t PriorityGroup);
```

参数说明：

★ PriorityGroup：中断优先级分组，在 main.h 中定义如下（参见表 9.3）：

```
#define NVIC_PriorityGroup_0    0x00000007U    /* 0 位抢占优先级，4 位次优先级 */
#define NVIC_PriorityGroup_1    0x00000006U    /* 1 位抢占优先级，3 位次优先级 */
#define NVIC_PriorityGroup_2    0x00000005U    /* 2 位抢占优先级，2 位次优先级 */
#define NVIC_PriorityGroup_3    0x00000004U    /* 3 位抢占优先级，1 位次优先级 */
#define NVIC_PriorityGroup_4    0x00000003U    /* 4 位抢占优先级，0 位次优先级 */
```

2）设置中断优先级

```
void NVIC_SetPriority(IRQn_Type IRQn, uint32_t Priority);
```

参数说明：

★ IRQn：中断号，在 stm32f103xb.h 中定义如下：

```
typedef enum
{
  SysTick_IRQn            = -1,
  DMA1_Channel6_IRQn      = 16,
  EXTI9_5_IRQn            = 23,
  USART2_IRQn            = 38,
} IRQn_Type;
```

★ Priority：中断优先级，0～15（NVIC_PriorityGroup_4）。

3）使能中断

```
void NVIC_EnableIRQ(IRQn_Type IRQn);
```

参数说明：

★ IRQn：中断号，在 stm32f103xb.h 中定义。

EXTI 和 USART2 的 NVIC 配置步骤如下：

（1）分别单击 STM32CubeMx 引脚图中的引脚 "PA0" "PA8" "PB1" 和 "PB2"，将 "PA0" "PA8" "PB1" 和 "PB2" 配置为 "GPIO_EXTIx"（x 为 0～2 和 8）。

（2）单击左侧类别下 "System Core" 右侧的大于号 >，选择 "GPIO"，在 GPIO 模式和配置下分别选择 "PA0" "PA8" "PB1" 和 "PB2"，在配置下做如下设置：

- GPIO mode   External Interrupt Mode with Falling Edge trigger detection

（3）在"System Core"下选择"NVIC"，在 NVIC 模式和配置下做如下设置：

- EXTI line0 interupt   Enabled，Preemption Priority: 1
- EXTI line1 interupt   Enabled，Preemption Priority: 1
- EXTI line2 interupt   Enabled，Preemption Priority: 1
- EXTI line[9:5] interupts   Enabled，Preemption Priority: 1
- USART2 global interupt   Enabled，Preemption Priority: 2

注意： STM32CubeMX 重新生成 Keil 工程后，Application/User/Core 中包含两个 main.c，删除新生成的 main.c（其中没有用户代码）。

9.2　EXTI 中断

每个配置为输入方式的 GPIO 引脚都可以配置成外部中断/事件方式（EXTI），每个中断/事件都有独立的触发和屏蔽，触发请求可以是上升沿、下降沿或者双边沿触发。

每个外部中断都有对应的悬起标志，系统可以查询悬起标志响应触发请求，也可以在中断允许时以中断方式响应触发请求。

外部中断/事件控制器方框图如图 9.2 所示。

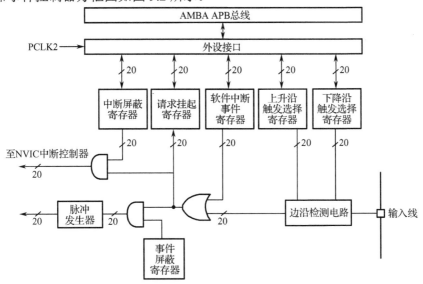

图 9.2　外部中断/事件控制器方框图

系统默认的外部中断输入线 EXTI0～15 是 PA0～15，可以通过 AFIO 的 EXTI 控制寄存器（AFIO_EXTICR1～4）配置成其他 GPIO 引脚，EXTI 控制寄存器及其配置如表 9.4 和表 9.5 所示。

表 9.4　AFIO EXTI 控制寄存器[1]

偏移地址	名　称	类　型	复位值	说　明
0x08	EXTICR1	读/写	0x0000	EXTI3～0[3:0]配置（详见表 9.5）
0x0C	EXTICR2	读/写	0x0000	EXTI7～4[3:0]配置（详见表 9.5）
0x10	EXTICR3	读/写	0x0000	EXTI11～8[3:0]配置（详见表 9.5）
0x14	EXTICR4	读/写	0x0000	EXTI15～12[3:0]配置（详见表 9.5）

注：（1）访问 EXTI 控制寄存器时必须先使能 AFIO 时钟。

表 9.5 EXTlx[3:0]配置

EXTIx[3:0]	引　　脚	EXTIx[3:0]	引　　脚
0000	PAx	0010	PCx
0001	PBx	0011	PDx

另外 4 个 EXTI 线的连接方式如下：

● EXTI16 连接到 PVD 中断。

● EXTI17 连接到 RTC 闹钟中断。

● EXTI18 连接到 USB 唤醒中断。

● EXTI19 连接到以太网唤醒中断。

对于 HAL，引脚切换在 HAL_GPIO_Init()中完成；对于 LL，引脚切换用下列函数实现：

```
void LL_GPIO_AF_SetEXTISource(uint32_t Port, uint32_t Line);
```

参数说明：

★ Port：GPIO 端口，在 stm32f1xx_ll_gpio.h 中定义如下：

```
#define LL_GPIO_AF_EXTI_PORTA    0U    /*!< EXTI PORT A */
#define LL_GPIO_AF_EXTI_PORTB    1U    /*!< EXTI PORT B */
#define LL_GPIO_AF_EXTI_PORTC    2U    /*!< EXTI PORT C */
#define LL_GPIO_AF_EXTI_PORTD    3U    /*!< EXTI PORT D */
```

★ Line：GPIO 引脚，在 stm32f1xx_ll_gpio.h 中定义如下：

```
#define LL_GPIO_AF_EXTI_LINE0    (0x000FU << 16U | 0U)
.............................................................
#define LL_GPIO_AF_EXTI_LINE15   (0xF000U << 16U | 3U)
```

EXTI 通过 6 个寄存器进行操作，如表 9.6 所示。

表 9.6 EXTI 寄存器

偏移地址	名　称	类　型	复　位　值	说　　明
0x00	IMR	读/写	0x00000	中断屏蔽寄存器：0—屏蔽，1—允许
0x04	EMR	读/写	0x00000	事件屏蔽寄存器：0—屏蔽，1—允许
0x08	RTSR	读/写	0x00000	上升沿触发选择寄存器：0—禁止，1—允许
0x0C	FTSR	读/写	0x00000	下降沿触发选择寄存器：0—禁止，1—允许
0x10	SWIER	读/写	0x00000	软件中断事件寄存器
0x14	PR	读/写 1 清除	0xXXXXX	请求挂起寄存器：0—无触发请求，1—有触发请求

对于 HAL，EXTI 操作也在 HAL_GPIO_Init()中完成；对于 LL，EXTI 操作用下列函数实现：

```
uint32_t LL_EXTI_Init(LL_EXTI_InitTypeDef* EXTI_InitStruct)
uint32_t LL_EXTI_IsActiveFlag_0_31(uint32_t ExtiLine);
void LL_EXTI_ClearFlag_0_31(uint32_t ExtiLine);
```

1）初始化 EXTI

```
uint32_t LL_EXTI_Init(LL_EXTI_InitTypeDef* EXTI_InitStruct);
```

参数说明:

★ EXTI_InitStruct: EXTI 初始化参数结构体指针,初始化参数结构体在 stm32f1xx_ll_exti.h 中定义如下:

```
typedef struct
{
  uint32_t        Line_0_31;      /* 外部中断线 */
  FunctionalState LineCommand;    /* 外部中断使能(ENABLE 或 DISABLE) */
  uint8_t         Mode;           /* 外部中断模式 */
  uint8_t         Trigger;        /* 外部中断触发 */
} LL_EXTI_InitTypeDef;
```

其中 Line_0_31、Mode 和 Trigger 在 stm32f1xx_ll_exti.h 中定义如下:

```
#define LL_EXTI_LINE_0          EXTI_IMR_IM0
..............................................................
#define LL_EXTI_LINE_15         EXTI_IMR_IM15

#define LL_EXTI_MODE_IT         ((uint8_t)0x00)  /* 中断模式 */
#define LL_EXTI_MODE_EVENT      ((uint8_t)0x01)  /* 事件模式 */
#define LL_EXTI_MODE_IT_EVENT   ((uint8_t)0x02)  /* 中断和事件模式 */

#define LL_EXTI_TRIGGER_NONE           ((uint8_t)0x00) /* 无触发 */
#define LL_EXTI_TRIGGER_RISING         ((uint8_t)0x01) /* 上升沿触发 */
#define LL_EXTI_TRIGGER_FALLING        ((uint8_t)0x02) /* 下降沿触发 */
#define LL_EXTI_TRIGGER_RISING_FALLING ((uint8_t)0x03) /* 上升/下降沿触发 */
```

返回值:错误状态,0—成功,1—错误。

2)EXTI 标志状态

```
uint32_t LL_EXTI_IsActiveFlag_0_31(uint32_t ExtiLine);
```

参数说明:

★ ExtiLine: 外部中断线。

返回值:EXTI 标志状态,0—复位,1—置位。

3)清除 EXTI 标志

```
void LL_EXTI_ClearFlag_0_31(uint32_t ExtiLine);
```

★ ExtiLine: 外部中断线。

EXTI 的 2 级中断控制如表 9.7 所示。

表 9.7　EXTI 中断控制

地　　址	名　称	类　型	复 位 值	说　　明
0xE000 E100	ISER0	读/写	0x00000000	位 6~10:EXTI0~4 中断使能 位 23:EXTI5~9 中断使能
0xE000 E104	ISER1	读/写	0x00000000	位 8:EXTI10~15 中断使能
0x4001 0400	IMR	读/写	0x00000	位 0~15:EXTI0~15 中断使能

注意：ISER 中 EXTI0～4 分别对应 1 个全局中断屏蔽位（ISER0.6～10），而 EXTI5～9 和 EXTI10～15 分别对应 1 个全局中断屏蔽位（ISER0.23 和 ISER1.8）；IMR 中 EXTI0～15 分别对应 1 个设备中断屏蔽位（IMR.0～15）。

相关的 LL 库函数声明如下：

```
void NVIC_SetPriority(IRQn_Type IRQn, uint32_t Priority);
void NVIC_EnableIRQ(IRQn_Type IRQn);
void LL_GPIO_AF_SetEXTISource(uint32_t Port, uint32_t Line);
uint32_t LL_EXTI_Init(LL_EXTI_InitTypeDef* EXTI_InitStruct)
uint32_t LL_EXTI_IsActiveFlag_0_31(uint32_t ExtiLine);
void LL_EXTI_ClearFlag_0_31(uint32_t ExtiLine);
```

EXTI 中断程序的设计与实现在 TIM 程序设计与实现的基础上修改完成。

1）注释掉 while (1)中的下列代码：

```
//  KEY_Proc();                          /* 按键处理 */
```

2）在 stm32f1xx_it.c 中包含下列头文件：

```
/* USER CODE BEGIN Includes */
#include "tim.h"                         /* 用于按键改变 TIM 占空比 */
/* USER CODE END Includes */
```

3）在 stm32f1xx_it.c 中添加下列外部变量：

```
/* USER CODE BEGIN PV */
uint16_t usTms;                          /* 毫秒计时 */
extern uint8_t ucSec;                    /* 秒计时 */
extern uint16_t usLcd;                   /* LCD 刷新计时 */
extern uint8_t ucDir;                    /* LED 流水方向 */
extern uint8_t ucDuty;                   /* TIM 输出占空比 */
/* USER CODE END PV */
```

4）对 HAL 工程，在 stm32f1xx_it.c 的最后添加下列代码：

```
/* USER CODE BEGIN 1 */
void HAL_GPIO_EXTI_Callback(uint16_t GPIO_Pin)
{
  HAL_Delay(10);                         /* 延时 10ms 消抖 */
  switch (GPIO_Pin) {
    case GPIO_PIN_0:                     /* B1 按下 */
      if (HAL_GPIO_ReadPin(GPIOA, GPIO_PIN_0) == 0) {
        ucDir ^= 1;                      /* 改变流水方向 */
      } break;
    case GPIO_PIN_8:                     /* B2 按下 */
      if (HAL_GPIO_ReadPin(GPIOA, GPIO_PIN_8) == 0) {
        ucDuty += 10;
        if (ucDuty == 100) {
          ucDuty = 10;
        }
        TIM1_SetCompare1(ucDuty*50);     /* 改变 TIM1_CH1 占空比 */
```

```
        TIM3_SetCompare1(ucDuty*100);   /* 改变 TIM3_CH1 占空比 */
      }
    }
  }
  /* USER CODE END 1 */
```

注意： 由于 HAL_Delay()使用了 SysTick 中断，为了保证程序正常工作，外部中断的优先级必须低于 SysTick 的中断优先级。

5）对 LL 工程，进行下列修改：

（1）在 stm32f1xx_it.c 中添加下列函数声明：

```
  /* USER CODE BEGIN PFP */
  void GPIO_EXTI_Callback(uint32_t ExtiLine);
  /* USER CODE END PFP */
```

（2）在 stm32f1xx_it.c 的 EXTI0_IRQHandler()中添加下列代码：

```
    /* USER CODE BEGIN LL_EXTI_LINE_0 */
    GPIO_EXTI_Callback(LL_EXTI_LINE_0);
    /* USER CODE END LL_EXTI_LINE_0 */
```

（3）在 stm32f1xx_it.c 的 EXTI9_5_IRQHandler()中添加下列代码：

```
    /* USER CODE BEGIN LL_EXTI_LINE_8 */
    GPIO_EXTI_Callback(LL_EXTI_LINE_8);
    /* USER CODE END LL_EXTI_LINE_8 */
```

（4）在 stm32f1xx_it.c 的最后添加下列代码：

```
  /* USER CODE BEGIN 1 */
  void GPIO_EXTI_Callback(uint32_t ExtiLine)
  {
   LL_mDelay(10);                       /* 延时 10ms 消抖 */
   switch (ExtiLine) {
    case LL_EXTI_LINE_0:                /* B1 按下 */
      if (LL_GPIO_IsInputPinSet(GPIOA, LL_GPIO_PIN_0) == 0) {
       ucDir ^= 1;                      /* 改变流水方向 */
      } break;
    case LL_EXTI_LINE_8:                /* B2 按下 */
      if (LL_GPIO_IsInputPinSet(GPIOA, LL_GPIO_PIN_8) == 0) {
       ucDuty += 10;
       if (ucDuty == 100) {
         ucDuty = 10;
       }
       TIM1_SetCompare1(ucDuty*50);     /* 改变 TIM1_CH1 占空比 */
       TIM3_SetCompare1(ucDuty*100);    /* 改变 TIM3_CH1 占空比 */
      }
    }
  }
  /* USER CODE END 1 */
```

注意：由于 LL_mDelay() 没有使用 SysTick 中断，外部中断的优先级不用低于 SysTick 的中断优先级。

编译下载运行程序，按一下 B1，切换流水灯方向；按一下 B2，DUT 的值增加 10%。

对比按键处理的查询和中断实现方法可以看出：

● 中断的初始化子程序增加了初始化 NVIC 和 EXTI，其核心内容是允许中断

● 查询处理出现在主程序中，中断处理出现在中断处理程序中

● 查询处理判断的是 GPIOA->IDR（电平），而且必须设置按下标志（ucKey）；中断处理判断的是 EXTI->PR（边沿），而且必须清除中断标志（EXTI->PR）

注意：程序正常工作后，可以分别将 HAL 和 LL 文件夹中的 MDK-ARM 文件夹复制粘贴为"91_GPIO_INT"文件夹中，同时将 Core\Src 文件夹中的 stm32f1xx_it.c 文件复制粘贴到"91_GPIO_INT"文件夹中，以方便后续使用。

9.3 USART 中断

USART 的 LL 中断库函数在 stm32f1xx_ll_usart.h 中声明如下：

```
void LL_USART_EnableIT_RXNE(USART_TypeDef* USARTx);
```

功能：RXNE 中断使能

★ USARTx：USART 名称，取值是 USART1～USART3。

USART 的 2 级中断控制如表 9.8 所示。

表 9.8　USART 的 2 级中断控制

地　址	名　称	类型	复位值	说　明
0xE000 E104	ISER1	读/写	0x00000000	位 5～7：USART1～3 全局中断使能
0x4001 380C	USART1_CR1	读/写	0x0000	位 7—TXE 中断使能，位 5—RXNE 中断使能
0x4000 440C	USART2_CR1	读/写	0x0000	
0x4000 480C	USART3_CR1	读/写	0x0000	

相关的 LL 中断库函数声明如下：

```
void NVIC_SetPriority(IRQn_Type IRQn, uint32_t Priority);
void NVIC_EnableIRQ(IRQn_Type IRQn);
void LL_USART_EnableIT_RXNE(USART_TypeDef* USARTx);
```

USART 中断程序的 LL 设计与实现在 EXTI 程序设计与实现的基础上修改完成。

1）在 UART_Proc() 中按下列代码进行修改：

```
//if (UART_Receive(ucUrx) == 0) {        /* 接收到字符 */
//  ucUrx[++ucUno] = ucUrx[0];           /* 保存字符 */
    if (ucUno >= 2) {                    /* 修改秒值 */
//    ucSec = (ucUrx[1]-0x30)*10+ucUrx[2]-0x30;
      ucSec = (ucUrx[0]-0x30)*10+ucUrx[1]-0x30;
      ucUno = 0;
    }
//}
```

2）在 usart.c 的 MX_USART2_UART_Init()中添加下列代码：

```
/* USER CODE BEGIN USART2_Init 2 */
LL_USART_EnableIT_RXNE(USART2);        /* 允许 USART2 接收非空中断 */
/* USER CODE END USART2_Init 2 */
```

3）在 stm32f1xx_it.c 中添加下列外部变量：

```
/* USER CODE BEGIN PV */
uint16_t usTms;                        /* 毫秒计时 */
extern uint8_t ucSec;                  /* 秒计时 */
extern uint16_t usLcd;                 /* LCD 刷新计时 */
extern uint8_t ucDir;                  /* LED 流水方向 */
extern uint8_t ucDuty;                 /* TIM 输出占空比 */
extern uint8_t ucUrx[20], ucUno;       /* UART 接收值，接收计数 */
/* USER CODE END PV */
```

4）在 stm32f1xx_it.c 的 USART2_IRQHandler()中添加下列代码：

```
/* USER CODE BEGIN USART2_IRQn 0 */
if (LL_USART_IsActiveFlag_RXNE(USART2) == 1) {
  ucUrx[ucUno++] = LL_USART_ReceiveData8(USART2);
}
/* USER CODE END USART2_IRQn 0 */
```

编译下载运行程序，打开串口终端，显示秒值。在串口终端中发送 2 个数字，秒值应该改变。

注意：程序正常工作后，可以将 LL 文件夹中的 MDK-ARM 文件夹复制粘贴为"92_USART_INT"文件夹，同时将 Core\Src 文件夹中的 stm32f1xx_it.c 文件复制粘贴到"92_USART_INT"文件夹中，以方便后续使用。

第 10 章　直接存储器存取 DMA

直接存储器存取（DMA）用来提供外设和存储器之间或者存储器和存储器之间的批量数据传输。DMA 传送过程无须 CPU 干预，数据可以通过 DMA 快速地传送，这就节省了 CPU 的资源来做其他操作。

10.1　DMA 简介及配置

STM32 的两个 DMA 控制器有 12 个通道（DMA1 有 7 个通道，DMA2 有 5 个通道），每个通道专门用来管理来自一个或多个外设对存储器访问的请求，还有一个仲裁器来协调各个 DMA 请求的优先权。DMA1 的通道请求源如表 10.1 所示。

表 10.1　DMA1 的通道请求源

外　设	通　道 1	通　道 2	通　道 3	通　道 4	通　道 5	通　道 6	通　道 7
ADC	ADC1						
SPI/I²S		SPI1_RX	SPI1_TX	SPI/I2S2_RX	SPI/I2S2_TX		
USART		USART3_TX	USART3_RX	USART1_TX	USART1_RX	USART2_RX	USART2_TX
I²C				I2C2_TX	I2C2_RX	I2C1_TX	I2C1_RX
TIM1		TIM1_CH1	TIM1_CH2	TIM1_CH4 TIM1_TRIG TIM1_COM	TIM1_UP	TIM1_CH3	
TIM2	TIM2_CH3	TIM2_UP			TIM2_CH1		TIM2_CH2 TIM2_CH4
TIM3		TIM3_CH3	TIM3_CH4 TIM3_UP			TIM3_CH1 TIM3_TRIG	
TIM4	TIM4_CH1			TIM4_CH2	TIM4_CH3		TIM4_UP

DMA1 通过 30（2+4×7）个寄存器进行操作，DMA 寄存器如表 10.2 所示。

表 10.2　DMA 寄存器

偏移地址	名　称	类　型	复位值	说　明
0x00	ISR	读	0x000 0000	中断状态寄存器：1 个通道 4 位（详见表 10.3）
0x04	IFCR	读/写	0x000 0000	中断标志清除寄存器：1 个通道 4 位（详见表 10.4）
0x08	CCR1	读/写	0x0000	通道 1 配置寄存器（详见表 10.5）
0x0C	**CNDTR1**	**读/写**	**0x0000**	**通道 1 传输数据数量寄存器（16 位）**
0x10	CPAR1	读/写	0x00000000	通道 1 外设地址寄存器
0x14	CMAR1	读/写	0x00000000	通道 1 存储器地址寄存器

其中 4 个中断状态位和 4 个中断标志清除位分别如表 10.3 和表 10.4 所示，通道配置寄存器（CCRx）如表 10.5 所示（7 个通道配置寄存器的偏移地址依次是 0x08、0x1C、0x30、0x44、0x58、0x6C 和 0x80）。

表 10.3 中断状态位

位	名　　称	类　型	复 位 值	说　　明
0	GIF1	读	0	通道 1 全局中断标志
1	TCIF1	读	0	通道 1 传输完成中断标志
2	HTIF1	读	0	通道 1 传输过半中断标志
3	TEIF1	读	0	通道 1 传输错误中断标志

表 10.4 中断标志清除位

位	名　　称	类　型	复 位 值	说　　明
0	CGIF1	读/写	0	清除通道 1 全局中断标志
1	CTCIF1	读/写	0	清除通道 1 传输完成中断标志
2	CHTIF1	读/写	0	清除通道 1 传输过半中断标志
3	CTEIF1	读/写	0	清除通道 1 传输错误中断标志

表 10.5 通道配置寄存器（CCRx）

位	名　　称	类　型	复 位 值	说　　明
0	**EN**	读/写	**0**	**通道使能**
1	**TCIE**	读/写	**0**	**传输完成中断使能**
2	HTIE	读/写	0	传输过半中断使能
3	TEIE	读/写	0	传输错误中断使能
4	**DIR**	读/写	**0**	**数据传输方向：0—外设读，1—存储器读**
5	**CIRC**	读/写	**0**	**循环模式：0—不重装 CNDTR，1—重装 CNDTR**
6	**PINC**	读/写	**0**	**外设地址增量：0—无增量，1—有增量**
7	**MINC**	读/写	**0**	**存储器地址增量：0—无增量，1—有增量**
9:8	**PSIZE[1:0]**	读/写	**0**	**外设数据宽度：00—8 位，01—16 位，10—32 位**
11:10	**MSIZE[1:0]**	读/写	**0**	**存储器数据宽度：00—8 位，01—16 位，10—32 位**
13:12	PL[1:0]	读/写	0	通道优先级：00—低，01—中，10—高，11—最高
14	MEM2MEM	读/写	0	存储器到存储器模式

DMA 常用的 LL 库函数在 stm32f1xx_ll_dma.h 中声明如下：

```
void LL_DMA_ConfigTransfer(DMA_TypeDef* DMAx, uint32_t Channel,
  uint32_t Configuration);
void LL_DMA_ConfigAddresses(DMA_TypeDef* DMAx, uint32_t Channel,
  uint32_t SrcAddress, uint32_t DstAddress, uint32_t Direction);
void LL_DMA_SetDataLength(DMA_TypeDef* DMAx, uint32_t Channel,
  uint32_t NbData);
void LL_DMA_EnableChannel(DMA_TypeDef* DMAx, uint32_t Channel);
void LL_DMA_EnableIT_TC(DMA_TypeDef* DMAx, uint32_t Channel);
void LL_DMA_ClearFlag_GI6(DMA_TypeDef* DMAx);
```

1）配置 DMA 传输

```
void LL_DMA_ConfigTransfer(DMA_TypeDef* DMAx, uint32_t Channel,
  uint32_t Configuration);
```

参数说明：

★ DMAx：DMA 名称，取值为 DMA1 或 DMA2。

★ Channel：DMA 通道，在 stm32f1xx_ll_dma.h 中定义如下：

```
#define LL_DMA_CHANNEL_1        0x00000001U /* DMA 通道1 */
……………………………………………………………………………………………………………………
#define LL_DMA_CHANNEL_7        0x00000007U /* DMA 通道7 */
```

★ Configuration：DMA 配置，必须包含下列值：

LL_DMA_DIRECTION_PERIPH_TO_MEMORY 或 LL_DMA_DIRECTION_MEMORY_TO_PERIPH
LL_DMA_MODE_NORMAL 或 **LL_DMA_MODE_CIRCULAR**
LL_DMA_PERIPH_INCREMENT 或 **LL_DMA_PERIPH_NOINCREMENT**
LL_DMA_MEMORY_INCREMENT 或 LL_DMA_MEMORY_NOINCREMENT
LL_DMA_PDATAALIGN_BYTE 或 LL_DMA_PDATAALIGN_HALFWORD 或 LL_DMA_PDATAALIGN_WORD
LL_DMA_MDATAALIGN_BYTE 或 LL_DMA_MDATAALIGN_HALFWORD 或 LL_DMA_MDATAALIGN_WORD
LL_DMA_PRIORITY_LOW 或 LL_DMA_PRIORITY_MEDIUM
或 LL_DMA_PRIORITY_HIGH 或 LL_DMA_PRIORITY_VERYHIGH

注意：STM32CubeMX 生成的 LL 工程用下列函数实现上述功能：

```
LL_DMA_SetDataTransferDirection(DMA1, LL_DMA_CHANNEL_6,
  LL_DMA_DIRECTION_PERIPH_TO_MEMORY);
LL_DMA_SetChannelPriorityLevel(DMA1, LL_DMA_CHANNEL_6, LL_DMA_PRIORITY_LOW);
LL_DMA_SetMode(DMA1, LL_DMA_CHANNEL_6, LL_DMA_MODE_CIRCULAR);
LL_DMA_SetPeriphIncMode(DMA1, LL_DMA_CHANNEL_6, LL_DMA_PERIPH_NOINCREMENT);
LL_DMA_SetMemoryIncMode(DMA1, LL_DMA_CHANNEL_6, LL_DMA_MEMORY_INCREMENT);
LL_DMA_SetPeriphSize(DMA1, LL_DMA_CHANNEL_6, LL_DMA_PDATAALIGN_BYTE);
LL_DMA_SetMemorySize(DMA1, LL_DMA_CHANNEL_6, LL_DMA_MDATAALIGN_BYTE);
```

2）配置 DMA 地址

```
void LL_DMA_ConfigAddresses(DMA_TypeDef* DMAx, uint32_t Channel,
  uint32_t SrcAddress, uint32_t DstAddress, uint32_t Direction);
```

参数说明：

★ DMAx：DMA 名称，取值为 DMA1 或 DMA2。

★ Channel：DMA 通道，在 stm32f1xx_ll_dma.h 中定义。

★ SrcAddress：DMA 源地址。

★ DstAddress：DMA 目的地址。

★ Direction：DMA 方向。

3）设置 DMA 数据长度

```
void LL_DMA_SetDataLength(DMA_TypeDef* DMAx, uint32_t Channel,
  uint32_t NbData);
```

参数说明：

★ DMAx：DMA 名称，取值为 DMA1 或 DMA2。

★ Channel：DMA 通道，在 stm32f1xx_ll_dma.h 中定义。

★ NbData：DMA 数据长度。

4）使能 DMA 通道

```
void LL_DMA_EnableChannel(DMA_TypeDef* DMAx, uint32_t Channel);
```

参数说明：

★ DMAx：DMA 名称，取值为 DMA1 或 DMA2。

★ Channel：DMA 通道，在 stm32f1xx_ll_dma.h 中定义。

5）使能 DMA 传输完成中断

```
void LL_DMA_EnableIT_TC(DMA_TypeDef* DMAx, uint32_t Channel);
```

参数说明：

★ DMAx：DMA 名称，取值为 DMA1 或 DMA2。

★ Channel：DMA 通道，在 stm32f1xx_ll_dma.h 中定义。

6）清除 DMA 中断标志

```
void LL_DMA_ClearFlag_GI6(DMA_TypeDef* DMAx);
```

参数说明：

★ DMAx：DMA 名称，取值为 DMA1 或 DMA2。

DMA1 的 2 级中断控制如表 10.6 所示。

表 10.6   DMA1 的 2 级中断控制

地　　址	名　　称	类型	复 位 值	说　　明
0xE000 E100	ISER0	读/写	0x00000000	位 11:17—DMA1_Channelx：DMA1 通道 1～7 全局中断使能
0x4002 0008	DMA1_CCR1	读/写	0x0000	
0x4002 001C	DMA1_CCR2	读/写	0x0000	
0x4002 0030	DMA1_CCR3	读/写	0x0000	位 1—TCIE：传输完成中断使能
0x4002 0044	DMA1_CCR4	读/写	0x0000	位 2—HTIE：传输过半中断使能
0x4002 0058	DMA1_CCR5	读/写	0x0000	位 3—TEIE：传输错误中断使能
0x4002 006C	DMA1_CCR6	读/写	0x0000	
0x4002 0080	DMA1_CCR7	读/写	0x0000	

USART2 的 DMA 配置步骤如下：

（1）在 USART2 配置的"DMA Settings"标签单击"ADD"按钮，选择"USART2_RX"，在"DMA Request Settings"下选择"Mode"为"Circular"，如图 10.1 所示。

注意：STM32CubeMX 已"强迫 DMA 通道中断"（Force DMA Channels Interrupts）。

（2）对于 LL 工程，在"Project Manager"的"Advanced Settings"中，将"DMA"的驱动程序修改为"LL"。

注意：STM32CubeMX 重新生成 Keil 工程后，Application/User/Core 中包含两个 main.c，删除新生成的 main.c（其中没有用户代码）。

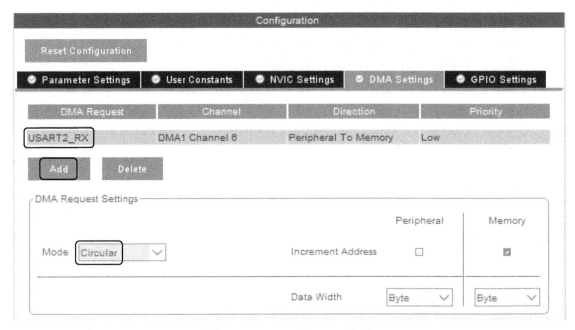

图 10.1　USART2 的 DMA 配置

注意：在原 main.c 中添加下列代码：

```
#include "dma.h"
  MX_DMA_Init();
```

10.2　USART 的 DMA 操作

与 DMA 操作有关的 USART 控制位如表 10.7 所示。

表 10.7　USART 控制寄存器 3（CR3）

位	名　称	类　型	复位值	说　明
7	DMAT	读/写	0	DMA 发送请求使能
6	DMAR	读/写	0	DMA 接收请求使能

相关的 LL 库函数在 stm32f1xx_ll_usart.h 中声明如下：

```
    void LL_USART_EnableDMAReq_RX(USART_TypeDef* USARTx);
```

功能：使能 USART DMA 接收

★ USARTx：USART 名称，取值是 USART1～USART3。

USART DMA 程序的 LL 设计与实现在 USART 中断程序设计与实现的基础上修改完成。

（1）在 main() 的初始化后部添加下列代码：

```
    DMA_Conf(ucUrx, 2);
    /* USER CODE END 2 */
```

（2）注释掉 UART_Proc() 中的下列代码：

```
    //if (UART_Receive(ucUrx) == 0) {          /* 接收到字符 */
    //  ucUrx[++ucUno] = ucUrx[0];             /* 保存字符 */
```

```
//  if (ucUno >= 2) {                            /* 修改秒值 */
//      ucSec = (ucUrx[1]-0x30)*10+ucUrx[2]-0x30;
//      ucSec = (ucUrx[0]-0x30)*10+ucUrx[1]-0x30;
//      ucUno = 0;
//  }
//}
```

（3）在 usart.c 的 MX_USART2_UART_Init()中修改下列代码：

```
/* USER CODE BEGIN USART2_Init 2 */
//LL_USART_EnableIT_RXNE(USART2);          /* 允许 USART2 接收非空中断 */
LL_USART_EnableDMAReq_RX(USART2);          /* 允许 USART2 DMA 接收 */
/* USER CODE END USART2_Init 2 */
```

（4）在 dma.h 中添加下列函数声明：

```
/* USER CODE BEGIN Prototypes */
void DMA_Conf(uint8_t* ucBuff, uint8_t ucSize);
/* USER CODE END Prototypes */
```

（5）在 dma.c 中前部添加下列函数代码：

```
/* USER CODE BEGIN 1 */
void DMA_Conf(uint8_t* ucBuff, uint8_t ucSize)
{
  LL_DMA_ConfigAddresses(DMA1, LL_DMA_CHANNEL_6,
    LL_USART_DMA_GetRegAddr(USART2), (uint32_t)ucBuff,
    LL_DMA_GetDataTransferDirection(DMA1, LL_DMA_CHANNEL_6));
  LL_DMA_SetDataLength(DMA1, LL_DMA_CHANNEL_6, ucSize);
  LL_DMA_EnableChannel(DMA1, LL_DMA_CHANNEL_6);
  LL_DMA_EnableIT_TC(DMA1, LL_DMA_CHANNEL_6);
}
/* USER CODE END 1 */
```

（6）在 stm32f1xx_it.c 的 DMA1_Channel6_IRQHandler()中添加下列代码：

```
/* USER CODE BEGIN DMA1_Channel6_IRQn 0 */
LL_DMA_ClearFlag_GI6(DMA1);
ucSec = (ucUrx[0]-0x30)*10+ucUrx[1]-0x30;
/* USER CODE END DMA1_Channel6_IRQn 0 */
```

编译下载运行程序，打开串口终端，显示秒值。在串口终端中发送 2 个数字，秒值应该改变。

注意：程序正常工作后，可以将 LL 文件夹中的 MDK-ARM 文件夹复制粘贴为 "101_USART_DMA" 文件夹，同时将 Core\Src 文件夹中的 stm32f1xx_it.c 文件复制粘贴到 "101_USART_DMA" 文件夹中，以方便后续使用。

第11章 STM32G431 程序设计

STM32G4 系列 MCU 是 ST 于 2019 年推出的一款带高分辨率定时器和数学加速器的混合信号 MCU。STM32G4 仍然是通用 MCU，这意味着它将支持在 Cortex-M4 上运行并受通用 STM32 生态系统支持的任何嵌入式系统。但是，它还通过提供模拟和数字外设或类似通用 MCU 所不具备的功能来瞄准精确应用。

下面以 CT117E-M4 嵌入式竞赛实训平台为例介绍 STM32G431 的配置和程序设计。

11.1　系统配置

为了实现 STM32G431 的程序设计，需要进行下列配置：

（1）在 STM32CubeMX 中安装下列嵌入式软件包并进行系统配置：

● stm32cube_fw_g4_v140.zip：STM32G4 固件包（可以在 STM32CubeMX 中下载）

（2）在 Keil 中安装下列器件支持包和串口驱动：

● Keil.STM32G4xx_DFP.1.2.1.pack：器件支持包（包含在 Utilities/PC_Software/IDEs_Patches/MDK-ARM 文件夹中）

● CMSIS-DAP.INF：串口驱动

11.1.1　STM32CubeMX 配置

CT117E-M4 的 STM32CubeMX 配置包括下列步骤（参见 2.2 节）：

● 安装嵌入式软件包
● 从 MCU 新建工程
● 引脚配置
● 时钟配置
● 工程管理
● 生成 HAL/LL 工程

1）安装嵌入式软件包

安装嵌入式软件包的步骤如下：

（1）在 STM32CubeMX 中单击"Help"菜单下的"Manage Embeded Software Packages"菜单项，或单击主界面右侧"Manage software installations"下的"INSTALL / REMOVE"，打开嵌入式软件包管理对话框。

（2）单击"STM32G4"左侧的黑三角 ▶，选择要安装的软件包，单击"Install Now"在线安装软件包。

也可以单击"From Local ..."打开选择 STM32Cube 包文件对话框，选择要安装的软件包"stm32cube_fw_g4_v140.zip"，从本地安装软件包。

2）从 MCU 新建工程

从 MCU 新建工程的步骤如下：

（1）单击"File"菜单下的"New Project ..."菜单项，或单击"New Project"下的"ACCESS TO MCU SELECTOR"，打开从 MCU 新建工程对话框。

（2）在"Part Number"中输入"STM32G431RB"，在 MCU 列表中选择"STM32G431RBTx"，单击右上角的"Start Project"关闭对话框，显示引脚配置标签。

3）引脚配置

根据 CT117E-M4 设备连接关系（参见表 D.1）进行下列引脚配置：

（1）将下列引脚配置成"GPIO_Intput"：

- PA0、PB0～PB2　　　　　　　　　　按键输入引脚

（2）将下列引脚配置成"GPIO_Output"：

- PC0～PC15　　　　　　　　　　　　LED 和 LCD 数据输出引脚
- PD2　　　　　　　　　　　　　　　LED 锁存器控制引脚
- PA8、PB5、PB8 和 PB9　　　　　　LCD 控制引脚
- PB6 和 PB7　　　　　　　　　　　I^2C 引脚（开漏输出）

注意：由于 PB6 没有 SCL 功能，I^2C 只能使用并口仿真。

（3）单击左侧"Categories"下"Connectivity"右侧的大于号 ⟩，选择"USART1"，在 USART1 模式中做如下选择：

- Mode　　　　　　　　　　　　　　Asynchronous（异步）

USART1 的 GPIO 设置为：PA9-USART1_TX，PA10-USART1_RX，参数设置为：波特率 115200 Bits/s，8 位字长，无校验，1 个停止位。

在"Parameter Settings"标签中做如下设置：

- Baud Rate　　　　　　　　　　　　9600 Bits/s
- Overrun　　　　　　　　　　　　　Disable（禁止过载检测）

（4）单击左侧"Categories"下"Analog"右侧的大于号 ⟩，选择"ADC1"，在 ADC1 模式中做如下选择：

- IN5　　　　　　　　　　　　　　　IN5 Single-ended（单端）
- IN11　　　　　　　　　　　　　　IN11 Single-ended（单端）

ADC1 的 GPIO 设置为：PB12- ADC1_IN11-外接电位器 R38，PB14-ADC1_IN5-外接数字电位器 MCP4017。

在"Parameter Settings"标签中做如下设置：

- Low Power Auto Wait　　　　　　　Enable（仅用于 ADC HAL 多通道输入）
- Number Of Conversions　　　　　　2（Scan Conversion Mode 变为 Enabled）
- Rank 1 的 Channel　　　　　　　　Channel 11
- Rank 2 的 Simpling Time　　　　　92.5 Cycles（过小时转换结果将受 Rank 1 影响）

（5）单击左侧"Categories"下"Timers"右侧的大于号 ⟩，选择"TIM1"，在 TIM1 模式中做如下选择：

- Channel1　　　　　　　　　　　　PWM Generation CH1N

TIM1 的 GPIO 设置为：PA7-TIM1_CH1N-输出频率 200Hz，占空比 10%的矩形波。

在 Parameter Settings 标签中做如下设置：

- Prescaler (PSC - 16 bits value)　　　　　　　　　　　169［170/(169+1)=1（MHz）］
- Counter Period (AutoReload Register - 16 bits value)　　4999（频率 1MHz/5000=200Hz）
- PWM Generation Channel 1N 的 Pluse (16 bits value)　　500（占空比 500/5000=10%）

（6）在"Timers"下选择"TIM2"，在 TIM2 模式中做如下选择：

- Slave Mode　　　　　　　　　　　Reset Mode（复位模式）
- Trigger Source　　　　　　　　　　TI2FP2（GPIO 设置为 PA1-TIM2_CH2）
- Channel2　　　　　　　　　　　　Input Capture direct mode（直接输入捕捉模式）
- Channel1　　　　　　　　　　　　Input Capture indirect mode（间接输入捕捉模式）

在 Parameter Settings 标签中做如下设置：

- Prescaler (PSC - 16 bits value)　　　　　　　　　　169（170/(169+1)=1(MHz)）
- Counter Period (AutoReload Register - 32 bits value)　　4294967295（最大值）
- Input Capture Channel 1 的 Polarity Selection　　　　Falling Edge（下降沿）

（7）在"Timers"下选择"TIM3"，在 TIM3 模式中做如下选择：

- Channel1　　　　　　　　　　　PWM Generation CH1

TIM3 的 GPIO 设置为：PA6-TIM3_CH1-输出频率 100Hz，占空比 10%的矩形波。

在 Parameter Settings 标签中做如下设置：

- Prescaler (PSC - 16 bits value)　　　　　　　　　　169（170/(169+1)=1(MHz)）
- Counter Period (AutoReload Register - 16 bits value)　　9999（频率 1MHz/10000=100Hz）
- PWM Generation Channel 1 的 Pluse (16 bits value)　　1000（占空比 1000/10000=10%）

（8）单击左侧"Categories"下"System Core"右侧的大于号〉，选择"RCC"，在 RCC 模式中做如下选择：

- High Speed Clock (HSE)　　　　　　Crystal/Ceramic Resonator（晶振/陶瓷滤波器）

GPIO 设置为：PF0-OSC_IN，PF1-OSC_OUT，外接 24MHz 晶振。

（9）在"System Core"下选择"SYS"，在 SYS 模式中做如下选择：

- Debug　　　　　　　　　　　　Serial Wire（串行线）

GPIO 设置为：PA13-SYS_JTMS-SWDIO，PA14-SYS_JTCK-SWCLK，外接 CMSIS-DAP 调试器。Timebase Source 默认选择"SysTick"，用于 HAL 库超时定时。

完成后的引脚配置如图 11.1 所示。

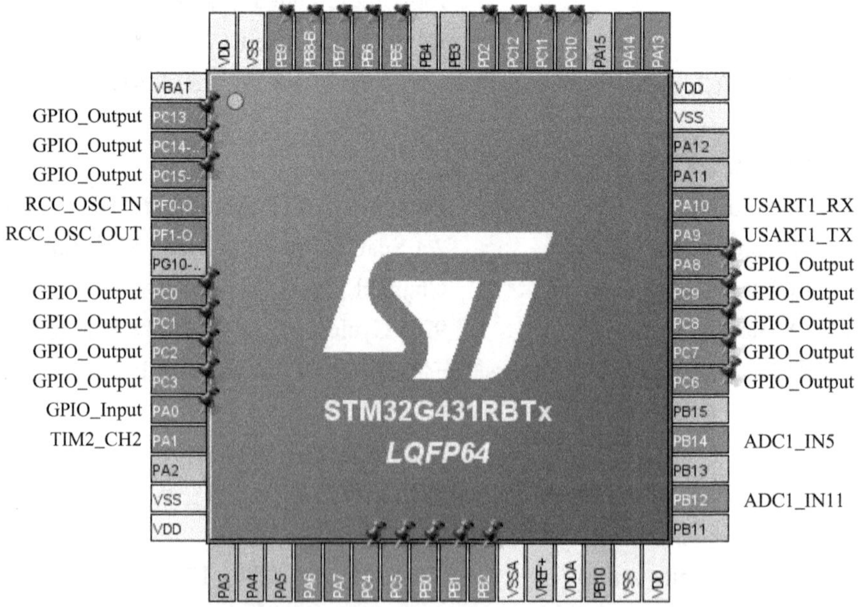

图 11.1　CT117E-M4 引脚配置

4）时钟配置

时钟配置的步骤如下：

（1）单击"Clock Configuration"标签，在 HSE 左侧输入晶振频率"24"MHz，选中"PLL Source Mux"输入为"HSE"，如图 11.2 所示。

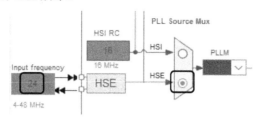

图 11.2　HSE 配置

（2）在"HCLK"中输入"170"，自动进行时钟配置。

5）工程管理

工程管理的步骤如下：

（1）单击"Project Manager"标签，在"Project Name"下输入工程名"HAL"，在"Project Location"下输入"D:\CT117E-M4"，Toolchain / IDE 选择"MDK-ARM"，Min Version 选择"V5"，确认固件包名称和版本为"STM32Cube FW_G4 V1.4.0"。

（2）单击左侧"Code Generator"，在"STM32Cube MCU packkages and embedded sofeware packs"中选择"Copy only the necessary library files"（只复制必要的库文件）。

（3）在"Generated Files"中选中"Generate peripheral initialization as a pair of '.c/.h'files per peripheral"（每个设备分别生成一对初始化'.c/.h'文件），确认选择"Keep User Code when re-generating"（重生成时保留用户代码）。

（4）单击"Advanced Settings"，驱动程序默认使用"HAL"。

6）生成 HAL/LL 工程

生成 HAL/LL 工程的步骤如下：

（1）单击右上角的"GENERATE CODE"生成 HAL 工程和初始化代码，生成完成后显示代码生成对话框。

（2）单击"Open Folder"打开工程文件夹 HAL，其中包含下列文件和文件夹：

● HAL.ioc：STM32CubeMX 工程文件

● MDK-ARM：Keil 工程文件夹，包含 Keil 工程文件和启动代码汇编语言文件

● Drivers：驱动软件库，包括 CMSIS 和 STM32G4xx_HAL_Driver 两个文件夹

● Core：内核文件夹，包括 Inc 和 Src 两个文件夹，Inc 包括用户头文件，Src 包括用户源文件和 1 个系统初始化源文件 system_stm32g4xx.c

注意：为了多个工程共用驱动软件库和用户文件，可以将"Src"文件夹中的"main.c"和"stm32g4xx_it.c"两个文件剪切粘贴到"MDK-ARM"文件夹，并在 Keil 中删除两个文件前的路径"../Core/Src/"。

（3）在"Advanced Settings"中将驱动程序全部修改为"LL"。

（4）单击"File"下"Save Project As .."菜单项，将工程另存到"D:\CT117E-M4\LL"文件夹。

警告：如果文件夹已存在，选择"Yes"将删除文件夹中的所有文件和文件夹，选择"No"取消另存。

（5）单击右上角的"GENERATE CODE"生成 LL 工程和初始化代码，生成完成后打开工程文件夹 LL，其中包含下列文件和文件夹：

- LL.ioc：STM32CubeMX 工程文件
- MDK-ARM：Keil 工程文件夹，包含 Keil 工程文件和启动代码汇编语言文件
- Drivers：驱动软件库，包括 CMSIS 和 STM32G4xx_HAL_Driver 两个文件夹
- Core：内核文件夹，包括 Inc 和 Src 两个文件夹，Inc 包括用户头文件，Src 包括用户源文件和 1 个系统初始化源文件 system_stm32g4xx.c

注意：为了多个工程共用驱动软件库和用户文件，可以将"Src"文件夹中的"main.c"和"stm32g4xx_it.c"两个文件剪切粘贴到"MDK-ARM"文件夹中，并在 Keil 中删除两个文件前的路径"../Core/Src/"。

11.1.2 Keil 配置

Keil 的配置包括安装器件支持包和串口驱动以及配置下载调试器。

1）安装器件支持包

安装器件支持包的步骤如下：

（1）在 Keil 中单击生成工具栏中的器件包安装器按钮，打开器件包安装器窗口。

（2）在器件标签的搜索框中输入"STM32G431RB"，从搜索结果中选择"STM32G431RBTx"，从 Keil 官网上下载并安装器件支持包。

或在器件包安装器窗口单击"File"菜单下的"Import ..."菜单项，打开导入器件包对话框，选择"Keil.STM32G4xx_DFP.1.2.1.pack"导入 STM32G4 系列器件包。

（3）打开 STM32ubeMX 生成的 HAL 或 LL 工程，右击"Project"下的"main.c"，从弹出菜单中选择"Options for File 'main.c'..."，将"Path"由"../Core/Src/main.c"修改为"main.c"。

2）安装串口驱动

将竞赛实训平台通过 USB 插座 CN2 与 PC 相连，PC 自动安装 CMSIS-DAP 下载调试器驱动和串口驱动，设备管理器中出现 USB 设备"USB Composite Device"和 COM 端口"CMSIS-DAP CDC (COM25)"（不同的 PC 设备号 COM25 可能不同）。

注意：记住 COM 端口号，后面的串行通信要用到。

注意：如果设备管理器中没有出现 COM 端口"CMSIS-DAP CDC (COM25)"，按下列步骤安装串口驱动 CMSIS-DAP.INF：

（1）在"设备管理器"中右击"其他设备"中的"CMSIS-DAP CDC"，在弹出菜单中选择"更新驱动程序软件(P)..."打开更新驱动程序软件对话框。

（2）在"更新驱动程序软件"对话框中单击"浏览计算机以查找驱动程序软件(R)"，再单击"从计算机的设备驱动程序列表中选择(L)"，单击"从磁盘安装(H)..."打开从磁盘安装对话框。

（3）在"从磁盘安装"对话框中单击"浏览(B)..."按钮打开查找文件对话框。

（4）在"查找文件"对话框中找到串口驱动文件"CMSIS-DAP.INF"，单击"打开(D)"按钮关闭查找文件对话框。

（5）在"从磁盘安装"对话框中单击"确定"按钮关闭从磁盘安装对话框。

（6）在"更新驱动程序软件"对话框中单击"下一步(N)"按钮，在"更新驱动程序警告"对话框中单击"是(Y)"按钮更新驱动程序软件。

3）配置 CMSIS-DAP 下载调试器

配置 CMSIS-DAP 下载调试器的步骤如下：

（1）单击生成工具栏中的"Options for Target..."按钮 ⚒，打开目标选项对话框，选择"C/C++"标签，选择优化为"Level 0 (-O0)"（不优化，方便调试）。

（2）选择"Debug"标签，选择"Use"为"CMSIS-DAP Debugger"。

（3）单击右侧的"Settings"按钮，打开设置对话框，确认"Debug"（调试）标签中"SW Device"下"IDCODE"（识别码）为 0x2BA01477，"Device Name"（器件名称）为 ARM CoreSight SW-DP。

（4）单击"Flash Download"标签，选中"Reset and Run"选项，确认"Programming Algorithm"（编程算法）中存在"STM32G4xx 128 Flash"（如果不存在，单击"Add"按钮添加）。

4）修改 HAL/LL 工程

为了将 main.c 与 HAL/LL 隔离，可以对 HAL/LL 工程做如下修改：

（1）在 Keil 中单击"New"按钮 📄 新建文件"Text1"，单击"Save"按钮 💾 另存到"HAL\Core\Src"或"LL\Core\Src"文件夹中，文件名为"sys.c"。

（2）右击"Project"中的"Application/User/Core"，在弹出菜单中选择"Add Existing File to Group 'Application/User/Core'..."，选择"Core\Src"文件夹中的"sys.c"文件，单击"Add"按钮将"sys.c"添加到工程中。

（3）在 sys.c 中添加下列代码：

```
#include "main.h"
```

（4）将 main.c 中的 SystemClock_Config()函数代码剪切粘贴到 sys.c 文件中。

（5）将 main()中的下列代码：

```
/* HAL 工程 */
  HAL_Init();
/* LL 工程 */
  LL_APB2_GRP1_EnableClock(LL_APB2_GRP1_PERIPH_SYSCFG);
  LL_APB1_GRP1_EnableClock(LL_APB1_GRP1_PERIPH_PWR);
  NVIC_SetPriorityGrouping(NVIC_PRIORITYGROUP_4);
  LL_PWR_DisableUCPDDeadBattery();
```

剪切粘贴到 sys.c 文件 SystemClock_Config()函数中前部。

（6）在 SystemClock_Config()函数中后部添加下列代码（仅对 LL 工程）：

```
LL_SYSTICK_EnableIT();                /* 允许 SysTick 中断 */
```

11.2 GPIO 程序设计

STM32G431 GPIO 结构与 STM32F103 基本相同，但寄存器有所改变：包括 4 个 32 位配置寄存器（MODER、OTYPER、OSPEEDR 和 PUPDR）、2 个 32 位数据寄存器（IDR 和 ODR）和 1 个 32 位置位/复位寄存器（BSRR），另外还有 1 个 32 位锁定寄存器（LCKR）和 2 个 32 位复用功能选择寄存器（AFRL 和 AFRH），如表 11.1 所示。

表 11.1 STM32G431 GPIO 寄存器

偏移地址	名　称	类型	复 位 值	说　明
0x00	**MODER**	读/写	**0xFFFF FFFF**	模式寄存器：00—输入，01—通用输出，10—复用，11—模拟（复位状态）
0x04	OTYPER	读/写	0x0000 0000	输出类型寄存器：0—推挽（复位状态），1—开漏
0x08	OSPEEDR	读/写	0x0000 0000	输出速度寄存器：00—低速（复位状态），01—中速，10—高速，11—超高速
0x0C	PUPDR	读/写	0x0000 0000	上拉/下拉寄存器：00—无上拉/下拉（复位状态），01—上拉，10—下拉
0x10	**IDR**	读	**0x0000 XXXX**	输入数据寄存器（16 位）
0x14	**ODR**	读/写	**0x0000 0000**	输出数据寄存器（16 位）
0x18	**BSRR**	写	**0x0000 0000**	置位/复位寄存器：低 16 位置位，高 16 位复位。0—不影响，1—ODR 对应位置位/复位
0x1C	LCKR	读/写	0x0000 0000	配置锁定寄存器
0x20	AFRL	读/写	0x0000 0000	复用功能选择寄存器低位：0000～1111：AF0～AF15
0x24	AFRH	读/写	0x0000 0000	复用功能选择寄存器高位：0000～1111：AF0～AF15

基本的 STM32G431 GPIO HAL 和 LL 库函数与 STM32F103 相同，声明如下：

```
void HAL_GPIO_Init(GPIO_TypeDef* GPIOx, GPIO_InitTypeDef* GPIO_Init);
GPIO_PinState HAL_GPIO_ReadPin(GPIO_TypeDef* GPIOx, uint16_t GPIO_Pin);
void HAL_GPIO_WritePin(GPIO_TypeDef* GPIOx, uint_16 GPIO_Pin,
 GPIO_PinState PinState);

ErrorStatus LL_GPIO_Init(GPIO_TypeDef* GPIOx,
 LL_GPIO_InitTypeDef* GPIO_InitStruct);
uint32_t LL_GPIO_ReadInputPort(GPIO_TypeDef* GPIOx);
uint32_t LL_GPIO_IsInputPinSet(GPIO_TypeDef* GPIOx, uint32_t PinMask);
void LL_GPIO_WriteOutputPort(GPIO_TypeDef* GPIOx, uint32_t PortValue);
void LL_GPIO_SetOutputPin(GPIO_TypeDef* GPIOx, uint32_t PinMask);
void LL_GPIO_ResetOutputPin(GPIO_TypeDef* GPIOx, uint32_t PinMask);
```

下面以 CT117E-M4 嵌入式竞赛实训平台为例，介绍 SysTick 和 GPIO 的应用设计。系统硬件方框图和电路图如图 11.3 所示。

系统包括 Cortex-M4 CPU（内嵌 SysTick 定时器）、存储器、1 个按键接口（PB0～PB2 和 PA0）和 1 个 LED 接口（PC8～PC15 和 PD2），实现用按键控制 8 个 LED 的流水显示方向，8 个 LED 流水显示，每秒移位 1 次，1s 定时由 SysTick 实现。

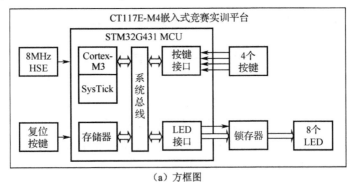

（a）方框图

图 11.3 系统硬件方框图和电路图

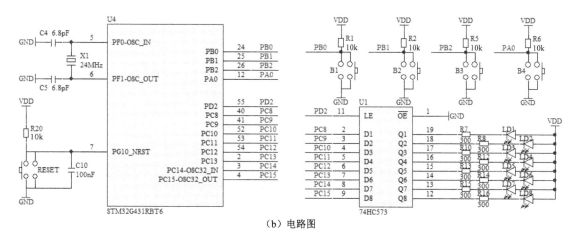

（b）电路图

图 11.3 系统硬件方框图和电路图（续）

系统的软件设计可以采用 HAL 和 LL 两种方法实现。软件设计与实现在上节 HAL 或 LL 工程的基础上进行，包括 SysTick、按键和 LED 程序设计与实现 3 部分。

1）SysTick 程序设计与实现

实现 1s 定时的步骤是：

（1）在 main.c 中定义如下全局变量：

```
/* USER CODE BEGIN PV */
uint8_t ucSec;                          /* 秒计时 */
/* USER CODE END PV */
```

（2）在 stm32g4xx_it.c 中定义如下变量：

```
/* USER CODE BEGIN PV */
uint16_t usTms;                         /* 毫秒计时 */
extern uint8_t ucSec;                   /* 秒计时 */
/* USER CODE END PV */
```

（3）在 stm32g4xx_it.c 的 SysTick_Handler()中添加下列代码：

```
/* USER CODE BEGIN SysTick_IRQn 1 */
if (++usTms == 1000) {                  /* 1s 到 */
  usTms = 0;
  ++ucSec;                              /* 秒加 1 */
}
/* USER CODE END SysTick_IRQn 1 */
```

2）按键程序设计与实现

按键程序包括按键读取和按键处理两部分，设计与实现步骤是：

（1）在 gpio.h 中添加下列函数声明：

```
/* USER CODE BEGIN Prototypes */
uint8_t KEY_Read(void);                 /* 按键读取 */
/* USER CODE END Prototypes */
```

（2）在 gpio.c 中添加下列代码：

```c
/* USER CODE BEGIN 2 */
/* HAL 工程代码 */
uint8_t KEY_Read(void)                    /* 按键读取 */
{
  uint8_t ucVal = 0;
                                          /* B1 按下(PB0=0) */
  if (HAL_GPIO_ReadPin(GPIOB, GPIO_PIN_0) == 0) {
    HAL_Delay(10);                        /* 延时 10ms 消抖 */
    if (HAL_GPIO_ReadPin(GPIOB, GPIO_PIN_0) == 0) {
      ucVal = 1;                          /* 赋值键值 1 */
    }
  }                                       /* B2 按下(PB1=0) */
  if (HAL_GPIO_ReadPin(GPIOB, GPIO_PIN_1) == 0) {
    HAL_Delay(10);                        /* 延时 10ms 消抖 */
    if (HAL_GPIO_ReadPin(GPIOB, GPIO_PIN_1) == 0) {
      ucVal = 2;                          /* 赋值键值 2 */
    }
  }                                       /* B3 按下(PB2=0) */
  if (HAL_GPIO_ReadPin(GPIOB, GPIO_PIN_2) == 0) {
    HAL_Delay(10);                        /* 延时 10ms 消抖 */
    if (HAL_GPIO_ReadPin(GPIOB, GPIO_PIN_2) == 0) {
      ucVal = 3;                          /* 赋值键值 3 */
    }
  }                                       /* B3 按下(PA0=0) */
  if (HAL_GPIO_ReadPin(GPIOA, GPIO_PIN_0) == 0) {
    HAL_Delay(10);                        /* 延时 10ms 消抖 */
    if (HAL_GPIO_ReadPin(GPIOA, GPIO_PIN_0) == 0) {
      ucVal = 4;                          /* 赋值键值 4 */
    }
  }
  return ucVal;                           /* 返回键值 */
}
/* LL 工程代码 */
uint8_t KEY_Read(void)                    /* 按键读取 */
{
  uint8_t ucVal = 0;
                          /* B1 按下(PB0=0) 或 B2 按下(PB1=0) 或 B3 按下(PB2=0) */
  if (LL_GPIO_IsInputPinSet(GPIOB, LL_GPIO_PIN_0 |
    LL_GPIO_PIN_1 | LL_GPIO_PIN_2) != 1) {
    LL_mDelay(10);                        /* 延时 10ms 消抖 */
    if (LL_GPIO_IsInputPinSet(GPIOB, LL_GPIO_PIN_0) == 0) {
      ucVal = 1;                          /* 赋值键值 1 */
    } else if (LL_GPIO_IsInputPinSet(GPIOB, LL_GPIO_PIN_1) == 0) {
      ucVal = 2;                          /* 赋值键值 2 */
```

```
        } else if (LL_GPIO_IsInputPinSet(GPIOB, LL_GPIO_PIN_2) == 0) {
            ucVal = 3;                          /* 赋值键值 3 */
        }
    }                                           /* B4 按下(PA0=0) */
    if (LL_GPIO_IsInputPinSet(GPIOA, LL_GPIO_PIN_0) == 0) {
        LL_mDelay(10);                          /* 延时 10ms 消抖 */
        if (LL_GPIO_IsInputPinSet(GPIOA, LL_GPIO_PIN_0) == 0) {
            ucVal = 4;                          /* 赋值键值 4 */
        }
    }
    return ucVal;                               /* 返回键值 */
}
/* USER CODE END 2 */
```

（3）在 main.c 中定义如下全局变量：

```
/* USER CODE BEGIN PV */
uint8_t ucSec;                                  /* 秒计时 */
uint8_t ucKey, ucDir;                           /* 按键值，LED 流水方向 */
/* USER CODE END PV */
```

（4）在 main.c 中添加下列函数声明：

```
/* USER CODE BEGIN PFP */
void KEY_Proc(void);                            /* 按键处理 */
/* USER CODE END PFP */
```

（5）在 main.c 的 while (1)中添加下列代码：

```
/* USER CODE BEGIN WHILE */
while (1)
{
    KEY_Proc();                                 /* 按键处理 */
/* USER CODE END WHILE */
```

（6）在 main()后添加下列代码：

```
/* USER CODE BEGIN 4 */
void KEY_Proc(void)                             /* 按键处理 */
{
    uint8_t ucVal = 0;

    ucVal = KEY_Read();                         /* 按键读取 */
    if (ucVal != ucKey) {                       /* 键值变化 */
        ucKey = ucVal;                          /* 保存键值 */
    } else {
        ucVal = 0;                              /* 清除键值 */
    }
    switch (ucVal) {
        case 1:                                 /* B1 按下 */
```

```
        ucDir ^= 1;                      /* 改变流水方向 */
        break;
      case 2:                            /* B2 按下 */
        break;
    }
  }
/* USER CODE END 4 */
```

3）LED 程序设计与实现

LED 程序包括 LED 显示和 LED 处理两部分，设计与实现步骤是：

（1）在 gpio.h 中添加下列函数声明：

```
/* USER CODE BEGIN Prototypes */
uint8_t KEY_Read(void);                /* 按键读取 */
void LED_Disp(uint8_t ucLed);          /* LED 显示 */
/* USER CODE END Prototypes */
```

（2）在 gpio.c 的 KEY_Read()后边添加下列代码：

```
/* HAL 工程代码 */
void LED_Disp(uint8_t ucLed)           /* LED 显示 */
{                                      /* LED 输出 */
  GPIOC->ODR = ~ucLed << 8;            /* 没有相应 HAL 函数 */
                                       /* LED 锁存 */
  HAL_GPIO_WritePin(GPIOD, GPIO_PIN_2, GPIO_PIN_SET);
  HAL_GPIO_WritePin(GPIOD, GPIO_PIN_2, GPIO_PIN_RESET);
}
/* LL 工程代码 */
void LED_Disp(uint8_t ucLed)           /* LED 显示 */
{                                      /* LED 输出 */
  LL_GPIO_WriteOutputPort(GPIOC, ~ucLed << 8);
                                       /* LED 锁存 */
  LL_GPIO_SetOutputPin(GPIOD, LL_GPIO_PIN_2);
  LL_GPIO_ResetOutputPin(GPIOD, LL_GPIO_PIN_2);
}
```

（3）在 main.c 中定义如下全局变量：

```
/* USER CODE BEGIN PV */
uint8_t ucSec;                         /* 秒计时 */
uint8_t ucKey, ucDir;                  /* 按键值，LED 流水方向 */
uint8_t ucLed, ucSec1;                 /* LED 值，LED 显示延时 */
/* USER CODE END PV */
```

（4）在 main.c 中添加下列函数声明：

```
/* USER CODE BEGIN PFP */
void KEY_Proc(void);                   /* 按键处理 */
void LED_Proc(void);                   /* LED 处理 */
```

```
/* USER CODE END PFP */
```

（5）在 main.c 的 while (1)中添加下列代码：

```
/* USER CODE BEGIN WHILE */
while (1)
{
  KEY_Proc();                           /* 按键处理 */
  LED_Proc();                           /* LED 处理 */
/* USER CODE END WHILE */
```

（6）在 main.c 的 KEY_Proc()后添加下列代码：

```
void LED_Proc(void)                     /* LED 处理 */
{
  if (ucSec1 == ucSec) {
    return;                             /* 1s 未到返回 */
  }
  ucSec1 = ucSec;
  if (ucDir == 0) {                     /* LED 左环移 */
    ucLed <<= 1;
    if (ucLed == 0) {
      ucLed = 1;
    }
  } else {                             /* LED 右环移 */
    ucLed >>= 1;
    if (ucLed == 0) {
      ucLed = 0x80;
    }
  }
  LED_Disp(ucLed);                      /* LED 显示 */
}
```

编译下载运行程序，LED 每秒左移 1 位，按一下 B1 键，LED 右移，再按一下 B1 键，LED 恢复左移。

对比 HAL 和 LL 的按键及 LED 程序设计可以看出，除了 Key_Read()和 Led_Disp()分别用 HAL 和 LL 函数实现输入输出，Key_Proc()和 Led_Proc()的内容完全相同。这样就把上层处理和下层操作分离，便于程序的移植。

对比 STM32G431 和 STM32F103 程序设计可以看出，两者的相同点如下：

● HAL 或 LL 库函数完全相同
● SysTick 程序设计与实现完全相同
● 按键程序设计与实现除引脚不同外其他完全相同
● LED 程序设计与实现完全相同

因此可以很容易地将 STM32F103 程序设计移植过来，但应注意以下不同点：

● 由于寄存器不同，GPIO HAL 或 LL 库函数的实现不同
● 由于按键引脚不同，按键读取程序不同
● 由于 CT117E-M4 没用到 SPI 和 I²C 接口，此处的 main.c 不包含 SPI 和 I²C 头文件，也没有

对应的初始化函数

● 由于使用的 USART 不同，USART 头文件和初始化函数不同

注意：以下模块和 STM32F103 相同的部分将不再介绍（相关内容请参见前面对应章节的介绍），只介绍不同的内容。

注意：程序正常工作后，可以分别将 HAL 和 LL 文件夹中的 MDK-ARM 文件夹复制粘贴为"112_GPIO"文件夹，以方便后续使用。

4）LCD 程序设计与实现

CT117E-M4 与 CT117E 相比，LCD 除了读选通（RD#）引脚不同（由 PB10 变更为 PA8），其他完全相同，可以直接移植，具体步骤如下：

（1）分别将 CT117E HAL 或 LL 工程中的"lcd.c""lcd.h"和"fonts.h"复制粘贴到 CT117E-M4 HAL 和 LL 工程的"Core/Inc"和"Core/Src"文件夹中，并将"lcd.c"添加到 HAL 和 LL 工程中。

（2）在 gpio.h 中添加下列函数声明：

```
/* USER CODE BEGIN Prototypes */
uint8_t KEY_Read(void);                              /* 按键读取 */
void LED_Disp(uint8_t ucLed);                        /* LED 显示 */
void LCD_Write(uint8_t RS, uint16_t Value);          /* LCD 写 */
/* USER CODE END Prototypes */
```

（3）在 gpio.c 的 LED_Disp()后添加下列代码（可以将 CT117E 的代码复制粘贴过来修改）：

```
/* HAL 工程代码 */
void LCD_Write(uint8_t RS, uint16_t Value)                       /* LCD 写 */
{
  HAL_GPIO_WritePin(GPIOA, GPIO_PIN_8, GPIO_PIN_SET);           /* RD#=1 */
  HAL_GPIO_WritePin(GPIOB, GPIO_PIN_9, GPIO_PIN_RESET);         /* CS#=0 */
  GPIOC->ODR = Value;                                           /* 输出数据 */
  if (RS == 0) {
    HAL_GPIO_WritePin(GPIOB, GPIO_PIN_8, GPIO_PIN_RESET);       /* RS=0 */
  } else {
    HAL_GPIO_WritePin(GPIOB, GPIO_PIN_8, GPIO_PIN_SET);         /* RS=1 */
  }
  HAL_GPIO_WritePin(GPIOB, GPIO_PIN_5, GPIO_PIN_RESET);         /* WR#=0 */
  HAL_GPIO_WritePin(GPIOB, GPIO_PIN_5, GPIO_PIN_SET);           /* WR#=1 */
}
/* LL 工程代码 */
void LCD_Write(uint8_t RS, uint16_t Value)                       /* LCD 写 */
{
  LL_GPIO_SetOutputPin(GPIOA, LL_GPIO_PIN_8);                   /* RD#=1 */
  LL_GPIO_ResetOutputPin(GPIOB, LL_GPIO_PIN_9);                 /* CS#=0 */
  LL_GPIO_WriteOutputPort(GPIOC, Value);                       /* 输出数据 */
  if (RS == 0) {
    LL_GPIO_ResetOutputPin(GPIOB, LL_GPIO_PIN_8);              /* RS=0 */
  } else {
    LL_GPIO_SetOutputPin(GPIOB, LL_GPIO_PIN_8);               /* RS=1 */
```

```
    }
    LL_GPIO_ResetOutputPin(GPIOB, LL_GPIO_PIN_5);              /* WR#=0 */
    LL_GPIO_SetOutputPin(GPIOB, LL_GPIO_PIN_5);                /* WR#=1 */
}
```

（4）将 CT117E LCD HAL 或 LL 工程中的 main.c 复制粘贴到 CT117E-M4 HAL 或 LL 工程中。

（5）删除 main.c 中的下列函数声明：

```
#include "i2c.h"
#include "spi.h"
```

（6）删除 main.c 中的下列代码：

```
MX_I2C1_Init();
MX_SPI2_Init();
```

（7）在 stm32g4xx_it.c 中添加下列外部变量声明：

```
uint16_t usTms;                        /* 毫秒计时 */
extern uint8_t ucSec;                  /* 秒计时 */
extern uint16_t usLcd;                 /* LCD 刷新计时 */
```

（8）在 stm32g4xx_it.c 的 SysTick_Handler()中添加下列代码：

```
++usLcd;                               /* LCD 刷新计时 */
```

注意：程序正常工作后，可以分别将 HAL 和 LL 文件夹中的 MDK-ARM 文件夹复制粘贴为
"112_LCD" 文件夹，以方便后续使用。

11.3 USART 程序设计

STM32G431 USART 使用的 GPIO 引脚如表 11.2 所示。

表 11.2 STM32G431 USART 使用的 GPIO 引脚

USART 引脚	GPIO 引脚				
	USART1	USART2	USART3	UART4	配　置
TX	**PA9**/PB6/PC4	PA2/PA14/PB3	PB9/PB10/PC10	PC10	复用推挽输出
RX	**PA10**/PB7/PC5	PA3/PA15/PB4	PB8/PB11/PC11	PC11	浮空输入
CTS	PA11	PA0	PA13/PB13	PB7	浮空输入
RTS	PA12	PA1	PB14	PA15	复用推挽输出
CK	PA8	PA4/PB5	PB12/PC12		复用推挽输出

STM32G431 USART 的寄存器与 STM32F103 不同（功能相同），主要寄存器如表 11.3 所示。

表 11.3 STM32G431 USART 主要寄存器

偏移地址	名　称	类　型	复位值	说　明
0x00	CR1	读/写	0x0000 0000	控制寄存器 1（详见表 11.4）
0x0C	BRR	读/写	0x0000	波特率寄存器
0x1C	ISR	读	0x0000 00C0	中断状态寄存器（TXE=1，TC=1，详见表 11.5）

偏移地址	名 称	类 型	复 位 值	说 明
0x20	ICR	写1清除	0x0000 0000	中断标志清除寄存器（详见表11.5）
0x24	RDR	读	0x00	接收数据寄存器（9位）
0x28	TDR	读/写	0x00	发送数据寄存器（9位）

STM32G431 USART 寄存器中按位操作寄存器的主要内容如表 11.4 和表 11.5 所示。

表 11.4 USART 控制寄存器 1（CR1）

位	名 称	类 型	复 位 值	说 明
5	RXNEIE	读/写	0	RXNE 中断使能：0—禁止，1—允许
3	TE	读/写	0	发送使能：0—禁止，1—允许
2	RE	读/写	0	接收使能：0—禁止，1—允许
0	UE	读/写	0	UART 使能

表 11.5 USART 状态寄存器（SR）

位	名 称	类 型	复 位 值	说 明
7	TXE	读	1	发送数据寄存器空（写 DR 清除）
6	TC	读/写 0 清除	1	发送完成
5	RXNE	读/写 0 清除	0	接收数据寄存器不空（读 DR 清除）

基本的 STM32G431 USART HAL 和 LL 库函数与 STM32F103 相同，声明如下：

```
HAL_StatusTypeDef HAL_UART_Init(UART_HandleTypeDef* huart);
HAL_StatusTypeDef HAL_UART_Transmit(UART_HandleTypeDef* huart,
  uint8_t* pData, uint16_t Size, uint32_t Timeout);
HAL_StatusTypeDef HAL_UART_Receive(UART_HandleTypeDef* huart,
  uint8_t* pData, uint16_t Size, uint32_t Timeout);

ErrorStatus LL_USART_Init(USART_TypeDef* USARTx,
  LL_USART_InitTypeDef* USART_InitStruct);
void LL_USART_Enable(USART_TypeDef* USARTx);
uint32_t LL_USART_IsActiveFlag_TXE(USART_TypeDef* USARTx);
uint32_t LL_USART_IsActiveFlag_RXNE(USART_TypeDef* USARTx);
void LL_USART_TransmitData8(USART_TypeDef* USARTx, uint8_t Value);
uint8_t LL_USART_ReceiveData8(USART_TypeDef* USARTx);
```

下面以 CT117E-M4 嵌入式竞赛实训平台为例，介绍 USART 的应用设计。系统硬件方框图如图 11.4 所示。

系统包括 Cortex-M4 CPU（内嵌 SysTick 定时器）、按键、LED、LCD 显示屏和 **UART1** 接口（**PA9-TX1、PA10-RX1**），UART1 经 UART-USB 转换后可以通过 USB 线与 PC 连接。

下面编程实现 SysTick 秒计时，UART1 发送秒值到 PC（每秒发送 1 次），并接收 PC 发送的数据对秒进行设置。

USART 的软件设计与实现在 LCD 实现的基础上修改完成，包括接口函数和处理函数设计与实现。

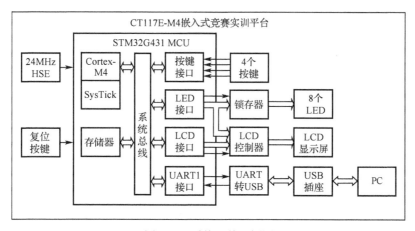

图 11.4　系统硬件方框图

1）接口函数设计与实现

接口函数设计与实现的步骤如下：

（1）在 usart.h 中添加下列代码：

```
/* USER CODE BEGIN Prototypes */
void UART_Transmit(uint8_t* ucData, uint8_t ucSize);
uint8_t UART_Receive(uint8_t* ucData);
/* USER CODE END Prototypes */
```

（2）在 usart.c 的后部添加下列代码：

```
/* USER CODE BEGIN 1 */
/* HAL 工程代码 */
void UART_Transmit(uint8_t* ucData, uint8_t ucSize)
{
  HAL_UART_Transmit(&huart1, ucData, ucSize, 100);
}


uint8_t UART_Receive(uint8_t* ucData)
{
  return HAL_UART_Receive(&huart1, ucData, 1, 0);
}
/* LL 工程代码 */
void UART_Transmit(uint8_t* ucData, uint8_t ucSize)
{
  for (uint8_t i=0; i<ucSize; i++) {        /* 等待发送寄存器空 */
    while (LL_USART_IsActiveFlag_TXE(USART1) == 0) {}
    LL_USART_TransmitData8(USART1, *ucData++);
  }                                         /* 发送 8 位数据 */
}


uint8_t UART_Receive(uint8_t* ucData)
{
  if (LL_USART_IsActiveFlag_RXNE(USART1) == 1) { /* 接收寄存器不空 */
    *ucData = LL_USART_ReceiveData8(USART1);
    return 0;                               /* 接收数据并返回 0 */
```

```
    } else
      return 1;
  }
  /* USER CODE END 1 */
```

2）处理函数设计与实现

处理函数和 CT117E 完全相同，可参考 4.4 节的 2）或 11.2 节的 4）（4）～（6）自行添加或移植。

注意：移植时需将下列代码：

```
MX_USART2_UART_Init();
```

修改为：

```
MX_USART1_UART_Init();
```

编译下载运行程序，打开串口终端，显示秒值。在串口终端中发送 2 个数字，秒值应该改变。

注意：程序正常工作后，可以分别将 HAL 和 LL 文件夹中的 MDK-ARM 文件夹复制粘贴为"113_USART"文件夹，以方便后续使用。

11.4   I²C 程序设计

STM32G431 I²C 使用的 GPIO 引脚如表 11.6 所示。

表 11.6   STM32G431 I²C 使用的 GPIO 引脚

I²C 引脚	GPIO 引脚			
	I2C1	I2C2	I2C3	配　置
SDA	PA14/**PB7**/PB9	PA8/PB11/PF0	PB5/PC9/PC11	复用开漏输出
SCL	PA13/PA15/PB8	PA9/PB10/PCc	PC8	复用开漏输出

由于 CT117E-M4 上的 PB6 引脚不具有 SCL 功能，所以 I²C 接口只能使用并口仿真实现。系统硬件方框图如图 11.5 所示。

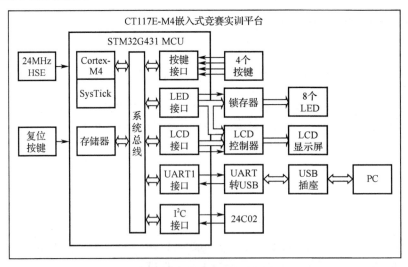

图 11.5　系统硬件方框图

系统包括 Cortex-M4 CPU（内嵌 SysTick 定时器）、按键、LED、LCD 显示屏、UART 接口（PA9-TX1、PA10-RX1）和 I²C 接口（PB6-SCL、PB7-SDA），I²C 接口与 24C02 连接。

下面编程实现用 24C02 保存系统的启动次数，并在 LCD 上显示。软件设计在 USART 设计和竞赛资源包的基础上修改实现，包括硬件接口函数、中层函数和软件接口函数 3 类。

1）硬件接口函数

硬件接口函数实现 I²C 接口的底层操作，具体实现步骤如下。

（1）在 gpio.h 中添加下列函数声明：

```
/* USER CODE BEGIN Prototypes */
uint8_t KEY_Read(void);                    /* 按键读取 */
void LED_Disp(uint8_t ucLed);              /* LED 显示 */
void LCD_Write(uint8_t RS, uint16_t Value); /* LCD 写 */
void SDA_Input_Mode(void);                 /* SDA 输入模式 */
void SDA_Output_Mode(void);                /* SDA 输出模式 */
uint8_t SDA_Input(void);                   /* SDA 输入 */
void SDA_Output(uint8_t);                  /* SDA 输出 */
void SCL_Output(uint8_t);                  /* SCL 输入 */
/* USER CODE END Prototypes */
```

（2）在 gpio.c 的 LCD_Write() 后添加下列代码：

```
/* HAL 工程代码 */
void SDA_Input_Mode(void)                  /* SDA 输入模式 */
{
  GPIO_InitTypeDef GPIO_InitStruct = {0};

  GPIO_InitStruct.Pin = GPIO_PIN_7;
  GPIO_InitStruct.Mode = GPIO_MODE_INPUT;
  GPIO_InitStruct.Pull = GPIO_NOPULL;
  HAL_GPIO_Init(GPIOB, &GPIO_InitStruct);
}

void SDA_Output_Mode(void)                 /* SDA 输出模式 */
{
  GPIO_InitTypeDef GPIO_InitStruct = {0};

  GPIO_InitStruct.Pin = GPIO_PIN_7;
  GPIO_InitStruct.Mode = GPIO_MODE_OUTPUT_OD;
  GPIO_InitStruct.Pull = GPIO_NOPULL;
  GPIO_InitStruct.Speed = GPIO_SPEED_FREQ_LOW;
  HAL_GPIO_Init(GPIOB, &GPIO_InitStruct);
}

uint8_t SDA_Input()                        /* SDA 输入 */
{
  return HAL_GPIO_ReadPin(GPIOB, GPIO_PIN_7);
```

```
  }

  void SDA_Output(uint8_t val)                      /* SDA 输出 */
  {
    if (val) {
      HAL_GPIO_WritePin(GPIOB, GPIO_PIN_7, GPIO_PIN_SET);
    } else {
      HAL_GPIO_WritePin(GPIOB, GPIO_PIN_7, GPIO_PIN_RESET);
    }
  }

  void SCL_Output(uint8_t val)                      /* SCL 输出 */
  {
    if (val) {
      HAL_GPIO_WritePin(GPIOB, GPIO_PIN_6, GPIO_PIN_SET);
    } else {
      HAL_GPIO_WritePin(GPIOB, GPIO_PIN_6, GPIO_PIN_RESET);
    }
  }
  /* LL 工程代码 */
  void SDA_Input_Mode(void)                         /* SDA 输入模式 */
  {
    LL_GPIO_InitTypeDef GPIO_InitStruct = {0};

    GPIO_InitStruct.Pin = LL_GPIO_PIN_7;
    GPIO_InitStruct.Mode = LL_GPIO_MODE_INPUT;
    GPIO_InitStruct.Pull = LL_GPIO_PULL_NO;
    LL_GPIO_Init(GPIOB, &GPIO_InitStruct);
  }
  void SDA_Output_Mode(void)                        /* SDA 输出模式 */
  {
    LL_GPIO_InitTypeDef GPIO_InitStruct = {0};

    GPIO_InitStruct.Pin = LL_GPIO_PIN_7;
    GPIO_InitStruct.Mode = LL_GPIO_MODE_OUTPUT;
    GPIO_InitStruct.Speed = LL_GPIO_SPEED_FREQ_LOW;
    GPIO_InitStruct.OutputType = LL_GPIO_OUTPUT_OPENDRAIN;
    GPIO_InitStruct.Pull = LL_GPIO_PULL_NO;
    LL_GPIO_Init(GPIOB, &GPIO_InitStruct);
  }

  uint8_t SDA_Input()                               /* SDA 输入 */
  {
    return LL_GPIO_IsInputPinSet(GPIOB, LL_GPIO_PIN_7);
  }
```

```
void SDA_Output(uint8_t val)                /* SDA 输出 */
{
  if (val) {
    LL_GPIO_SetOutputPin(GPIOB, LL_GPIO_PIN_7);
  } else {
    LL_GPIO_ResetOutputPin(GPIOB, LL_GPIO_PIN_7);
  }
}

void SCL_Output(uint8_t val)                /* SCL 输出 */
{
  if (val) {
    LL_GPIO_SetOutputPin(GPIOB, LL_GPIO_PIN_6);
  } else {
    LL_GPIO_ResetOutputPin(GPIOB, LL_GPIO_PIN_6);
  }
}
```

2）中层函数

中层函数实现 I^{2}C 接口的具体操作，程序代码在 i2c.c 中，主要内容如下：

```
#include "gpio.h"

void delay1(unsigned int n)              /* 延时程序 */
{
  unsigned int i;
  for (i=0; i<n; ++i);
}

void I2C_Start(void)                     /* I2C 总线启动 */
{
  SDA_Output(1); delay1(500);
  SCL_Output(1); delay1(500);
  SDA_Output(0); delay1(500);
  SCL_Output(0); delay1(500);
}

void I2C_Stop(void)                      /* I2C 总线停止 */
{
  SCL_Output(0); delay1(500);
  SDA_Output(0); delay1(500);
  SCL_Output(1); delay1(500);
  SDA_Output(1); delay1(500);
}

unsigned char I2C_WaitAck(void)          /* 等待应答 */
```

```
{
  uint8_t ucErrTime = 5;

  SDA_Input_Mode(); delay1(500);
  SCL_Output(1); delay1(500);
  while (SDA_Input()) {
    --ucErrTime;
    delay1(500);
    if (ucErrTime == 0) {
      SDA_Output_Mode();
      I2C_Stop();
      return 1;
    }
  }
  SDA_Output_Mode();
  SCL_Output(0); delay1(500);
  return 0;
}

void I2C_SendAck(void)                  /* 发送应答 */
{
  SDA_Output(0); delay1(500);
  SCL_Output(1); delay1(500);
  SCL_Output(0); delay1(500);
}

void I2C_SendNotAck(void)               /* 发送非应答 */
{
  SDA_Output(1); delay1(500);
  SCL_Output(1); delay1(500);
  SCL_Output(0); delay1(500);
}

void I2C_SendByte(uint8_t ucSendByte)   /* 发送字节数据 */
{
  uint8_t  i = 8;

  while (i--) {
    SCL_Output(0); delay1(500);
    SDA_Output(ucSendByte & 0x80); delay1(500);
    ucSendByte <<= 1;
    SCL_Output(1);delay1(500);
  }
  SCL_Output(0); delay1(500);
}
```

```
uint8_t I2C_ReceiveByte(void)              /* 接收字节数据 */
{
  uint8_t i = 8, ucRevByte = 0;

  SDA_Input_Mode();
  while (i--) {
    ucRevByte <<= 1;
    SCL_Output(0); delay1(500);
    SCL_Output(1); delay1(500);
    ucRevByte |= SDA_Input();
  }
  SCL_Output(0); delay1(500);
  SDA_Output_Mode();
  return ucRevByte;
}
```

3）软件接口函数

软件接口函数是应用程序调用的函数，在 i2c.h 中声明如下：

```
#ifndef __I2C_H
#define __I2C_H
#include "main.h"

void MEM_Read(uint8_t* ucBuf, uint8_t ucAddr, uint8_t ucNum);
void MEM_Write(uint8_t* ucBuf, uint8_t ucAddr, uint8_t ucNum);
#endif /* __I2C_H */
```

程序代码在 i2c.c 中，主要内容如下：

```
/* 存储器读 */
void MEM_Read(uint8_t* ucBuf, uint8_t ucAddr, uint8_t ucNum)
{
  I2C_Start();
  I2C_SendByte(0xa0);
  I2C_WaitAck();

  I2C_SendByte(ucAddr);
  I2C_WaitAck();

  I2C_Start();
  I2C_SendByte(0xa1);
  I2C_WaitAck();

  while (ucNum--) {
    *ucBuf++ = I2C_ReceiveByte();
    if(ucNum) {
      I2C_SendAck();
```

```
    } else {
      I2C_SendNotAck();
    }
  }
  I2C_Stop();
}
/* 存储器写 */
void MEM_Write(uint8_t* ucBuf, uint8_t ucAddr, uint8_t ucNum)
{
  I2C_Start();
  I2C_SendByte(0xa0);
  I2C_WaitAck();

  I2C_SendByte(ucAddr);
  I2C_WaitAck();

  while (ucNum--) {
    I2C_SendByte(*ucBuf++);
    I2C_WaitAck();
  }
  I2C_Stop();
  delay1(500);
}
```

4) 设计实现

设计实现在 USART 实现的基础上完成, 步骤如下:

(1) 按 1) 中内容修改 gpio.h 和 gpio.c。

(2) 将 i2c.h 复制粘贴到 "Core/inc" 文件夹中, 将 i2c.c 复制粘贴到 "Core/src" 文件夹并添加到 "Application/User/Core" 中。

(3) 在 main.c 中包含下列头文件:

```
/* USER CODE BEGIN Includes */
#include "lcd.h"
#include "stdio.h"
#include "i2c.h"
/* USER CODE END Includes */
```

(4) 声明下列全局变量:

```
/* USER CODE BEGIN PV */
uint8_t ucSec;                          /* 秒计时 */
uint8_t ucKey, ucDir;                   /* 按键值, LED 流水方向 */
uint8_t ucLed, ucSec1;                  /* LED 值, LED 显示延时 */
uint8_t ucLcd[21];                      /* LCD 值 */
uint16_t usLcd;                         /* LCD 刷新计时 */
uint8_t ucUrx[20], ucUno, ucSec2;       /* UART 接收值, 接收计数, 发送延时 */
uint8_t ucCnt;                          /* 启动次数 */
```

```
/* USER CODE END PV */
```

（5）在 main()中添加下列代码：

```
/* USER CODE BEGIN 2 */
LCD_Init();                              /* LCD 初始化 */
LCD_Clear(Black);                        /* LCD 清屏 */
LCD_SetTextColor(White);                 /* 设置字符色 */
LCD_SetBackColor(Black);                 /* 设置背景色 */

MEM_Read((uint8_t*)&ucCnt, 0, 1);        /* 存储器读 */
++ucCnt;
MEM_Write((uint8_t*)&ucCnt, 0, 1);       /* 存储器写 */
/* USER CODE END 2 */
```

（6）将 LCD_Proc()中的下列代码：

```
sprintf((char*)ucLcd, "        %03u        ", ucSec);
LCD_DisplayStringLine(Line4, ucLcd);
LCD_DisplayChar(Line5, Column9, ucLcd[9]);
LCD_SetTextColor(Red);
LCD_DisplayChar(Line5, Column10, ucLcd[10]);
LCD_SetTextColor(White);
LCD_DisplayChar(Line5, Column11, ucLcd[11]);
LCD_SetTextColor(Red);
LCD_DisplayStringLine(Line6, ucLcd);
LCD_SetTextColor(White);
```

替换为：

```
sprintf((char*)ucLcd, " SEC:%03u   CNT:%03u ", ucSec, ucCnt);
LCD_DisplayStringLine(Line2, ucLcd);
```

编译下载运行程序，LCD 上显示秒值和启动次数，按下竞赛实训平台上的复位按钮，启动次数加 1。

注意：程序正常工作后，可以分别将 HAL 和 LL 文件夹中的 MDK-ARM 文件夹复制粘贴为"114_I2C"文件夹，以方便后续使用。

11.5　ADC 程序设计

STM32G431 ADC 使用的 GPIO 引脚如表 11.7 所示。

表 11.7　STM32G431 ADC 使用的 GPIO 引脚

ADC1 引脚	GPIO 引脚	GPIO 配置	ADC2 引脚	GPIO 引脚	GPIO 配置
INP1	PA0	模拟输入	INP1	PA0	模拟输入
INP2 INN1	PA1	模拟输入	INP2 INN1	PA1	模拟输入
INP3 INN2	PA2	模拟输入	INP3 INN2	PA6	模拟输入
INP4 INN3	PA3	模拟输入	INP4 INN3	PA7	模拟输入

ADC1 引脚	GPIO 引脚	GPIO 配置	ADC2 引脚	GPIO 引脚	GPIO 配置
INP5 INN4	**PB14**-MCP4017	模拟输入	INP5 INN4	PC4	模拟输入
INP6 INN5	PC0	模拟输入	INP6 INN5	PC0	模拟输入
INP7 INN6	PC1	模拟输入	INP7 INN6	PC1	模拟输入
INP8 INN7	PC2	模拟输入	INP8 INN7	PC2	模拟输入
INP9 INN8	PC3	模拟输入	INP9 INN8	PC3	模拟输入
INP10 INN9	PF0	模拟输入	INP10 INN9	PF1	模拟输入
INP11 INN10	**PB12**-R38	模拟输入	INP11 INN10	PC5	模拟输入
INP12 INN11	PB1	模拟输入	INP12 INN11	PB2	模拟输入
V_{OPAMP1}	—	—	INP13 INN12	PA5	模拟输入
INP14	PB11	模拟输入	INP14 INN13	PB11	模拟输入
INP15 INN14	PB0	模拟输入	INP15 INN14	**PB15**-R37	模拟输入
V_{TS}	—	—	V_{OPAMP2}	—	—
$V_{BAT}/3$	—	—	INP17	PA4	模拟输入
V_{REFINT}	—	—	V_{OPAMP3}	—	—

注意：和 STM32F103 相比，STM32G431 ADC 增加了差分输入功能。

STM32G431 ADC 的主要寄存器如表 11.8 所示。

表 11.8 STM32G431 ADC 的主要寄存器

偏移地址	名　　称	类　型	复位值	说　　明
0x00	ISR	读/写 1 清除	0x0000	状态寄存器：b2—EOC，b0—ADRDY（详见表 11.9）
0x08	CR	读/写	0x2000	控制寄存器：b29—DEEPPWD=1，b28—ADVREGEN，b2—ADSTART，b0—ADEN（详见表 11.10）
0x0C	CFGR	读/写	0x0000	配置寄存器：b14—AUTDLY（详见表 11.11）
0x14	SMPR1	读/写	0x0000	采样时间寄存器 1（详见表 11.12）
0x18	SMPR2	读/写	0x0000	采样时间寄存器 2（详见表 11.13）
0x30	SQR1	读/写	0x0000	规则序列寄存器 1（详见表 11.15）
0x40	DR	读	0x0000	规则数据寄存器（12 位无符号数）

STM32G431 ADC 常用按位操作寄存器的内容如表 11.9～表 11.15 所示。

表 11.9 ADC 状态寄存器（SR）

位	名　称	类　型	复位值	说　　明
2	EOC	读/写 1 清除	0	转换结束（读 DR 清除）
0	ADRDY	读/写 1 清除	0	ADC 就绪

表 11.10 ADC 控制寄存器（CR）

位	名　称	类　型	复位值	说　　明
31	ADCAL	读/设置	0	ADC 校准
30	ADCALDIF	读/写	0	差分模式校准，0—单端模式校准

位	名　　称	类　型	复 位 值	说　　明
29	DEEPPWD	读/写	1	深度关断，0—正常工作
28	ADVREGEN	读/写	0	稳压器使能
2	ADSTART	读/设置	0	规则转换启动
0	ADEN	读/设置	0	ADC 使能

表 11.11　ADC 配置寄存器（CFGR）

位	名　　称	类　型	复 位 值	说　　明
14	AUTDLY	读/写	0	延迟转换（用于多个规则通道的 HAL 查询输入）

表 11.12　ADC 采样时间寄存器 1（SMPR1）

位	名　　称	类　型	复 位 值	说　　明
17:15	SMP5[2:0]	读/写	000	通道 5 采样时间（详见表 11.14）

表 11.13　ADC 采样时间寄存器 2（SMPR2）

位	名　　称	类　型	复 位 值	说　　明
17:15	SMP15[2:0]	读/写	000	通道 15 采样时间（详见表 11.14）
5:3	SMP11[2:0]	读/写	000	通道 11 采样时间（详见表 11.14）

表 11.14　ADC 采样时间周期数

SMPx[2:0]	000	001	010	011	100	101	110	111
周期数(1)	2.5	6.5	12.5	24.5	47.5	92.5	247.5	640.5

表 11.15　ADC 规则序列寄存器 1（SQR1）

位	名　　称	类　型	复 位 值	说　　明
16:12	SQ2[4:0]	读/写	00000	规则通道序列中的第 2 个转换通道号（0～18）
10:6	SQ1[4:0]	读/写	00000	规则通道序列中的第 1 个转换通道号（0～18）
3:0	L[3:0]	读/写	0000	规则通道序列长度（0～15—1～16 个转换）

基本的 STM32G431 ADC HAL 和 LL 库函数与 STM32F103 基本相同，声明如下：

```
HAL_StatusTypeDef HAL_ADC_Init(ADC_HandleTypeDef* hadc);
HAL_StatusTypeDef HAL_ADC_ConfigChannel(ADC_HandleTypeDef* hadc,
  ADC_ChannelConfTypeDef* sConfig);
HAL_StatusTypeDef HAL_ADCEx_Calibration_Start(ADC_HandleTypeDef* hadc,
  uint32_t SingleDiff);
HAL_StatusTypeDef HAL_ADC_Start(ADC_HandleTypeDef* hadc);
HAL_StatusTypeDef HAL_ADC_PollForConversion(ADC_HandleTypeDef* hadc,
  uint32_t Timeout);
uint32_t HAL_ADC_GetValue(ADC_HandleTypeDef* hadc);

ErrorStatus LL_ADC_REG_Init(ADC_TypeDef* ADCx,
  LL_ADC_REG_InitTypeDef* ADC_REG_InitStruct);
```

```
void LL_ADC_REG_SetSequencerRanks(ADC_TypeDef* ADCx, uint32_t Rank,
    uint32_t Channel);
void LL_ADC_SetChannelSamplingTime(ADC_TypeDef* ADCx, uint32_t Channel,
    uint32_t SamplingTime);
void LL_ADC_StartCalibration(ADC_TypeDef* ADCx, uint32_t SingleDiff);
uint32_t LL_ADC_IsCalibrationOnGoing(ADC_TypeDef* ADCx);
void LL_ADC_Enable(ADC_TypeDef *ADCx);
void LL_ADC_REG_StartConversion(ADC_TypeDef* ADCx);
uint32_t LL_ADC_IsActiveFlag_EOC(ADC_TypeDef* ADCx);
uint16_t LL_ADC_REG_ReadConversionData12(ADC_TypeDef* ADCx);
```

注意：由于STM32G431 ADC增加了差分输入功能，其中的校准函数增加了"SingleDiff"（单端/差分）参数；还由于STM32G431 ADC增加了多个规则通道转换时每个通道的转换结束（EOC）标志，增加了EOC标志判断函数。

ADC系统包括Cortex-M4 CPU（内嵌SysTick定时器）、按键、LED、LCD显示屏、UART接口（PA9-TX1、PA10-RX1）、I²C接口（PB6-SCL、PB7-SDA）和ADC1。系统硬件方框图如图11.6所示。

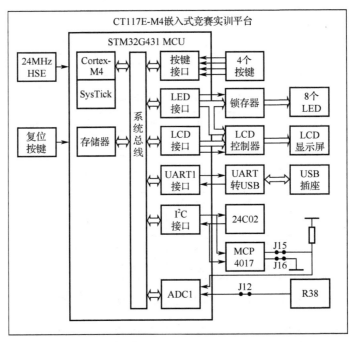

图11.6 系统硬件方框图

I²C接口连接24C02和MCP4017，MCP4017和电阻分压后接ADC1的CH5（PB14），可变电阻R38接ADC1的IN11（PB12）。

下面编程实现用按键B1通过I²C接口改变MCP4017的阻值，从而改变ADC1-IN5的输入电压，用R38改变ADC1-IN11的输入电压，用ADC1采集两路输入电压进行AD转换，转换结果显示在LCD上。软件设计与实现在I²C实现的基础上修改完成，包括接口函数和处理函数的设计与实现。

1）接口函数设计与实现

接口函数设计与实现的步骤如下：

（1）在 i2c.h 中添加下列函数声明：

```
void MCP_Write(uint8_t ucVal);          /* MCP 写 */
```

（2）在 i2c.c 的 MEM_Write() 后添加下列代码：

```
void MCP_Write(uint8_t ucVal)           /* MCP 写 */
{
  I2C_Start();
  I2C_SendByte(0x5e);
  I2C_WaitAck();

  I2C_SendByte(ucVal);
  I2C_WaitAck();
  I2C_Stop();
}
```

（3）在 adc.h 中添加下列代码：

```
/* USER CODE BEGIN Prototypes */
void ADC1_Read(uint16_t* usBuf);        /* ADC1 读取 */
/* USER CODE END Prototypes */
```

（4）在 adc.c 中 MX_ADC1_Init() 中后部添加下列代码：

```
  /* USER CODE BEGIN ADC1_Init 2 */
/* HAL 工程代码 */
  HAL_ADCEx_Calibration_Start(&hadc1, ADC_SINGLE_ENDED);
/* LL 工程代码 */
  LL_ADC_StartCalibration(ADC1, LL_ADC_SINGLE_ENDED);
  while (LL_ADC_IsCalibrationOnGoing(ADC1)) {}
  LL_ADC_Enable(ADC1);
  /* USER CODE END ADC1_Init 2 */
```

（5）在 adc.c 的后部添加下列代码：

```
/* USER CODE BEGIN 1 */
/* HAL 工程代码 */
void ADC1_Read(uint16_t* usBuf)         /* ADC1 读取 */
{
  HAL_ADC_Start(&hadc1);
  if (HAL_ADC_PollForConversion(&hadc1, 10) == HAL_OK) {
    usBuf[0] = HAL_ADC_GetValue(&hadc1);
  }
  if (HAL_ADC_PollForConversion(&hadc1, 10) == HAL_OK) {
    usBuf[1] = HAL_ADC_GetValue(&hadc1);
  }
}
/* LL 工程代码 */
void ADC1_Read(uint16_t* usBuf)         /* ADC1 读取 */
{
```

```
    LL_ADC_REG_StartConversion(ADC1);
    while (LL_ADC_IsActiveFlag_EOC(ADC1) == 0) {}
    usBuf[0] = LL_ADC_REG_ReadConversionData12(ADC1);
    while (LL_ADC_IsActiveFlag_EOC(ADC1) == 0) {}
    usBuf[1] = LL_ADC_REG_ReadConversionData12(ADC1);
}
/* USER CODE END 1 */
```

2）处理函数设计与实现

处理函数设计与实现的步骤如下：

（1）在 main.c 中声明下列全局变量：

```
uint8_t ucMcp=0x0f;                        /* MCP 值 */
uint16_t usAdc[2];                         /* ADC 转换值 */
```

（2）在 main()中 MEM_Write()后边添加下列代码：

```
MCP_Write(ucMcp);                          /* MCP 写 */
/* USER CODE END 2 */
```

（3）在 KEY_Proc()的 case 1 中添加下列代码：

```
ucDir ^= 1;                                /* 改变流水方向 */
ucMcp += 0x10;
if (ucMcp == 0x8f) {
  ucMcp = 0x0f;
}
MCP_Write(ucMcp);
break;
```

（4）在 LCD_Proc()中添加下列代码：

```
ADC1_Read(usAdc);                          /* ADC1 读取 */
sprintf((char*)ucLcd, " R38:%04u  B1: 0x%02X", usAdc[0], ucMcp);
LCD_DisplayStringLine(Line4, ucLcd);
sprintf((char*)ucLcd, " R38:%3.1fV  MCP:%03u", usAdc[0]*3.3/4095, usAdc[1]);
LCD_DisplayStringLine(Line5, ucLcd);
```

编译下载运行程序，旋转电位器 R38，LCD 上的转换值从 0000 变化到 4095，电压值从 0.0V 变化到 3.3V。按下 B1，B1 后显示值从 0x0F 变化到 0x7F，MCP 后显示值跟随增加。

注意：程序正常工作后，可以分别将 HAL 和 LL 文件夹中的 MDK-ARM 文件夹复制粘贴为 "115_ADC" 文件夹，以方便后续使用。

11.6 TIM 程序设计

STM32G431 TIM 使用的 GPIO 引脚如表 11.16 所示。

表 11.16　STM32G431 TIM 使用的 GPIO 引脚

定时器引脚	GPIO 引脚				配　　置
	TIM1	**TIM2**	**TIM3**	**TIM4**	
CH1	PA8/PC0	PA0/PA5/PA15/PD3	**PA6**/PB4/PC6	PA11/PB6/PD12	浮空输入（输入捕获）复用推挽输出（输出比较）
CH2	PA9/PC1	**PA1**/PB3/PD4	PA4/PA7/PB5/PC7	PA12/PB7/PD13	
CH3	PA10/PC2	PA2/PA9/PB10/PD7	PB0/PC8	PA13/PB8/PD14	
CH4	PA11/PC3	PA3/PA10/PB11/PD6	PB1/PB7/PC9	PB9/PD15	
ETR	PA12/PC4	PA0/PA5/PA15/PD3	PB3/PD2	PA8/PB3	浮空输入
BKIN	PA6/PA14/PA15/PB8/PB10/PB12/PC13				浮空输入
BKIN2	PA11/PC3				
CH1N	**PA7**/PA11/PB13/PC13				复用推挽输出
CH2N	PA12/PB0/PB14				
CH3N	PB1/PB9/PB15				
CH4N	PC5				

STM32G431 TIM 的主要寄存器如表 11.17 所示。

表 11.17　STM32G431 TIM 的主要寄存器

偏移地址	名　　称	类　　型	复位值	说　　明
0x00	CR1	读/写	0x0000	控制寄存器 1，b0-CEN
0x08	SMCR	读/写	0x0000	从模式控制寄存器
0x10	SR	读/写 0 清除	0x0000	状态寄存器
0x18	CCMR1	读/写	0x0000	捕获/比较模式寄存器 1
0x20	CCER	读/写	0x0000	捕获/比较使能寄存器
0x24	CNT	读/写	0x0000	计数器（16 位计数值）
0x28	PSC	读/写	0x0000	预分频器（16 位预分频值）
0x2C	ARR	读/写	0xFFFF	自动重装载寄存器（16 位自动重装载值）
0x34	CCR1	读/写	0x0000	捕获/比较寄存器 1（16 位捕获/比较 1 值）
0x38	CCR2	读/写	0x0000	捕获/比较寄存器 2（16 位捕获/比较 2 值）
0x44	BDTR	读/写	0x0000	刹车和死区寄存器（高级控制定时器）

STM32G431 TIM 寄存器与 STM32F103 相同，其中按位操作寄存器的主要内容参见表 8.3～表 8.10。

基本的 STM32G431 ADC HAL 和 LL 库函数与 STM32F103 相同，声明如下：

```
HAL_StatusTypeDef HAL_TIM_Base_Init(TIM_HandleTypeDef* htim);
HAL_StatusTypeDef HAL_TIM_PWM_Init(TIM_HandleTypeDef* htim);
HAL_StatusTypeDef HAL_TIM_IC_Init(TIM_HandleTypeDef* htim);
HAL_StatusTypeDef HAL_TIM_SlaveConfigSynchro(TIM_HandleTypeDef* htim,
    TIM_SlaveConfigTypeDef* sSlaveConfig);
HAL_StatusTypeDef HAL_TIM_PWM_ConfigChannel(TIM_HandleTypeDef* htim,
    TIM_OC_InitTypeDef* sConfig, uint32_t Channel);
```

```
HAL_StatusTypeDef HAL_TIM_IC_ConfigChannel(TIM_HandleTypeDef* htim,
    TIM_IC_InitTypeDef* sConfig, uint32_t Channel);
HAL_StatusTypeDef HAL_TIM_PWM_Start(TIM_HandleTypeDef* htim,
    uint32_t Channel);
HAL_StatusTypeDef HAL_TIM_IC_Start(TIM_HandleTypeDef* htim,
    uint32_t Channel);
uint32_t HAL_TIM_ReadCapturedValue(TIM_HandleTypeDef* htim,
    uint32_t Channel);

ErrorStatus LL_TIM_Init(TIM_TypeDef* TIMx,
    LL_TIM_InitTypeDef* TIM_InitStruct);
ErrorStatus LL_TIM_OC_Init(TIM_TypeDef* TIMx, uint32_t Channel,
    LL_TIM_OC_InitTypeDef* TIM_OC_InitStruct);
void LL_TIM_SetSlaveMode(TIM_TypeDef* TIMx, uint32_t SlaveMode);
void LL_TIM_SetTriggerInput(TIM_TypeDef* TIMx, uint32_t TriggerInput);
void LL_TIM_IC_SetActiveInput(TIM_TypeDef* TIMx, uint32_t Channel,
    uint32_t ICActiveInput);
void LL_TIM_IC_SetPolarity(TIM_TypeDef *TIMx, uint32_t Channel,
    uint32_t ICPolarity);
void LL_TIM_EnableCounter(TIM_TypeDef* TIMx);
void LL_TIM_CC_EnableChannel(TIM_TypeDef* TIMx, uint32_t Channels);
void LL_TIM_OC_SetCompareCH1(TIM_TypeDef* TIMx, uint32_t CompareValue);
uint32_t LL_TIM_IC_GetCaptureCH1(TIM_TypeDef* TIMx);
```

  TIM 软件设计与实现在 ADC 实现的基础上修改完成，包括接口函数和处理函数的设计与实现。接口函数和处理函数的设计与实现和 STM32F103 相同，请参考 8.4 节自行移植。

第 12 章　STM32L071 程序设计

STM32L0 系列 MCU 是 ST 于 2013 年推出的一款超低功耗 MCU。ARM Cortex-M0+内核与 STM32 单片机超低功耗特性的独有结合，使 STM32L0 系列 MCU 非常适合电池供电或供电来自能量收集的应用。

下面以 CT127C 物联网竞赛实训平台为例介绍 STM32L071 的配置和程序设计。

12.1　系统配置

为了实现 STM32L071 的程序设计，需要进行下列配置：

（1）在 STM32CubeMX 中安装下列嵌入式软件包并进行系统配置：

● stm32cube_fw_l0_v1120.zip：STM32L0 固件包（可以在 STM32CubeMX 中下载）

（2）在 Keil 中安装下列器件支持包和串口驱动：

● Keil.STM32L0xx_DFP.1.2.1.pack：器件支持包

● CMSIS-DAP.INF：串口驱动

12.1.1　STM32CubeMX 配置

CT127C 的 STM32CubeMX 配置包括下列步骤（参见 2.2 节）：

● 安装嵌入式软件包

● 从 MCU 新建工程

● 引脚配置

● 时钟配置

● 工程管理

● 生成 HAL/LL 工程

1）安装嵌入式软件包

安装嵌入式软件包的步骤如下：

（1）在 STM32CubeMX 中单击 "Help" 菜单下的 "Manage Embedded Software Packages" 菜单项，或单击主界面右侧 "Manage software installations" 下的 "INSTALL / REMOVE"，打开嵌入式软件包管理对话框。

（2）单击 "STM32L0" 左侧的黑三角 ▶，选择要安装的软件包，单击 "Install Now" 在线安装软件包。

也可以单击 "From Local ..." 打开选择 STM32Cube 包文件对话框，选择要安装的软件包 "stm32cube_fw_l0_v1120.zip"，从本地安装软件包。

2）从 MCU 新建工程

从 MCU 新建工程的步骤如下：

（1）单击 "File" 菜单下的 "New Project ..." 菜单项，或单击 "New Project" 下的 "ACCESS TO MCU SELECTOR"，打开从 MCU 新建工程对话框。

（2）在"Part Number"中输入"STM32L071KB"，在 MCU 列表中选择"STM32L071KBUx"，单击右上角的"Start Project"关闭对话框，显示引脚配置标签。

3）引脚配置

根据 CT127C 设备连接关系（参见表 E.1）进行下列引脚配置：

（1）将下列引脚配置成"GPIO_Intput"：

- PC14   用户按键引脚
- PA10   LoRa 模块 DIO0 引脚

（2）将下列引脚配置成"GPIO_Output"：

- PC15   用户 LED 引脚
- PB5   电源控制引脚
- PA0 和 PA1   继电器控制引脚
- PA4 和 PA9   LoRa 模块片选和复位引脚

（3）单击左侧"Categories"下"Connectivity"右侧的大于号$^>$，选择"I2C3"，在 I2C3 模式中做如下选择（详见 3.2 I^{2}C 配置）：

- I^{2}C   I^{2}C

I2C3 的 GPIO 设置为：PA8—I2C3_SCL，PB4—I2C3_SDA，参数设置为：速度模式—标准模式，速度频率—100 (kHz)。

（4）在"Connectivity"下选择"SPI1"，在 SPI1 模式中做如下选择：

- Mode   Full-Duplex Master（全双工主设备）

SPI1 的 GPIO 设置为：PA5—SPI1_SCK，PA6—SPI1_MISO 和 PA7—SPI1_MOSI。

在"Parameter Settings"标签中做如下设置（详见 4.2 SPI 配置）：

- 将预分频值修改为 4，波特率变为 8.0MBits/s（LoRa 模块 SPI 接口的最大数据速率为 10MHz）

（5）在"Connectivity"下选择"USART2"，在 USART2 模式中做如下选择：

- Mode   Asynchronous（异步）

USART2 的 GPIO 设置为：PA2—USART2_TX，PA3—USART2_RX，参数设置为：波特率 115200 Bits/s，8 位字长，无校验，1 个停止位。

在"Parameter Settings"标签中做如下设置（详见 5.2 USART 配置）：

- Baud Rate   9600 Bits/s
- Overrun   Disable（禁止过载检测）

（6）在"System Core"下选择"SYS"，在 SYS 模式中做如下选择：

- Debug Serial Wire   串行线调试

GPIO 设置为：PA13—SYS_SWDIO，PA14—SYS_SWCLK，外接 CMSIS-DAP 调试器。Timebase Source 默认选择"SysTick"，用于 HAL 库超时定时。

完成后的引脚配置如图 12.1 所示。

4）时钟配置

时钟配置的步骤如下：

（1）单击"Clock Configuration"标签，在"HCLK"中输入"32"，显示时钟向导。

（2）单击"OK"自动进行时钟配置。

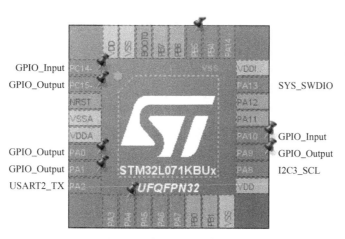

图 12.1　完成后的引脚配置

5）工程管理

工程管理的步骤如下：

（1）单击"Project Manager"标签，在"Project Name"下输入工程名"HAL"，在"Project Location"下输入"D:\CT127C"，Toolchain / IDE 选择"MDK-ARM"，Min Version 选择"V5"，确认固件包名称和版本为"STM32Cube FW_L0 V1.12.0"。

（2）在"Generated Files"中选中"Generate peripheral initialization as a pair of '.c/.h'files per peripheral"（每个设备分别生成一对初始化'.c/.h'文件），确认选择"Keep User Code when re-generating"（重生成时保留用户代码）。

（3）单击"Advanced Settings"，驱动程序默认使用"HAL"。

6）生成 HAL/LL 工程

生成 HAL/LL 工程的步骤如下：

（1）单击右上角的"GENERATE CODE"生成 HAL 工程和初始化代码，生成完成后显示代码生成对话框。

（2）单击"Open Folder"打开工程文件夹 HAL，其中包含下列文件和文件夹：

● HAL.ioc：STM32CubeMX 工程文件

● MDK-ARM：Keil 工程文件夹，包含 Keil 工程文件和启动代码汇编语言文件

● Drivers：驱动软件库，包括 CMSIS 和 STM32G4xx_HAL_Driver 两个文件夹

● Core：内核文件夹，包括 Inc 和 Src 两个文件夹，Inc 包括用户头文件，Src 包括用户源文件和 1 个系统初始化源文件 system_stm32g4xx.c

注意：为了多个工程共用驱动软件库和用户文件，可以将"Src"文件夹中的"main.c"和"stm32l0xx_it.c"两个文件剪切粘贴到"MDK-ARM"文件夹，并在 Keil 中删除两个文件前的路径"../Core/Src/"。

（3）在"Advanced Settings"中将驱动程序全部修改为"LL"。

（4）单击"File"下的"Save Project As .."菜单项，将工程另存到"D:\CT127C\LL"文件夹中。

警告：如果文件夹已存在，选择"Yes"将删除文件夹中的所有文件和文件夹，选择"No"取消另存。

（5）单击右上角的"GENERATE CODE"生成 LL 工程和初始化代码，生成完成后打开工程文件夹 LL，其中包含下列文件和文件夹：

● LL.ioc：STM32CubeMX 工程文件

- MDK-ARM：Keil 工程文件夹，包含 Keil 工程文件和启动代码汇编语言文件
- Drivers：驱动软件库，包括 CMSIS 和 STM32G4xx_HAL_Driver 两个文件夹
- Core：内核文件夹，包括 Inc 和 Src 两个文件夹，Inc 包括用户头文件，Src 包括用户源文件和 1 个系统初始化源文件 system_stm32g4xx.c

注意：为了多个工程共用驱动软件库和用户文件，可以将"Src"文件夹中的"main.c"和"stm32l0xx_it.c"两个文件剪切粘贴到"MDK-ARM"文件夹中，并在 Keil 中删除两个文件前的路径"../Core/Src/"。

12.1.2 Keil 配置

Keil 的配置包括安装器件支持包和串口驱动以及配置下载调试器。

1）安装器件支持包

安装器件支持包的步骤如下：

（1）在 Keil 中单击生成工具栏中的器件包安装器按钮，打开器件包安装器窗口。

（2）在器件标签的搜索框中输入"STM32L071KB"，从搜索结果中选择"STM32L071KBUx"，从 Keil 官网上下载并安装器件支持包。

或在器件包安装器窗口单击"File"菜单下的"Import ..."菜单项，打开导入器件包对话框，选择"Keil.STM32L0xx_DFP.1.2.1.pack"导入 STM32L0 系列器件包。

（3）打开 STM32ubeMX 生成的 HAL 或 LL 工程，右击"Project"下的"main.c"，从弹出菜单中选择"Options for File 'main.c'..."，将"Path"由"../Core/Src/main.c"修改为"main.c"。

（4）用同样的方法删除 HAL 或 LL 工程中"stm32l0xx_it.c"前的路径"../Core/Src/"。

2）安装串口驱动

将竞赛实训平台通过 USB 插座 CN2 与 PC 相连，PC 自动安装 CMSIS-DAP 下载调试器驱动和串口驱动，设备管理器中出现 USB 设备"USB Composite Device"和 COM 端口"CMSIS-DAP CDC (COM25)"（不同的 PC 设备号 COM25 可能不同）。

注意：如果设备管理器中没有出现 COM 端口"CMSIS-DAP CDC (COM25)"，按下列步骤安装串口驱动 CMSIS-DAP.INF：

（1）在"设备管理器"中右击"其他设备"中的"CMSIS-DAP CDC"，在弹出菜单中选择"更新驱动程序软件(P)..."打开更新驱动程序软件对话框。

（2）在"更新驱动程序软件"对话框中单击"浏览计算机以查找驱动程序软件(R)"，再单击"从计算机的设备驱动程序列表中选择(L)"，单击"从磁盘安装(H)..."打开从磁盘安装对话框。

（3）在"从磁盘安装"对话框中单击"浏览(B)..."按钮打开查找文件对话框。

（4）在"查找文件"对话框中找到串口驱动文件"CMSIS-DAP.INF"，单击"打开(D)"按钮关闭查找文件对话框。

（5）在"从磁盘安装"对话框中单击"确定"按钮关闭从磁盘安装对话框。

（6）在"更新驱动程序软件"对话框中单击"下一步(N)"按钮，在"更新驱动程序警告"对话框中单击"是(Y)"按钮更新驱动程序软件。

3）配置 CMSIS-DAP 下载调试器

配置 CMSIS-DAP 下载调试器的步骤如下：

（1）单击生成工具栏中的"Options for Target..."按钮，打开目标选项对话框，选择"C/C++"

标签，选择优化为"Level 0 (-O0)"（不优化，方便调试）。

（2）选择"Debug"标签，选择"Use"为"CMSIS-DAP Debugger"。

（3）单击右侧的"Settings"按钮，打开设置对话框，确认"Debug"（调试）标签中"SW Device"下"IDCODE"（识别码）为0x2BA01477，"Device Name"（器件名称）为ARM CoreSight SW-DP。

（4）单击"Flash Download"标签，选中"Reset and Run"选项，确认"Programming Algorithm"（编程算法）中存在"STM32G4xx 128 Flash"（如果不存在，单击"Add"按钮添加）。

4）修改 HAL/LL 工程

为了将 main.c 与 HAL/LL 隔离，可以对 HAL/LL 工程做如下修改：

（1）在 Keil 中单击"New"按钮 ⬜ 新建文件"Text1"，单击"Save"按钮 ⬜ 另存到"HAL\Core\Src"或"LL\Core\Src"文件夹中，文件名为"sys.c"。

（2）右击"Project"中的"Application/User/Core"，在弹出菜单中选择"Add Existing File to Group 'Application/User/Core'..."，选择"Core\Src"文件夹中的"sys.c"文件，单击"Add"按钮将"sys.c"添加到工程中。

（3）在 sys.c 添加下列代码：

```
#include "main.h"
```

（4）将 main.c 中的 SystemClock_Config()函数代码剪切粘贴到 sys.c 文件中。

（5）将 main()中的下列代码：

```
/* HAL 工程 */
  HAL_Init();
/* LL 工程 */
  LL_APB2_GRP1_EnableClock(LL_APB2_GRP1_PERIPH_SYSCFG);
  LL_APB1_GRP1_EnableClock(LL_APB1_GRP1_PERIPH_PWR);
  NVIC_SetPriorityGrouping(NVIC_PRIORITYGROUP_4);
  LL_PWR_DisableUCPDDeadBattery();
```

剪切粘贴到 sys.c 文件 SystemClock_Config()函数中前部。

（6）在 SystemClock_Config()函数中后部添加下列代码（仅对 LL 工程）：

```
LL_SYSTICK_EnableIT();              /* 允许 SysTick 中断 */
```

12.2 GPIO 程序设计

STM32L071 GPIO 结构与 STM32F103 基本相同，寄存器则与 STM32G431 相同，如表 12.1 所示。

表 12.1 STM32L071 GPIO 寄存器

偏移地址	名　　称	类　型	复　位　值	说　　明
0x00	**MODER**	**读/写**	**0xFFFF FFFF**	**模式寄存器：00—输入，01—通用输出，10—复用，11—模拟（复位状态）**
0x04	OTYPER	读/写	0x0000 0000	输出类型寄存器：0—推挽（复位状态），1—开漏
0x08	OSPEEDR	读/写	0x0000 0000	输出速度寄存器：00—低速（复位状态），01—中速，10—高速，11—超高速
0x0C	PUPDR	读/写	0x0000 0000	上拉/下拉寄存器：00—无上拉/下拉（复位状态），01—上拉，10—下拉

偏移地址	名　称	类　型	复　位　值	说　明
0x10	IDR	读	0x0000 XXXX	输入数据寄存器（16 位）
0x14	ODR	读/写	0x0000 0000	输出数据寄存器（16 位）
0x18	BSRR	写	0x0000 0000	置位/复位寄存器：低 16 位置位，高 16 位复位。0—不影响，1—ODR 对应位置位/复位
0x1C	LCKR	读/写	0x0000 0000	配置锁定寄存器
0x20	AFRL	读/写	0x0000 0000	复用功能选择寄存器低位：0000～1111：AF0～AF15
0x24	AFRH	读/写	0x0000 0000	复用功能选择寄存器高位：0000～1111：AF0～AF15

基本的 STM32L071 GPIO HAL 和 LL 库函数与 STM32F103 和 STM32G431 相同，声明如下：

```
void HAL_GPIO_Init(GPIO_TypeDef* GPIOx, GPIO_InitTypeDef* GPIO_Init);
GPIO_PinState HAL_GPIO_ReadPin(GPIO_TypeDef* GPIOx, uint16_t GPIO_Pin);
void HAL_GPIO_WritePin(GPIO_TypeDef* GPIOx, uint_16 GPIO_Pin,
  GPIO_PinState PinState);

ErrorStatus LL_GPIO_Init(GPIO_TypeDef* GPIOx,
  LL_GPIO_InitTypeDef* GPIO_InitStruct);
uint32_t LL_GPIO_ReadInputPort(GPIO_TypeDef* GPIOx);
uint32_t LL_GPIO_IsInputPinSet(GPIO_TypeDef* GPIOx, uint32_t PinMask);
void LL_GPIO_WriteOutputPort(GPIO_TypeDef* GPIOx, uint32_t PortValue);
void LL_GPIO_SetOutputPin(GPIO_TypeDef* GPIOx, uint32_t PinMask);
void LL_GPIO_ResetOutputPin(GPIO_TypeDef* GPIOx, uint32_t PinMask);
```

下面以 CT127C 物联网竞赛实训平台为例，介绍 SysTick 和 GPIO 的应用设计。系统硬件方框图和电路图如图 12.2 所示。

系统包括 Cortex-M0+ CPU（内嵌 SysTick 定时器）、存储器、1 个用户按键（USER-PC14）和 1 个用户 LED（LD5-PC15），实现用按键控制 LED 闪烁，闪烁定时由 SysTick 实现。

系统的软件设计可以采用 HAL 和 LL 两种方法实现。软件设计与实现在上节 HAL 或 LL 工程的基础上进行，包括 SysTick、按键和 LED 程序设计与实现 3 部分。

1）SysTick 程序设计与实现

实现 1s 定时的步骤是：
（1）在 main.c 中定义如下全局变量：

```
/* USER CODE BEGIN PV */
uint16_t usDly;                        /* 延时 */
/* USER CODE END PV */
```

（2）在 stm32l0xx_it.c 中定义如下变量：

```
/* USER CODE BEGIN PV */
extern uint16_t usDly;                 /* 延时 */
/* USER CODE END PV */
```

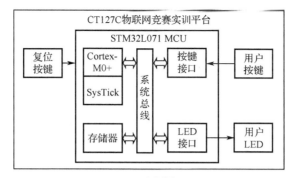

（a）方框图

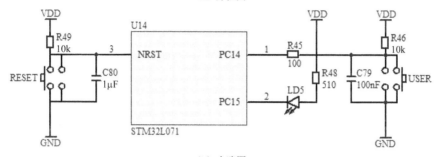

（b）电路图

图 12.2　系统硬件方框图和电路图

（3）在 stm32l0xx_it.c 的 SysTick_Handler() 中添加下列代码：

```
/* USER CODE BEGIN SysTick_IRQn 1 */
++usDly;
/* USER CODE END SysTick_IRQn 1 */
```

2）按键程序设计与实现

（1）在 gpio.h 中添加下列函数声明：

```
/* USER CODE BEGIN Prototypes */
uint8_t KEY_Read(void);                 /* 按键读取 */
/* USER CODE END Prototypes */
```

（2）在 gpio.c 中添加下列代码：

```
/* USER CODE BEGIN 2 */
/* HAL 工程 */
uint8_t KEY_Read(void)                  /* 按键读取 */
{
  uint8_t ucVal = 0;
                                        /* 按键按下(PC14=0) */
  if (HAL_GPIO_ReadPin(GPIOC, GPIO_PIN_14) == 0) {
    HAL_Delay(10);                      /* 延时 10ms 消抖 */
    if (HAL_GPIO_ReadPin(GPIOC, GPIO_PIN_14) == 0) {
      ucVal = '0';                      /* 赋值键值'0' */
    }
  }
  return ucVal;                         /* 返回键值 */
```

```
  }
  /* LL 工程 */
  uint8_t KEY_Read(void)                    /* 按键读取 */
  {
    uint8_t ucVal = 0;

                                            /* S1 按下(PC14=0) */
    if (LL_GPIO_IsInputPinSet(GPIOC, LL_GPIO_PIN_14) == 0) {
      LL_mDelay(10);                        /* 延时 10ms 消抖 */
      if (LL_GPIO_IsInputPinSet(GPIOC, LL_GPIO_PIN_14) == 0) {
        ucVal = '0';                        /* 赋值键值'0' */
      }
    }
    return ucVal;                           /* 返回键值 */
  }
  /* USER CODE END 2 */
```

（3）在 main.c 中定义如下全局变量：

```
  /* USER CODE BEGIN PV */
  uint16_t usDly;                           /* 延时 */
  uint8_t ucState;                          /* 状态 */
  uint8_t ucKey;                            /* 按键值 */
  /* USER CODE END PV */
```

（4）在 main.c 中添加下列函数声明：

```
  /* USER CODE BEGIN PFP */
  void KEY_Proc(void);                      /* 按键处理 */
  /* USER CODE END PFP */
```

（5）在 main.c 的 while(1)中添加下列代码：

```
    /* USER CODE BEGIN WHILE */
    while (1)
    {
      KEY_Proc();                           /* 按键处理 */
    /* USER CODE END WHILE */
```

（6）在 main()后添加下列代码

```
  /* USER CODE BEGIN 4 */
  void KEY_Proc(void)                       /* 按键处理 */
  {
    uint8_t ucVal = 0;

    ucVal = KEY_Read();                     /* 按键读取 */
    if (ucVal != ucKey) {                   /* 键值变化 */
      ucKey = ucVal;                        /* 保存键值 */
    } else {
      ucVal = 0;                            /* 清除键值 */
```

```
  }
  if (ucVal == '0') {                    /* 按键按下 */
    ucState ^= 1;                        /* 切换状态 */
  }
}
/* USER CODE END 4 */
```

3）LED 程序设计与实现

LED 程序包括 LED 显示和 LED 处理两部分，设计与实现步骤如下：

（1）在 gpio.h 中添加下列函数声明：

```
/* USER CODE BEGIN Prototypes */
uint8_t KEY_Read(void);                 /* 按键读取 */
void LED_Disp(uint8_t ucLed);           /* LED 显示 */
/* USER CODE END Prototypes */
```

（2）在 gpio.c 的 KEY_Read()后边添加下列代码：

```
/* USER CODE BEGIN 2 */
/* HAL 工程 */
void LED_Disp(uint8_t ucLed)            /* LED 显示 */
{
  if ((ucLed&1) == 1) {                 /* 点亮 LD5 */
    HAL_GPIO_WritePin(GPIOC, GPIO_PIN_15, GPIO_PIN_RESET);
  } else {                              /* 熄灭 LD5 */
    HAL_GPIO_WritePin(GPIOC, GPIO_PIN_15, GPIO_PIN_SET);
  }
  if ((ucLed&2) == 0) {                 /* 点亮 K1-LED */
    HAL_GPIO_WritePin(GPIOA, GPIO_PIN_11, GPIO_PIN_RESET);
  } else {                              /* 熄灭 K1-LED */
    HAL_GPIO_WritePin(GPIOA, GPIO_PIN_11, GPIO_PIN_SET);
  }
  if ((ucLed&4) == 0) {                 /* 点亮 K2-LED */
    HAL_GPIO_WritePin(GPIOA, GPIO_PIN_12, GPIO_PIN_RESET);
  } else {                              /* 熄灭 K2-LED */
    HAL_GPIO_WritePin(GPIOA, GPIO_PIN_12, GPIO_PIN_SET);
  }
}
/* LL 工程 */
void LED_Disp(uint8_t ucLed)            /* LED 显示 */
{
  if ((ucLed&1) == 1) {                 /* 点亮 LD5 */
    LL_GPIO_ResetOutputPin(GPIOC, LL_GPIO_PIN_15);
  } else {                              /* 熄灭 LD5 */
    LL_GPIO_SetOutputPin(GPIOC, LL_GPIO_PIN_15);
  }
  if ((ucLed&2) == 0) {                 /* 点亮 K1-LED */
```

```
      LL_GPIO_ResetOutputPin(GPIOA, LL_GPIO_PIN_11);
    } else {                              /* 熄灭 K1-LED */
      LL_GPIO_SetOutputPin(GPIOA, LL_GPIO_PIN_11);
    }
    if ((ucLed&4) == 0) {                 /* 点亮 K2-LED */
      LL_GPIO_ResetOutputPin(GPIOA, LL_GPIO_PIN_12);
    } else {                              /* 熄灭 K2-LED */
      LL_GPIO_SetOutputPin(GPIOA, LL_GPIO_PIN_12);
    }
  }
  /* USER CODE END 2 */
```

（3）在 main.c 中定义如下全局变量：

```
/* USER CODE BEGIN PV */
uint16_t usDly;                          /* 延时 */
uint8_t ucState;                         /* 状态 */
uint8_t ucKey;                           /* 按键值 */
uint8_t ucLed;                           /* LED 值 */
/* USER CODE END PV */
```

（4）在 main.c 中添加下列函数声明：

```
/* USER CODE BEGIN PFP */
void KEY_Proc(void);                     /* 按键处理 */
void LED_Proc(void);                     /* LED 处理 */
/* USER CODE END PFP */
```

（5）在 main.c 的 while (1)中添加下列代码：

```
  /* USER CODE BEGIN WHILE */
  while (1)
  {
    KEY_Proc();                          /* 按键处理 */
    LED_Proc();                          /* LED 处理 */
  /* USER CODE END WHILE */
```

（6）在 main.c 的 KEY_Proc()后添加下列代码：

```
void LED_Proc(void)                      /* LED 处理 */
{
  if (usDly < 500) {
    return;
  }
  usDly = 0;                             /* 延时到 */
  if (ucState == 0) {
    ucLed ^= 1;                          /* 切换 LD5 */
  } else {
    ucLed |= 1;                          /* 点亮 LD5 */
  }
```

```
        LED_Disp(ucLed);                        /* LED 显示 */
    }
```

编译下载运行程序，LED 每秒闪烁一次，按一下 USER 键，LED 停止闪烁，再按一下 USER 键，LED 重新闪烁。

注意：程序正常工作后，可以分别将 HAL 和 LL 文件夹中的 MDK-ARM 文件夹复制粘贴为"122_GPIO"文件夹，以方便后续使用。

12.3　I²C 程序设计

STM32L071 I²C 使用的 GPIO 引脚如表 12.2 所示。

表 12.2　STM32L071 I²C 使用的 GPIO 引脚

I²C 引脚	GPIO 引脚		
	I2C1	I2C3	配　置
SDA	PA10/PB7	**PB4**	复用开漏输出
SCL	PA9/PB6	**PA8**	复用开漏输出

STM32L071 I²C 寄存器与 STM32F103 不同，主要寄存器如表 12.3 所示。

表 12.3　STM32L071 I²C 主要寄存器

偏移地址	名　　称	类　型	复位值	说　　明
0x00	CR1	读/写	0x0000	控制寄存器 1（详见表 12.4）
0x04	CR2	读/写	0x0000	控制寄存器 2（详见表 12.5）
0x10	TIMINGR	读/写	0x0000	定时寄存器
0x18	ISR	读	0x0001	中断状态寄存器（详见表 12.6）
0x24	RXDR	读/写	0x0000	接收数据寄存器（8 位）
0x28	TXDR	读/写	0x00	发送数据寄存器（8 位）

I²C 寄存器中按位操作寄存器的主要内容如表 12.4～表 12.6 所示。

表 12.4　I²C 控制寄存器 1（CR1）

位	名　　称	类　型	复位值	说　　明
0	PE	读/写	0	I²C 使能

表 12.5　I²C 控制寄存器 2（CR2）

位	名　　称	类　型	复位值	说　　明
25	AUTOEND	读/写	0	自动停止模式
23:16	NBYTES[7:0]	读/写	0	字节数
13	START	读/写	0	开始
10	RD_WRN	读/写	0	传输方向：0—写，1—读
9:0	SADD[9:0]	读/写	000000	从设备地址

·187·

表 12.6　I²C 中断状态寄存器（ISR）

位	名　　称	类　型	复 位 值	说　　明
25	BUSY	读	0	忙
5	STOPF	读	0	停止检测标志
2	RXNE	读	0	接收数据寄存器不空
1	TXIS	读	0	发送状态（写 TXDR 清除）
0	TXE	读	1	发送数据寄存器空

基本的 STM32L071 I²C HAL 和 LL 库函数在 stm32l0xx_hal_i2c.h 中声明如下：

```
HAL_StatusTypeDef HAL_I2C_Init(I2C_HandleTypeDef *hi2c);
HAL_StatusTypeDef HAL_I2C_Master_Transmit(I2C_HandleTypeDef *hi2c,
  uint16_t DevAddress, uint8_t *pData, uint16_t Size, uint32_t Timeout);
HAL_StatusTypeDef HAL_I2C_Master_Receive(I2C_HandleTypeDef *hi2c,
  uint16_t DevAddress, uint8_t *pData, uint16_t Size, uint32_t Timeout);

ErrorStatus LL_I2C_Init(I2C_TypeDef *I2Cx,
  LL_I2C_InitTypeDef *I2C_InitStruct);
void LL_I2C_HandleTransfer(I2C_TypeDef *I2Cx, uint32_t SlaveAddr,
  uint32_t SlaveAddrSize, uint32_t TransferSize, uint32_t EndMode,
  uint32_t Request);
uint32_t LL_I2C_IsActiveFlag_TXIS(I2C_TypeDef *I2Cx);
uint32_t LL_I2C_IsActiveFlag_RXNE(I2C_TypeDef *I2Cx);
void LL_I2C_TransmitData8(I2C_TypeDef *I2Cx, uint8_t Data);
uint8_t LL_I2C_ReceiveData8(I2C_TypeDef *I2Cx);
```

下面以物联网竞赛实训平台板载 OLED 为例介绍 I²C 的设计，系统方框图如图 12.3 所示。

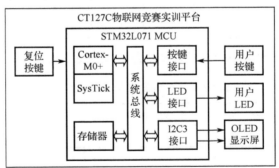

图 12.3　系统方框图

系统包括 Cortex-M0+ CPU（内嵌 SysTick 定时器）、存储器、1 个用户按键（USER-PC14）、1 个用户 LED（LD5-PC15）和 1 个 OLED 显示屏（I2C3_SCL-PA8，I2C3_SDA-PB4），实现用 OLED 显示秒值，秒定时由 SysTick 实现。

物联网竞赛实训平台使用的是 128×32 OLED 显示屏，I²C 接口，写时序如图 12.4 所示。

其中"控制字节"的"连续数据"位为 0 时连续写数据，"命令数据"位为 0 时下一个字节为命令，为 1 时下一个字节为数据。

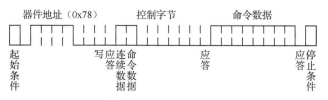

图 12.4　OLED 写时序

OLED 的控制器是 SSD1306，主要命令如表 12.7 所示。

表 12.7　SSD1306 主要命令

命　　令	参　　数								说　　　明
	D7	D6	D5	D4	D3	D2	D1	D0	
00～0F									低列地址：00（复位值）～0F
10～1F									高列地址：10（复位值）～1F
B0～B7									页开始地址：PAGE0（复位值）～PAGE7
A0/A1									段重映射：b0=0—0->SEG0（复位值），b0=1—127->SEG0
A8			D5	D4	D3	D2	D1	D0	复用比：0F～3F—16MUX～64MUX（复位值）
C0/C8									COM 扫描方向：b3=0—正常模式（复位值），b3=1—反转模式
DA				D4					COM 引脚配置：D4=0—顺序，D4=1—交替（复位值）
8D				1		D2			充电泵：D2=0—禁止（复位值），D2=1—允许
AE/AF									显示开关：b0=0—关（复位值），b0=1—开

OLED 软件设计在竞赛资源包 OLED 驱动程序的基础上修改实现。OLED 库函数分为低层库函数（硬件接口函数）和高层库函数（软件接口函数）两类。

1）低层库函数

低层库函数实现 OLED 的底层写操作，具体实现步骤是：

（1）在 i2c.h 中添加下列函数声明：

```
/* USER CODE BEGIN Prototypes */
void OLED_Write(uint8_t ucType, uint8_t ucData);  /* OLED 写 */
/* USER CODE END Prototypes */
```

（2）在 i2c.c 中 MX_I2C3_Init() 的后部添加下列代码：

```
  /* USER CODE BEGIN I2C3_Init 2 */
/* HAL 工程代码 */
  HAL_Delay(100);                    /* 等待 OLED 电源稳定 */
/* LL 工程代码 */
  LL_mDelay(100);                    /* 等待 OLED 电源稳定 */
  /* USER CODE END I2C3_Init 2 */
```

（3）在 i2c.c 的后部添加下列代码（参见图 12.4）：

```
/* USER CODE BEGIN 1 */
/* HAL 工程代码 */
void OLED_Write(uint8_t ucType, uint8_t ucData)  /* OLED 写 */
{
```

```
  uint8_t pData[2];

  pData[0] = ucType;
  pData[1] = ucData;
  HAL_I2C_Master_Transmit(&hi2c3, 0x78, pData, 2, 10);
}
/* LL 工程代码 */
void OLED_Write(uint8_t ucType, uint8_t ucData)            /* OLED 写 */
{
  LL_I2C_HandleTransfer(I2C3, 0x78, LL_I2C ADDRSLAVE_7BIT, 2,
    LL_I2C_MODE_AUTOEND, LL_I2C_GENERATE_START_WRITE);
  while (!LL_I2C_IsActiveFlag_TXIS(I2C3)) {}               /* 等待发送就绪 */
  LL_I2C_TransmitData8(I2C3, ucType);                      /* 发送控制字节 */
  while (!LL_I2C_IsActiveFlag_TXIS(I2C3)) {}               /* 等待发送就绪 */
  LL_I2C_TransmitData8(I2C3, ucData);                      /* 发送命令数据 */
}
/* USER CODE END 1 */
```

注意：OLED 的 HAL 和 LL 实现只有延时和 OLED_Write() 的内容不同，其他内容完全相同。

2）高层库函数

高层库函数是应用程序调用的库函数，在 oled.h 中声明如下：

```
#ifndef __OLED_H
#define __OLED_H
#include "main.h"

#define Max_Column    128
#define Max_Row       32

typedef enum
{ TYPE_COMMAND = 0,
  TYPE_DATA = 0x40
} OLED_TYPE;
/* 函数声明 */
void OLED_Init(void);
void OLED_Clear(void);
void OLED_DisplayChar(uint8_t x, uint8_t y, uint8_t chr, uint8_t size);
void OLED_DisplayString(uint8_t x, uint8_t y, uint8_t *chr, uint8_t size);
#endif /* __OLED_H */
```

程序代码在 oled.c 中，主要内容如下：

```
#include "i2c.h"
#include "oled.h"
#include "font.h"
/* OLED 初始化（参考表 12.7） */
void OLED_Init(void)
```

```
  {
    OLED_Write(TYPE_COMMAND, 0xA0);              /* 段重映射,b0:0,0->0(复位值); */
  //OLED_Write(TYPE_COMMAND, 0xA1);              /* 段重映射,b0:1,0->127 */

    OLED_Write(TYPE_COMMAND, 0xA8);              /* 复用比 */
    OLED_Write(TYPE_COMMAND, 0x1F);              /* 0F~3F,16MUX~64MUX(复位值) */

    OLED_Write(TYPE_COMMAND, 0xC0);              /* COM扫描方向,b3:0,正常模式(复位值) */
  //OLED_Write(TYPE_COMMAND, 0xC8);              /* COM扫描方向,b3:1,反转模式 */

    OLED_Write(TYPE_COMMAND, 0xDA);              /* COM引脚配置 */
    OLED_Write(TYPE_COMMAND, 0x00);              /* D4:0,顺序;1,交替(复位值) */

    OLED_Write(TYPE_COMMAND, 0x8D);              /* 充电泵 */
    OLED_Write(TYPE_COMMAND, 0x14);              /* D2:0,禁止(复位值);1,允许 */

    OLED_Clear();                                /* 清除屏幕 */
    OLED_Write(TYPE_COMMAND, 0xAF);              /* 开启显示 */
  }
/* 设置位置（参见表12.7） */
void OLED_SetPos(uint8_t x, uint8_t y)
{
    OLED_Write(TYPE_COMMAND, x & 0x0f);
    OLED_Write(TYPE_COMMAND, 0x10 + ((x & 0xf0) >> 4));
    OLED_Write(TYPE_COMMAND, 0xB0 + y);
}
/* 清除屏幕 */
void OLED_Clear(void)
{
    for (uint8_t i = 0; i < 4; i++) {
      OLED_SetPos(0, i);
      for (uint8_t j = 0; j < 128; j++) {
        OLED_Write(TYPE_DATA, 0);
      }
    }
}
/* 显示字符：x-列，y-行，chr-字符ASCII码，size-字符大小：16-8x16，其他值-6x8 */
void OLED_ShowChar(uint8_t x, uint8_t y, uint8_t chr, uint8_t size)
{
  uint8_t  c, i;

  c = chr - ' ';
  if (x > Max_Column - 1) {
    x = 0;
    y = y + 2;
```

```
    }
    if (size == 16) {
      OLED_SetPos(x, y);
      for (i = 0; i < 8; i++) {
        OLED_Write(TYPE_DATA, g_F8X16[c * 16 + i]);
      }
      OLED_SetPos(x, y + 1);
      for (i = 0; i < 8; i++) {
        OLED_Write(TYPE_DATA, g_F8X16[c * 16 + i + 8]);
      }
    } else {
      OLED_SetPos(x, y);
      for (i = 0; i < 6; i++) {
        OLED_Write(TYPE_DATA, g_F6x8[c][i]);
      }
    }
  }
```

注意：字符点阵在 font.h 的 g_F6x8[][6]和 g_F8X16[]中定义。使用 g_F6x8[][6]可以显示 4 行（0～3），每行 16 个字符；使用 g_F8X16[]可以显示 2 行（0 或 2），每行 16 个字符。

```
/* 显示字符串：x-列，y-行，chr-字符 ASCII 码
size-字符大小：16-8x16，其他值-6x8 */
void OLED_ShowString(uint8_t x, uint8_t y, uint8_t *chr, uint8_t size)
{
  uint8_t j = 0;

  while (chr[j] != '\0') {
    OLED_ShowChar(x, y, chr[j], size);
    x += 8;
    if (x > 120) {
      x = 0;
      y += 2;
    }
    ++j;
  }
}
```

3）OLED 设计实现

OLED 设计实现在 GPIO 实现的基础上完成，步骤如下：

（1）按 1）中内容修改 i2c.h 和 i2c.c。

（2）将 oled.h 和 font.h 复制粘贴到 "Core/inc" 文件夹，将 oled.c 复制粘贴到 "Core/src" 文件夹并添加到 "Application/User/Core" 中。

（3）在 main.c 中包含下列头文件：

```
/* USER CODE BEGIN Includes */
#include "oled.h"
#include "stdio.h"
/* USER CODE END Includes */
```

（4）声明下列全局变量：

```
/* USER CODE BEGIN PV */
uint8_t ucSec;                          /* 秒计时 */
uint8_t ucBuf[17];                      /* OLED 显示值 */
/* USER CODE END PV */
```

（5）将 3 处 LED_Proc()修改为 OLED_Proc()。

（6）在 main()中添加下列代码：

```
/* USER CODE BEGIN 2 */
OLED_Init();                            /* OLED 初始化 */
/* USER CODE END 2 */
```

（7）在 OLED_Proc()中后部添加下列代码：

```
sprintf((char*)ucBuf, "%04u", ucSec);
OLED_ShowString(0, 0, ucBuf, 16);
OLED_ShowString(0, 2, ucBuf, 8);
OLED_ShowString(0, 3, ucBuf, 8);
```

注意：使用 sprintf()函数时必须包含 stdio.h。

（8）在 stm32l0xx_it.c 中添加下列变量声明：

```
uint16_t usTms;                         /* 毫秒计时 */
extern uint8_t ucSec;                   /* 秒计时 */
extern uint16_t usDly;                  /* 延时 */
```

（9）在 stm32l0xx_it.c 的 SysTick_Handler()中添加下列代码：

```
/* USER CODE BEGIN SysTick_IRQn 1 */
usDly++;
if (++usTms == 1000) {                  /* 1s 到 */
  usTms = 0;
  ++ucSec;                              /* 秒加 1 */
}
/* USER CODE END SysTick_IRQn 1 */
```

编译下载运行程序，OLED 显示 3 行秒值，第 1 行为 8×16 点阵显示，第 2 行和第 3 行为 6×8 点阵显示。

注意：程序正常工作后，可以分别将 HAL 和 LL 文件夹中的 MDK-ARM 文件夹复制粘贴为 "123_I2C" 文件夹，以方便后续使用。

12.4　SPI 程序设计

STM32L071 SPI 使用的 GPIO 引脚如表 12.8 所示。

表 12.8　STM32L071 SPI 使用的 GPIO 引脚

SPI 引脚	GPIO 引脚		
	SPI1	主模式配置	从模式配置
MOSI	**PA7**/PA12/PB5	复用推挽输出	浮空输入
MISO	**PA6**/PA11/PB4	浮空输入	复用推挽输出
SCK	**PA5**	复用推挽输出	浮空输入
NSS	**PA4**	复用推挽输出	浮空输入

STM32L071 SPI 的寄存器与 STM32F103 相同，主要寄存器如表 12.9 所示。

表 12.9　STM32L071 SPI 主要寄存器

偏移地址	名　称	类型	复位值	说　明
0x00	CR1	读/写	0x0000	控制寄存器 1（详见表 12.10）
0x08	SR	读	0x0002	状态寄存器（TXE=1，详见表 12.11）
0x0C	DR	读/写	0x0000	数据寄存器（8/16 位）

SPI 寄存器中按位操作寄存器的主要内容如表 12.10 和表 12.11 所示。

表 12.10　SPI 控制寄存器 1（CR1）

位	名　称	类　型	复位值	说　明
11	DFF	读/写	0	数据帧格式：0—8 位，1—16 位
9	SSM	读/写	0	软件从设备管理
8	SSI	读/写	0	内部从设备选择
7	LSBFIRST	读/写	0	帧格式：0—先发送 MSB，1—先发送 LSB
6	SPE	读/写	0	SPI 使能
5:3	BR[2:0]	读/写	000	波特率控制（主设备有效）： 000—f_{PCLK}/2　001—f_{PCLK}/4　010—f_{PCLK}/8　011—f_{PCLK}/16 100—f_{PCLK}/32 101—f_{PCLK}/64 110—f_{PCLK}/128 111—f_{PCLK}/256
2	MSTR	读/写	0	主设备选择：0—从设备，1—主设备
1	CPOL	读/写	0	时钟极性：0—空闲时低电平，1—空闲时高电平
0	CPHA	读/写	0	时钟相位：0—第一个边沿采样，1—第二个边沿采样

表 12.11　SPI 状态寄存器（SR）

位	名　称	类　型	复位值	说　明
1	TXE	读	1	发送缓存空（写 DR 清除）
0	RXNE	读	0	接收缓存不空（读 DR 清除）

基本的 STM32L071 SPI 库函数和 STM32F103 相同，在 stm32l0xx_hal_spi.h 中声明如下：

```
HAL_StatusTypeDef HAL_SPI_Init(SPI_HandleTypeDef *hspi);
HAL_StatusTypeDef HAL_SPI_TransmitReceive(SPI_HandleTypeDef *hspi,
  uint_8 *pTxData, uint_8 *pRxData, uint16_t Size, uint16_t Timeout);


ErrorStatus LL_SPI_Init(SPI_TypeDef *SPIx,
```

```
        LL_SPI_InitTypeDef *SPI_InitStruct);
void LL_SPI_Enable(SPI_TypeDef *SPIx);
uint32_t LL_SPI_IsActiveFlag_TXE(SPI_TypeDef *SPIx);
uint32_t LL_SPI_IsActiveFlag_RXNE(SPI_TypeDef *SPIx);
void LL_SPI_TransmitData8(SPI_TypeDef *SPIx, uint8_t TxData);
uint8_t LL_SPI_ReceiveData8(SPI_TypeDef *SPIx);
```

下面以物联网竞赛实训平台为例，介绍 SPI 的设计。系统硬件方框图如图 12.5 所示。

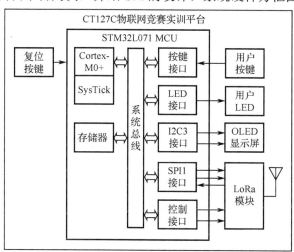

图 12.5　系统硬件方框图

系统包括 Cortex-M0+ CPU（内嵌 SysTick 定时器）、1 个用户按键、1 个用户 LED、OLED 显示屏和 LoRa 模块等，LoRa 模块通过 SPI1 接口和控制接口与 CPU 连接，其中 SPI1 接口包括 PA5-SCK、PA6-MISO 和 PA7-MOSI，控制接口包括 PA4-NSS 和 PA9-RST。

12.4.1　LoRa 模块简介

2009 年 9 月，一家法国公司 Cycleo 向人们展示了一种创新的半导体技术-LoRa（Long Range，远距离），给无线数据传输带来了前所未有的距离。

基于这种颠覆性的专利技术，LoRa 以最低的成本实现了前所未有的低功率远程无线通信，10mW 射频输出功率可提供超过 25km 视距传输。

2012 年 3 月，Semtech 公司收购了 Cycleo，2013 年推出第一代 LoRa 芯片 SX1276/8，2018 年推出第二代 LoRa 芯片 SX1262/8，LoRa 芯片性能对照如表 12.12 所示。

表 12.12　LoRa 芯片性能对照

指　　标	符　　号	SX1276	SX1278	SX1262	SX1268
射频范围	FRF	137～1020MHz	137～525MHz	150～960MHz	410～810MHz
射频功率	PRF	20dBm（100mW）		22dBm（158mW）	
传输速率	BR	0.018～37.5kbit/s		0.018～62.5kbit/s	
扩频因子	SF	6～12		5～12	
信号带宽	BW	7.8～500kHz		7.8～500kHz	
纠错编码率	CR	4/5～4/8		4/5～4/8	

传输速率和扩频因子、信号带宽以及纠错编码率之间的关系是：

$$BR = SF \times BW \times CR / 2^{SF}$$

最高传输速率为 $6 \times 500 \times 4/5/2^{6} = 37.5(kbps)$ 或 $5 \times 500 \times 4/5/2^{5} = 62.5(kbit/s)$。

本书以 SX1278 为例介绍 LoRa 的应用。SX1278 是一个半双工传输的低中频收发器，由射频前端（包括低噪声放大器 LNA 和功率放大器 PA 等）、上下变频、LoRa 和 FSK/OOK 调制解调器、数据 FIFO、寄存器和 SPI 接口等部分组成。

SX1278 收发数据前，需要通过 SPI 接口对寄存器进行配置。寄存器在任何模式下都可以读，但仅在睡眠和待机模式下可写。

发送数据时，通过 SPI 接口将发送数据写到数据 FIFO，由调制器调制再上变频，并由功率放大器放大后进行发送；接收数据时，接收数据由低噪声放大器放大再下变频，并由解调器解调后送入数据 FIFO，再通过 SPI 接口读取。

SX1278 可通过 SPI 接口（CPOL=0，CPHA=0，高位在前）访问寄存器，方式有 3 种：

① 单次访问：地址字节（最高位为读写控制：0—读，1—写）后读写单个数据字节。

② 突发访问：地址字节后读写多个数据字节，地址自动递增。

③ FIFO 访问：地址字节与 FIFO 地址一致时访问 FIFO，地址不自动递增。

SX1278 单次访问的时序图如图 12.6 所示。

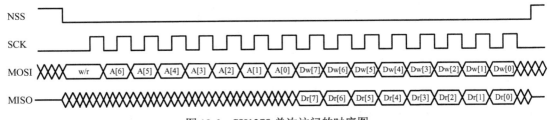

图 12.6　SX1278 单次访问的时序图

从时序图可以看出 SX1278 单次访问的读写操作相似：写时地址字节的最高位为 1，后跟写数据字节，写数据字节时 MISO 返回当前地址的旧值；读时地址字节的最高位为 0，后跟数据字节无效，主要是利用时钟信号接收读数据字节。

SX1278 寄存器如表 12.13 所示。

表 12.13　SX1278 寄存器

地　址	名称（LoRa 模式）	复位值（POR）	默认值（LoRa）	说明（LoRa 模式）
0x00	Fifo	0x00	0x00	FIFO 读写访问（睡眠时无法访问）
0x01	OpMode	0x09	0x89	操作模式选择（详见表 12.14）
0x06	FrfMsb	0x6C	0x6C	射频高字节（详见表 12.14）
0x07	FrfMid	0x80	0x80	射频中字节（详见表 12.14）
0x08	FrfLsb	0x00	0x00	射频低字节（详见表 12.14）
0x09	PaConfig	0x4F	0x4F	功放选择与功率配置（详见表 12.14）
0x0A	PaRamp	0x09	0x09	功放升降时间配置
0x0B	Ocp	0x2B	0x2B	过流保护配置
0x0C	Lna	0x20	0x20	LNA 设置
0x0D	FifoAddrPtr	0x08	0x00	FIFO SPI 指针（参见图 12.7）
0x0E	FifoTxBaseAddr	0x02	0x80	FIFO 调制器基地址（参见图 12.7）
0x0F	FifoRxBaseAddr	0x0A	0x00	FIFO 解调器基地址（参见图 12.7）

地 址	名称（LoRa 模式）	复位值（POR）	默认值（LoRa）	说明（LoRa 模式）
0x10	FifoRxCurrentAddr	0xFF	0x00	FIFO 接收开始地址（参见图 12.7）
0x11	IrqFlagsMask	0x70	0x00	中断屏蔽（详见表 12.14）
0x12	IrqFlags	0x15	0x00	中断标志（详见表 12.14）
0x13	RxNbBytes	0x0B	0x00	接收字节数（参见图 12.7）
0x14	RxHeaderCntValueMsb	0x28	0x00	接收有效报头数高字节
0x15	RxHeaderCntValueLsb	0x0C	0x00	接收有效报头数低字节
0x16	RxPacketCntValueMsb	0x12	0x00	接收有效数据包数高字节
0x17	RxPacketCntValueLsb	0x47	0x00	接收有效数据包数低字节
0x18	ModemStat	0x32	0x10	LoRa 状态（详见表 12.14）
0x19	PktSnrValue	0x3E	0x00	接收数据包信噪比（SNR）估值
0x1A	PktRssiValue	0x00	0x00	接收数据包信号强度（RSSI）
0x1B	RssiValue	0x00	0x00	当前信号强度（RSSI）
0x1C	HopChannel	0x00	0x00	跳频（FHSS）开始信道
0x1D	ModemConfig1	0x00	0x72	物理层配置 1（详见表 12.14）
0x1E	ModemConfig2	0x00	0x70	物理层配置 2（详见表 12.14）
0x1F	SymbTimeoutLsb	0x40	0x64	接收超时
0x20	PreambleMsb	0x00	0x00	前导码长度高字节
0x21	PreambleLsb	0x00	0x08	前导码长度低字节
0x22	PayloadLength	0x00	0x01	负载长度（参见图 12.7）
0x23	MaxPayloadLength	0x00	0xFF	最大负载长度
0x24	HopPeriod	0x05	0x00	跳频（FHSS）周期
0x25	FifoRxByteAddr	0x00	0x00	FIFO 接收结束地址（参见图 12.7）
0x26	ModemConflg3	0x03	0x04	物理层配置 3（详见表 12.14）
0x40	DioMapping1	0x00	0x00	DIO0～DIO3 引脚映射
0x41	DioMapping2	0x00	0x00	DIO4、DIO5 和时钟输出映射
0x42	Version	0x12	0x12	芯片版本
0x4B	Tcxo	0x09	0x09	时钟输入选择
0x4D	PaDac	0x84	0x84	功放高功率配置（详见表 12.14）

表中默认值是厂商推荐使用的寄存器值，能够使设备达到最佳运行状态。

SX1278 常用寄存器如表 12.14 所示。

表 12.14　SX1278 常用寄存器

名称（地址）	位	变量名	模 式	默认值	说 明
OpMode (0x01)	7	LongRangMode 远距离模式	读写	0	0—FSK/OOK 模式，1—LoRa 模式 仅可在睡眠模式下修改
	6	AccessSharedReg	读写	0	0—访问 LoRa 寄存器 0x0D～0x3F 1—访问 FSK 寄存器 0x0D～0x3F 仅可在睡眠模式下修改

名称（地址）	位	变量名	模式	默认值	说明
OpMode (0x01)	3	LowFrequencyModeOn	读写	1	0—访问高频测试寄存器 1—访问低频测试寄存器
	2:0	Mode 模式	读写 触发	001	000—睡眠，**001—待机**，010—频率合成发送（FSTx） 011—发送（Tx），100—频率合成接收（FSRx） 101—连续接收（RXCONTINUOUS） 110—单次接收（RXSINGLE） 111—信道活动检测（CAD）
FrfMsb (0x06)	7:0	Frf[23:16] 载频高字节	读写	0x6C	
FrfMid (0x07)	7:0	Frf[15:8] 载频中字节	读写	0x80	FRF=FXOSC×Frf(23:0)/2^{19} FXOSC=32MHz 时默认频率为434MHz
FrfLsb (0x08)	7:0	Frf[7:0] 载频低字节	读写 触发	0x00	
PaConfig (0x09)	7	PaSelect 功放选择	读写	0	0—RFO 输出，输出功率—4.2～15dBm 1—PA_BOOST 输出，输出功率 2～20dBm
	6:4	MaxPower 最大输出功率	读写	100	Pmax=10.8+0.6×MaxPower，10.8～15dBm
	3:0	OutputPower 输出功率	读写	1111	Pout=Pmax-(15-OutputPower)，—4.2～15dBm PaSelect=1 时 Pout=2+OutputPower，2～17dBm
IrqFlagsMask (0x11)	7	RxTimeoutMask	读写	0	接收超时中断屏蔽，0—禁止，1—允许
	6	RxDoneMask	读写	0	接收完成中断屏蔽，0—禁止，1—允许
	5	PalyloadCrcErrorMask	读写	0	载荷 CRC 错误中断屏蔽，0—禁止，1—允许
	4	ValidHeaderMask	读写	0	接收报头有效中断屏蔽，0—禁止，1—允许
	3	TxDoneMask	读写	0	发送完成中断屏蔽，0—禁止，1—允许
	2	CadDoneMask	读写	0	CAD 完成中断屏蔽，0—禁止，1—允许
	1	FhssChangeChannelMask	读写	0	跳频信道改变中断屏蔽，0—禁止，1—允许
	0	CadDetectedMask	读写	0	检测到 CAD 中断屏蔽，0—禁止，1—允许
IrqFlags (0x12)	7	RxTimeout	读写清除	0	接收超时中断
	6	RxDone		0	接收完成中断
	5	PalyloadCrcError		0	载荷 CRC 错误中断
	4	ValidHeader		0	接收报头有效中断
	3	TxDone		0	发送完成中断
	2	CadDone		0	CAD 完成中断
	1	FhssChangeChannel		0	跳频信道改变中断
	0	CadDetected		0	检测到 CAD 中断
ModemStat (0x18)	7:5	RxCodingRate	读	000	接收编码率
	4	ModemStatus 调制解调器状态		1	调制解调器清零
	3			0	报头信息有效
	2			0	正在接收
	1			0	信号已同步
	0			0	检测到信号

名称（地址）	位	变 量 名	模 式	默 认 值	说 明
Modem Config1 (0x1D)	7:4	Bw 信号带宽	读写	0111	0000—7.8kHz，0001—10.4kHz，0010—15.6kHz，0011—20.8kHz，0100—31.25kHz，0101—41.7kHz，0110—62.5kHz，**0111—125kHz**，1000—250kHz，1001—500kHz
	3:1	CodingRate 纠错编码率	读写	001	**001—4/5**，010—4/6，011—4/7，100—4/8
	0	ImplicitHeaderModeOn	读写	0	**0—显式报头**，1—隐式报头
Modem Config2 (0x1E)	7:4	SpreadingFactor 扩频因子	读写	0111	0110—64，**0111—128**，1000—256，1001—512，1010—1024，1011—2048，1100—4096
	3	TxContinuousMode	读写	0	0—正常模式，发送单个数据包 1—连续模式，发送多个数据包
	2	RxPayloadCrcOn	读写	0	0—关闭 CRC，1—开启 CRC
	1:0	SymnTimeout(9:8)	读写	00	接收超时高 2 位
Modem Config3 (0x26)	3	LowDataRateOptimize	读写	0	0—关闭 1—打开，符号长度超过 16ms 时必须打开
	2	AgcAutoOn	读写	1	0—LnaGain 设置 LNA 增益 1—AGC 环路设置 LNA 增益
PaDac (0x4D)	7	保留	读写	1	
	2:0	PaDac	读写	100	100—默认值 111—输出功率+3dBm，5～20dBm

LoRa 的初始化包括设置 LoRA 模式（必须在睡眠模式下设置）、设置射频频率和功率、设置扩频因子、信号带宽和纠错编码率等。除了必须设置 LoRA 模式和射频功率，其他设置都可以省略（使用默认值）。

LoRa 数据 FIFO 的 256 字节可完全由用户定制，用于发送或接收数据。除睡眠模式外，其他模式下均可读写，在切换到新的接收模式时，自动清除旧内容，如图 12.7 所示。

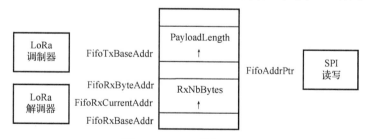

图 12.7　LoRa 数据 FIFO

发送时，首先进入待机模式，将 FifoAddrPtr 设置为 FifoTxBaseAddr，将 PayloadLength 设置为发送字节数，将数据写入 FIFO，然后切换到发送模式，等待发送完成，发送完成后芯片自动返回到待机模式，切换到连续接收模式等待接收，如图 12.8 所示。

连续接收时，首先切换到接收模式，等待接收完成，接收完成后将 FifoAddrPtr 设置为 FifoRxCurrentAddr，然后从 FIFO 读取 RxNbBytes 个字节数据，如图 12.9 所示。

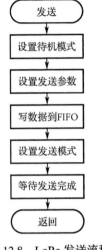

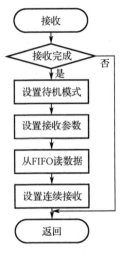

图 12.8　LoRa 发送流程　　　　　图 12.9　LoRa 接收流程

12.4.2　LoRa 软件设计与实现

下面编程实现 SysTick 秒计时，LoRa 发送秒值，并接收秒值进行显示。

LoRa 软件设计与实现在 I²C 实现的基础上修改完成，包括低层库函数（硬件接口函数）、中层库函数和高层库函数（软件接口函数）设计与实现。

1）硬件接口函数设计与实现

硬件接口函数设计与实现的步骤如下：

（1）在 spi.h 中添加下列代码：

```
/* USER CODE BEGIN Prototypes */
uint8_t SPI_WriteRead(uint8_t ucAddr, uint8_t ucData);   /* SPI 读写 */
/* USER CODE END Prototypes */
```

（2）在 spi.c 中 MX_SPI1_Init()的后部添加下列代码：

```
  /* USER CODE BEGIN SPI1_Init 2 */
/* HAL 工程代码 */
  HAL_GPIO_WritePin(GPIOA, GPIO_PIN_4, GPIO_PIN_SET);    /* PA4 置位 */
  HAL_GPIO_WritePin(GPIOA, GPIO_PIN_9, GPIO_PIN_SET);    /* PA9 置位 */
/* LL 工程代码 */
  LL_GPIO_SetOutputPin(GPIOA, LL_GPIO_PIN_4);            /* PA4 置位 */
  LL_GPIO_SetOutputPin(GPIOA, LL_GPIO_PIN_9);            /* PA9 置位 */
  LL_SPI_Enable(SPI1);                                   /* SPI1 允许 */
  /* USER CODE END SPI1_Init 2 */
```

（3）在 spi.c 的后部添加下列代码（参见图 12.6）：

```
/* USER CODE BEGIN 1 */
/* HAL 工程代码 */
uint8_t SPI_WriteRead(uint8_t ucAddr, uint8_t ucData)   /* SPI 读写 */
{
  uint8_t pTxData[2], pRxData[2];
```

```
  pTxData[0] = ucAddr;
  pTxData[1] = ucData;
  HAL_GPIO_WritePin(GPIOA, GPIO_PIN_4, GPIO_PIN_RESET);
  HAL_SPI_TransmitReceive(&hspi1, pTxData, pRxData, 2, 10);
  HAL_GPIO_WritePin(GPIOA, GPIO_PIN_4, GPIO_PIN_SET);
  return pRxData[1];
}
/* LL 工程代码 */
uint8_t SPI_WriteRead(uint8_t ucAddr, uint8_t ucData)  /* SPI 读写 */
{
  LL_GPIO_ResetOutputPin(GPIOA, LL_GPIO_PIN_4);
  while (LL_SPI_IsActiveFlag_TXE(SPI1) == 0) {}  /* 等待发送寄存器空 */
  LL_SPI_TransmitData8(SPI1, ucAddr);                /* 发送地址 */
  while (LL_SPI_IsActiveFlag_RXNE(SPI1) == 0) {} /* 等待接收寄存器不空 */
  LL_SPI_ReceiveData8(SPI1);                         /* 接收数据 */
  while (LL_SPI_IsActiveFlag_TXE(SPI1) == 0) {}  /* 等待发送寄存器空 */
  LL_SPI_TransmitData8(SPI1, ucData);                /* 发送数据 */
  while (LL_SPI_IsActiveFlag_RXNE(SPI1) == 0) {} /* 等待接收寄存器不空 */
  LL_GPIO_SetOutputPin(GPIOA, LL_GPIO_PIN_4);
  return LL_SPI_ReceiveData8(SPI1);                 /* 返回接收数据 */
}
/* USER CODE END 1 */
```

2）中层库函数设计与实现

中层库函数设计与实现的步骤如下：

在 lora.c 中包含下列代码（参考表 12.13 和表 12.14）：

```
#include "spi.h"
/* 设置射频频率（137~525MHz） */
void LORA_SetRFFrequency(uint16_t usFreq)
{
  usFreq = (usFreq / 32) << 19;
  SPI_WriteRead(0x86, usFreq >> 16);
  SPI_WriteRead(0x87, (usFreq >> 8) & 0xFF);
  SPI_WriteRead(0x88, usFreq  & 0xFF);
}
/* 设置射频功率（2~20dBm） */
void LORA_SetRFPower(uint8_t ucPower)
{
  ucPower -= 2;
  if (ucPower > 15) {
    ucPower -= 3;
    SPI_WriteRead(0xCD, 0x87);
  }
  SPI_WriteRead(0x89, ucPower|0x80);
}
```

```
/* 设置信号带宽（0~9）*/
void LORA_SetBW(uint8_t ucBw)
{
  uint8_t ucRet;

  ucRet = SPI_WriteRead(0x1D, 0);
  ucRet &= 0x0F;
  ucRet |= ucBw<<4;
  SPI_WriteRead(0x9D, ucRet);
}
/* 设置纠错编码率（1~4）*/
void LORA_SetCR(uint8_t ucCr)
{
  uint8_t ucRet;

  ucRet = SPI_WriteRead(0x1D, 0);
  ucRet &= 0xF1;
  ucRet |= ucCr<<1;
  SPI_WriteRead(0x9D, ucRet);
}
```

3）软件接口函数设计

软件接口函数设计的步骤如下：

（1）在 lora.h 中声明下列函数：

```
#ifndef __LORA_H__
#define __LORA_H__
#include "main.h"

void LORA_Init(void);
void LORA_Tx(uint8_t* ucBuf, uint8_t ucSize);
uint8_t LORA_Rx(uint8_t* ucBuf);
#endif /* __LORA_H__ */
```

（2）在 lora.c 中包含下列代码（参见表 12.13 和表 12.14 以及图 12.8 和图 12.9）：

```
/* LoRa 初始化 */
void LORA_Init(void)
{
  SPI_WriteRead(0x81, 0);              /* 设置睡眠模式 */
  SPI_WriteRead(0x81, 0x80);           /* 设置 LoRa 模式 */
  SPI_WriteRead(0x81, 1);              /* 设置待机模式 */
  LORA_SetRFFrequency(434);            /* 设置射频频率（137~525MHz）*/
  LORA_SetRFPower(10);                 /* 设置射频功率（2~20dBm）*/
  SPI_WriteRead(0x9E, 7<<4);           /* 设置扩频因子（7~12）*/
  LORA_SetBW(7);                       /* 设置信号带宽（0~9）*/
  LORA_SetCR(1);                       /* 设置纠错编码率（1~4）*/
```

```
  SPI_WriteRead(0x81, 5);                    /* 设置连续接收模式 */
}
/* LoRa 发送: ucBuf-发送数据, ucSize-数据个数 */
void LORA_Tx(uint8_t* ucBuf, uint8_t ucSize)
{
  uint16_t i;
  uint8_t ret;

  SPI_WriteRead(0x81, 1);                    /* 设置待机模式 */
  ret = SPI_WriteRead(0x0E, 0);              /* 读取 FifoTxBaseAddr */
  SPI_WriteRead(0x8D, ret);                  /* 设置 FifoAddrPtr */
  SPI_WriteRead(0xA2, ucSize);               /* 设置 PayloadLength */
  for (i=0; i<ucSize; i++) {
    SPI_WriteRead(0x80, ucBuf[i]);           /* 写数据到 FIFO */
  }
  SPI_WriteRead(0x81, 3);                    /* 设置发送模式 */
  i = 65535;
  do {
    ret = SPI_WriteRead(0x12, 0);            /* 读标志 */
    i--;
  } while(((ret & 8) == 0) && (i != 0));     /* 等待发送完成 */
  SPI_WriteRead(0x92, 8);                    /* 清除发送完成 */
  SPI_WriteRead(0x81, 5);                    /* 设置连续接收模式 */
}
/* Lora 接收: ucBuf-接收数据, 返回值-数据个数 */
uint8_t LORA_Rx(uint8_t* ucBuf)
{
  uint8_t i, ret=0;

  ret = SPI_WriteRead(0x12, 0);              /* 读标志 */
  if (ret & 0x40) {                          /* 接收完成 */
    SPI_WriteRead(0x81, 1);                  /* 设置待机模式 */
    SPI_WriteRead(0x92, 0x40);               /* 清除接收完成 */
    ret = SPI_WriteRead(0x10, 0);            /* 读取 FifoRxCurrentAddr */
    SPI_WriteRead(0x8D, ret);                /* 设置 FifoAddrPtr */
    ret = SPI_WriteRead(0x13, 0);            /* 读取 RxNbBytes */
    for (i=0; i<ret; i++) {
      ucBuf[i] = SPI_WriteRead(0, 0);        /* 从 FIFO 读数据 */
    }
    SPI_WriteRead(0x81, 5);                  /* 设置连续接收模式 */
  } else {
    ret = 0;
  }
  return ret;
}
```

4）软件接口函数实现

软件接口函数实现的步骤如下：

（1）在 main.c 中包含下列头文件：

```
/* USER CODE BEGIN Includes */
#include "oled.h"
#include "stdio.h"
#include "lora.h"
/* USER CODE END Includes */
```

（2）在 main.c 中声明下列全局变量：

```
uint8_t ucBuf[17];                 /* OLED 显示值 */
uint8_t ucLrx[20];                 /* LoRa 接收值 */
```

（3）在 main()中添加下列代码：

```
OLED_Init();                       /* OLED 初始化 */
LORA_Init();                       /* LoRa 初始化 */
```

（4）在 KEY_Proc()中做下列修改：

```
if (ucVal == '0') {                /* 按键按下 */
  ucState ^= 1;                    /* 切换状态 */
  LORA_Tx(ucBuf, 4);               /* 发送 4 个字符 */
}
```

（5）在 OLED_Proc()中做下列修改：

```
if(LORA_Rx(ucLrx) == 4) {          /* 接收 4 个字符 */
  ucState ^= 1;                    /* 切换状态 */
}
sprintf((char*)ucBuf, "%04u %4s", ucSec, ucLrx);
OLED_ShowString(0, 0, ucBuf, 16);
//OLED_ShowString(0, 2, ucBuf, 8);
//OLED_ShowString(0, 3, ucBuf, 8);
```

编译程序并将程序下载到两个终端运行，两个终端的 OLED 上显示本地秒值，按下一个终端的 USER 按键发送本地秒值，另一个终端收到后在 OLED 上显示，两个终端的 LED 闪烁状态同时切换。

注意：程序正常工作后，可以分别将 HAL 和 LL 文件夹中的 MDK-ARM 文件夹复制粘贴为"124_SPI"文件夹，以方便后续使用。

12.5　USART 程序设计

STM32L071 USART 使用的 GPIO 引脚如表 12.15 所示。

表 12.15　STM32L071 USART 使用的 GPIO 引脚

USART 引脚	GPIO 引脚				
	USART1	USART2	USART4	LPUART1	配　　置
TX	PA9/PB6	**PA2**/PA14	PA0	PA2/PA14	复用推挽输出
RX	PA10/PB7	**PA3**	PA1	PA3/PA13	浮空输入

STM32L071 USART 的寄存器与 STM32G431 相同，主要寄存器如表 12.16 所示。

表 12.16　USART 主要寄存器

偏移地址	名　　称	类　　型	复　位　值	说　　明
0x00	CR1	读/写	0x0000 0000	控制寄存器 1
0x0C	BRR	读/写	0x0000	波特率寄存器
0x1C	ISR	读	0x0000 00C0	中断状态寄存器
0x24	RDR	读	0x00	接收数据寄存器（9 位）
0x28	TDR	读/写	0x00	发送数据寄存器（9 位）

基本的 STM32L071 USART HAL 和 LL 库函数与 STM32F103 相同，声明如下：

```
HAL_StatusTypeDef HAL_UART_Init(UART_HandleTypeDef* huart);
HAL_StatusTypeDef HAL_UART_Transmit(UART_HandleTypeDef* huart,
  uint8_t* pData, uint16_t Size, uint32_t Timeout);
HAL_StatusTypeDef HAL_UART_Receive(UART_HandleTypeDef* huart,
  uint8_t* pData, uint16_t Size, uint32_t Timeout);

ErrorStatus LL_USART_Init(USART_TypeDef* USARTx,
  LL_USART_InitTypeDef* USART_InitStruct);
void LL_USART_Enable(USART_TypeDef* USARTx);
uint32_t LL_USART_IsActiveFlag_TXE(USART_TypeDef* USARTx);
uint32_t LL_USART_IsActiveFlag_RXNE(USART_TypeDef* USARTx);
void LL_USART_TransmitData8(USART_TypeDef* USARTx, uint8_t Value);
uint8_t LL_USART_ReceiveData8(USART_TypeDef* USARTx);
```

STM32L071 UART 的软件设计与实现与 STM32F103 完全相同，可以自行移植。

附录 A STM32 引脚功能

STM32 引脚功能如表 A.1～表 A.7 所示。

表 A.1 全部引脚功能

引脚			引脚名称 (复位功能)	类型	电平	默认复用功能（F1）复用功能（G4/L0）	重映射复用功能（F1）附加功能（G4/L0）	章节 （页）
F1	G4	L0						
1	1		VBAT	电源				
2	2		PC13-TAMPER-RTC （**PC13** F1） PC13（G4）	I/O	5V（G4）	TAMPER-RTC（F1） TIM1_BKIN（G4） TIM1_CH1N（G4）		3.4（39） 3.6（50）
3	3	1	PC14-OSC32_IN （**PC14**）	I/O	5V （G4/L0）	OSC32_IN（F1）	OSC32_IN（G4/L0）	3.4（39） 3.6（50） 12.2（183）
4	4	2	PC15-OSC32_OUT （**PC15**）	I/O	5VG4）	OSC32_OUT（F1）	OSC32_OUT（G4/L0）	3.4（39） 3.6（50） 12.2（185）
5	5		PD0-OSC_IN （OSC_IN F1） PF0-OSC_IN （PF0 G4）	I（F1） I/O（G4）	5V（G4）	SPI2_NSS（G4） I2C2_SDA（G4） TIM1_CH3N（G4）	PD0（F1） ADC1_IN10（G4） OSC_IN（G4）	
6	6		PD1-OSC_OUT （OSC_OUT F1） PF1-OSC_OUT （PF1 G4）	O（F1） I/O（G4）	5V（G4）	SPI2_SCK（G4）	PD1（F1） ADC2_IN10（G4） OSC_IN（G4）	
7	7	3	NRST（F1/L0） PG10-NRST（PG10 G4）	I/O			NRST（G4）	
8	8		**PC0**	I/O	5V（G4）	ADC12_IN10（F1） TIM1_CH1（G4）	ADC12_IN6（G4）	3.6（50）
9	9		**PC1**	I/O	5V（G4）	ADC12_IN11（F1） TIM1_CH2（G4）	ADC12_IN7（G4）	3.6（50）
10	10		**PC2**	I/O	5V（G4）	ADC12_IN12（F1） TIM1_CH3（G4）	ADC12_IN8（G4）	3.6（50）
11	11		**PC3**	I/O	5V（G4）	ADC12_IN13（F1） TIM1_CH4（G4） TIM1_BKIN2（G4）	ADC12_IN9（G4）	3.6（50）
12	15	4	VSSA（F1/L0） VSS（G4）	电源				
13	16	5	VDDA（F1/L0） VDD（G4）	电源				
14	12	6	PA0-WKUP （**PA0** F1） PA0（G4/L0）	I/O	5V（L0）	USART2_CTS USART4_TX（L0） ADC12_IN0（F1） TIM2_CH1_ETR	ADC_IN0（L0） ADC12_IN1（G4）	3.4（38） 11.2（154）

| 引脚 | | | 引脚名称 | 类型 | 电平 | 默认复用功能（F1） | 重映射复用功能（F1） | 章节 |
F1	G4	L0	（复位功能）			复用功能（G4/L0）	附加功能（G4/L0）	（页）
15	13	7	PA1	I/O	5V（L0）	USART2_RTS USART4_RX（L0） ADC12_IN1（F1） **TIM2_CH2**	ADC_IN1（L0） ADC12_IN2（G4）	8.2（115） 11.6
16	14	8	PA2	I/O	5V（L0）	**USART2_TX** ADC12_IN2（F1） TIM2_CH3	ADC_IN2（L0） ADC1_IN3（G4）	4.2（61）
17	17	9	PA3	I/O	5V（L0）	**USART2_RX** ADC12_IN3（F1） TIM2_CH4	ADC_IN3（L0） ADC1_IN4（G4）	4.2（61）
18			VSS	电源				
19			VDD	电源				
20	18	10	**PA4**	I/O		SPI1_NSS SPI3_NSS（G4） ADC12_IN4（F1） TIM3_CH2（G4）	ADC_IN4（L0） ADC2_IN17（G4）	12.4
21	19	11	PA5	I/O		**SPI1_SCK** ADC12_IN5（F1） TIM2_CH1_ETR （G4/L0）	ADC_IN5（L0） ADC2_IN13（G4）	12.4
22	20	12	PA6	I/O	5V（L0）	**SPI1_MISO** ADC12_IN6（F1） TIM1_BKIN（G4） **TIM3_CH1**	ADC_IN6（L0） ADC2_IN3（G4） TIM1_BKIN（F1）	8.2（116） 11.6 12.4
23	21	13	PA7	I/O	5V（L0）	**SPI1_MOSI** ADC12_IN7（F1） **TIM1_CH1N（G4）** TIM3_CH2	ADC_IN7（L0） ADC2_IN4（G4） **TIM1_CH1N（F1）**	8.2（115） 11.6 12.4
24	22		**PC4**	I/O	5V（G4）	USART1_TX（G4） I2C2_SCL（G4） ADC12_IN14（F1） TIM1_ETR（G4）	ADC2_IN5（G4）	3.6（50）
25	23		**PC5**	I/O		USART1_RX（G4） ADC12_IN15（F1） TIM1_CH4N（G4）	ADC2_IN11（G4）	3.6（50）
26	24	14	**PB0**	I/O	5V（L0）	**ADC12_IN8**（F1） TIM1_CH2N（G4） TIM3_CH3	ADC_IN8（L0） ADC1_IN15（G4） TIM1_CH2N（F1）	7.2（97） 11.2（154）
27	24	15	**PB1**	I/O	5V（L0）	ADC12_IN9（F1） TIM1_CH3N（G4） TIM3_CH4	ADC_IN9（L0） ADC1_IN12（G4） TIM1_CH3N（F1）	3.4（38） 11.2（154）
28	26		**PB2**	I/O	5V（F1）		ADC2_IN12（G4）	3.4（38） 11.2（154）

引脚			引脚名称	类型	电平	默认复用功能（F1）	重映射复用功能（F1）	章节
F1	G4	L0	（复位功能）			复用功能（G4/L0）	附加功能（G4/L0）	（页）
	27		VSSA	电源				
	28		VREF+	电源				
	29		VDDA	电源				
29	30		**PB10**	I/O	5V（F1）	USART3_TX I2C2_SCL（F1） TIM1_BKIN（G4） TIM2_CH3（G4）	TIM2_CH3（F1）	3.6（50）
30	33		PB11	I/O	5V	USART3_RX I2C2_SDA（F1） TIM2_CH4（G4）	ADC12_IN14（G4） TIM2_CH4（F1）	
31	31	16	VSS	电源				
32	32	17	VDD	电源				
33	34		PB12	I/O	5V（F1）	USART3_CK SPI2_NSS TIM1_BKIN	**ADC1_IN11**（G4）	11.5
34	35		PB13	I/O	5V	USART3_CTS **SPI2_SCK** TIM1_CH1N		5.2（73）
35	36		PB14	I/O	5V	USART3_RTS **SPI2_MISO** TIM1_CH2N	**ADC1_IN5**（G4）	5.2（73） 11.5
36	37		PB15	I/O	5V（F1）	**SPI2_MOSI** TIM1_CH3N	ADC2_IN15（G4）	5.2（73）
37	38		**PC6**	I/O	5V	TIM3_CH1（G4）	TIM3_CH1（F1）	3.6（50）
38	39		**PC7**	I/O	5V	TIM3_CH2（G4）	TIM3_CH2（F1）	3.6（50）
39	40		**PC8**	I/O	5V	I2C3_SCL（G4） TIM3_CH3（G4）	TIM3_CH3（F1）	3.4（39） 3.6（50）
40	41		**PC9**	I/O	5V	I2C3_SDA（G4） TIM3_CH4（G4）	TIM3_CH4（F1）	3.4（39） 3.6（50）
41	42	18	**PA8**	I/O	5V	USART1_CK I2C2_SDA（G4） **I2C3_SCL**（G4/L0） TIM1_CH1（F1/G4）		3.4（38） 12.3
42	43	19	PA9	I/O	5V	**USART1_TX** I2C1_SCL（L0） I2C2_SCL（G4） TIM1_CH2（F1/G4） TIM2_CH3（G4）		11.3
43	44	20	PA10	I/O	5V	**USART1_RX** SPI2_MISO（G4） I2C1_SDA（L0） TIM1_CH3（F1/G4） TIM2_CH4（G4）		11.3

引脚			引脚名称 （复位功能）	类型	电平	默认复用功能（F1） 复用功能（G4/L0）	重映射复用功能（F1） 附加功能（G4/L0）	章节 （页）
F1	G4	L0						
44	45	21	**PA11**	I/O	5V	USART1_CTS SPI1_MISO（L0） SPI2_MOSI（G4） CAN_RX/USB_DM（F1） TIM1_CH4（F1/G4） TIM1_BKIN2（G4） TIM1_CH1N（G4） TIM4_CH1（G4）	USB_DM（G4）	12.2（185）
45	46	22	**PA12**	I/O	5V	USART1_RTS SPI1_MOSI（L0） CAN_TX/USB_DP（F1） TIM1_ETR（F1/G4） TIM1_CH2N（G4） TIM4_CH2（G4）	USB_DP（G4）	12.2（185）
46	49	23	PA13 （JTMS-SWDIO F1）	I/O	5V	SWDIO（L0） SWDIO-JTMS（G4） USART3_CTS（G4） I2C1_SCL（G4） TIM4_CH3（G4）	PA13（F1）	
47	47		VSS	电源				
48	48	24	VDD	电源				
49	50	25	PA14 （JTCK-SWCLK F1）	I/O	5V	SWCLK（L0） SWCLK-JTCK（G4） USART2_TX（G4/L0） I2C1_SDA（G4） TIM1_BKIN（G4）	PA14（F1）	
50	51		PA15 （JTDI F1）	I/O	5V	JTDI（G4） USART2_RX（G4） UART4_RTS（G4） SPI1_NSS（G4） SPI3_NSS（G4） I2C1_SCL（G4） TIM1_BKIN（G4） TIM2_CH1_ETR（G4）	PA15（F1） SPI1_NSS（F1） TIM2_CH1_ETR（F1）	
51	52		**PC10**	I/O	5V	USART3_TX（G4） UART4_TX（G4） SPI3_SCK（G4）	USART3_TX（F1）	3.4（39） 3.6（50）
52	53		**PC11**	I/O	5V	USART3_RX（G4） UART4_RX（G4） SPI3_MISO（G4） I2C3_SDA（G4）	USART3_RX（F1）	3.4（39） 3.6（50）
53	54		**PC12**	I/O	5V	USART3_CK（G4） SPI3_MOSI（G4）	USART3_CK（F1）	3.4（39） 3.6（50）

引脚			引脚名称	类型	电平	默认复用功能（F1）	重映射复用功能（F1）	章节
F1	G4	L0	（复位功能）			复用功能（G4/L0）	附加功能（G4/L0）	（页）
54	55		**PD2**	I/O	5V	TIM3_ETR		3.4（39） 11.2（156）
55	56		PB3 （JTDO F1）	I/O	5V	JTDO-TRACESWO（G4） USART2_TX（G4） SPI1_SCK（G4） SPI3_SCK（G4） TIM2_CH2（G4） TIM3_ETR（G4） TIM4_ETR（G4）	PB3（F1） TRACESWO（F1） SPI1_SCK（F1） TIM2_CH2（F1）	
56	57	26	PB4 （NJTRST F1） PB4（G4/L0）	I/O	5V	JTRST（G4） USART1_CTS（L0） USART2_RX（G4） SPI1_MISO（G4/L0） SPI3_MISO（G4） TIM3_CH1（G4/L0） **I2C3_SDA**（L0）	PB4（F1） SPI1_MISO（F1） TIM3_CH1（F1）	12.3
57	58	27	**PB5**	I/O	5V	USART1_CK（L0） USART2_CK（G4） SPI1_MOSI（G4/L0） SPI3_MOSI（G4） I2C3_SDA（G4） TIM3_CH2（G4/L0）	SPI1_MOSI（F1） TIM3_CH2（F1）	3.6（50）
58	59	28	**PB6**	I/O	5V	USART1_TX（G4/L0） **I2C1_SCL**（F1/L0） TIM4_CH1（F1/G4）	USART1_TX（F1）	6.2（83） 11.4（164）
59	60	29	**PB7**	I/O	5V	USART1_RX（G4/L0） USART4_CTS（L0） UART4_CTS（G4） **I2C1_SDA** TIM3_CH4（G4） TIM4_CH2（F1/G4）	USART1_RX（F1）	6.2（83） 11.4（163）
60		30	BOOT0	I				
61	61		**PB8**（F1） PB8-BOOT0（G4）	I/O	5V	USART3_RX（G4） I2C1_SCL（G4） TIM1_BKIN（G4） TIM4_CH3	I2C1_SCL（F1） CAN_RX（F1）	3.6（50）
62	62		**PB9**	I/O	5V	USART3_TX（G4） I2C1_SDA（G4） TIM1_CH3N（G4） TIM4_CH4	I2C1_SDA（F1） CAN_TX（F1）	3.6（50）
63	63	31	VSS	电源				
64	64	32	VDD	电源				

引脚			引脚名称 （复位功能）	类型	电平	默认复用功能（F1） 复用功能（G4/L0）	重映射复用功能（F1） 附加功能（G4/L0）	章节 （页）
F1	G4	L0						
14	12	6	PA0-WKUP （**PA0** F1） PA0（G4/L0）	I/O	5V（L0）	USART2_CTS USART4_TX（L0） ADC12_IN0（F1） TIM2_CH1_ETR	ADC_IN0（L0） ADC12_IN1（G4）	3.4（38） 11.2（154）
15	13	7	PA1	I/O	5V（L0）	USART2_RTS USART4_RX（L0） ADC12_IN1（F1） **TIM2_CH2**	ADC_IN1（L0） ADC12_IN2（G4）	8.2（115） 11.6
16	14	8	PA2	I/O	5V（L0）	**USART2_TX** ADC12_IN2（F1） TIM2_CH3	ADC_IN2（L0） ADC1_IN3（G4）	4.2（61）
17	17	9	PA3	I/O	5V（L0）	**USART2_RX** ADC12_IN3（F1） TIM2_CH4	ADC_IN3（L0） ADC1_IN4（G4）	4.2（61）
20	18	10	**PA4**	I/O		SPI1_NSS SPI3_NSS（G4） ADC12_IN4（F1） TIM3_CH2（G4）	ADC_IN4（L0） ADC2_IN17（G4）	12.4
21	19	11	PA5	I/O		**SPI1_SCK** ADC12_IN5（F1） TIM2_CH1_ETR （G4/L0）	ADC_IN5（L0） ADC2_IN13（G4）	12.4
22	20	12	PA6	I/O	5V（L0）	**SPI1_MISO** ADC12_IN6（F1） TIM1_BKIN（G4） **TIM3_CH1**	ADC_IN6（L0） ADC2_IN3（G4） TIM1_BKIN（F1）	8.2（116） 11.6 12.4
23	21	13	PA7	I/O	5V（L0）	**SPI1_MOSI** ADC12_IN7（F1） **TIM1_CH1N（G4）** TIM3_CH2	ADC_IN7（L0） ADC2_IN4（G4） **TIM1_CH1N（F1）**	8.2（115） 11.6 12.4
41	42	18	**PA8**	I/O	5V	USART1_CK I2C2_SDA（G4） **I2C3_SCL**（G4/L0） TIM1_CH1（F1/G4）		3.4（38） 12.3
42	43	19	PA9	I/O	5V	**USART1_TX** I2C1_SCL（L0） I2C2_SCL（G4） TIM1_CH2（F1/G4） TIM2_CH3（G4）		11.3
43	44	20	PA10	I/O	5V	**USART1_RX** SPI2_MISO（G4） I2C1_SDA（L0） TIM1_CH3（F1/G4） TIM2_CH4（G4）		11.3

| 引脚 | | | 引脚名称 | 类型 | 电平 | 默认复用功能（F1） | 重映射复用功能（F1） | 章节 |
F1	G4	L0	（复位功能）			复用功能（G4/L0）	附加功能（G4/L0）	（页）
44	45	21	**PA11**	I/O	5V	USART1_CTS SPI1_MISO（L0） SPI2_MOSI（G4） CAN_RX/USB_DM（F1） TIM1_CH4（F1/G4） TIM1_BKIN2（G4） TIM1_CH1N（G4） TIM4_CH1（G4）	USB_DM（G4）	12.2（185）
45	46	22	**PA12**	I/O	5V	USART1_RTS SPI1_MOSI（L0） CAN_TX/USB_DP（F1） TIM1_ETR（F1/G4） TIM1_CH2N（G4） TIM4_CH2（G4）	USB_DP（G4）	12.2（185）
46	49	23	PA13 （JTMS-SWDIO F1）	I/O	5V	SWDIO（L0） SWDIO-JTMS（G4） USART3_CTS（G4） I2C1_SCL（G4） TIM4_CH3（G4）	PA13（F1）	
49	50	25	PA14 （JTCK-SWCLK F1）	I/O	5V	SWCLK（L0） SWCLK-JTCK（G4） USART2_TX（G4/L0） I2C1_SDA（G4） TIM1_BKIN（G4）	PA14（F1）	
50	51		PA15 （JTDI F1）	I/O	5V	JTDI（G4） USART2_RX（G4） UART4_RTS（G4） SPI1_NSS（G4） SPI3_NSS（G4） I2C1_SCL（G4） TIM1_BKIN（G4） TIM2_CH1_ETR（G4）	PA15（F1） SPI1_NSS（F1） TIM2_CH1_ETR（F1）	
26	24	14	**PB0**	I/O	5V（L0）	**ADC12_IN8**（F1） TIM1_CH2N（G4） TIM3_CH3	ADC_IN8（L0） ADC1_IN15（G4） TIM1_CH2N（F1）	7.2（97） 11.2（154）
27	24	15	**PB1**	I/O	5V（L0）	ADC12_IN9（F1） TIM1_CH3N（G4） TIM3_CH4	ADC_IN9（L0） ADC1_IN12（G4） TIM1_CH3N（F1）	3.4（38） 11.2（154）
28	26		**PB2**	I/O	5V（F1）		ADC2_IN12（G4）	3.4（38） 11.2（154）

引脚			引脚名称	类型	电平	默认复用功能（F1）	重映射复用功能（F1）	章节
F1	G4	L0	（复位功能）			复用功能（G4/L0）	附加功能（G4/L0）	（页）
55	56		PB3 （JTDO F1）	I/O	5V	JTDO-TRACESWO（G4） USART2_TX（G4） SPI1_SCK（G4） SPI3_SCK（G4） TIM2_CH2（G4） TIM3_ETR（G4） TIM4_ETR（G4）	PB3（F1） TRACESWO（F1） SPI1_SCK（F1） TIM2_CH2（F1）	
56	57	26	PB4 （NJTRST F1） PB4（G4/L0）	I/O	5V	JTRST（G4） USART1_CTS（L0） USART2_RX（G4） SPI1_MISO（G4/L0） SPI3_MISO（G4） TIM3_CH1（G4/L0） **I2C3_SDA**（L0）	PB4（F1） SPI1_MISO（F1） TIM3_CH1（F1）	12.3
57	58	27	**PB5**	I/O	5V	USART1_CK（L0） USART2_CK（G4） SPI1_MOSI（G4/L0） SPI3_MOSI（G4） I2C3_SDA（G4） TIM3_CH2（G4/L0）	SPI1_MOSI（F1） TIM3_CH2（F1）	3.6（50）
58	59	28	**PB6**	I/O	5V	USART1_TX（G4/L0） **I2C1_SCL**（F1/L0） TIM4_CH1（F1/G4）	USART1_TX（F1）	6.2（83） 11.4（164）
59	60	29	**PB7**	I/O	5V	USART1_RX（G4/L0） USART4_CTS（L0） UART4_CTS（G4） **I2C1_SDA** TIM3_CH4（G4） TIM4_CH2（F1/G4）	USART1_RX（F1）	6.2（83） 11.4（163）
61	61		**PB8**（F1） PB8-BOOT0（G4）	I/O	5V	USART3_RX（G4） I2C1_SCL（G4） TIM1_BKIN（G4） TIM4_CH3	I2C1_SCL（F1） CAN_RX（F1）	3.6（50）
62	62		**PB9**	I/O	5V	USART3_TX（G4） I2C1_SDA（G4） TIM1_CH3N（G4） TIM4_CH4	I2C1_SDA（F1） CAN_TX（F1）	3.6（50）
29	30		**PB10**	I/O	5V（F1）	USART3_TX I2C2_SCL（F1） TIM1_BKIN（G4） TIM2_CH3（G4）	TIM2_CH3（F1）	3.6（50）
30	33		PB11	I/O	5V	USART3_RX I2C2_SDA（F1） TIM2_CH4（G4）	ADC12_IN14（G4） TIM2_CH4（F1）	

引脚			引脚名称 （复位功能）	类型	电平	默认复用功能（F1） 复用功能（G4/L0）	重映射复用功能（F1） 附加功能（G4/L0）	章节 （页）
F1	G4	L0						
33	34		PB12	I/O	5V（F1）	USART3_CK SPI2_NSS TIM1_BKIN	**ADC1_IN11**（G4）	11.5
34	35		PB13	I/O	5V	USART3_CTS **SPI2_SCK** TIM1_CH1N		5.2（73）
35	36		PB14	I/O	5V	USART3_RTS **SPI2_MISO** TIM1_CH2N	**ADC1_IN5**（G4）	5.2（73） 11.5
36	37		PB15	I/O	5V（F1）	**SPI2_MOSI** TIM1_CH3N	ADC2_IN15（G4）	5.2（73）
8	8		**PC0**	I/O	5V（G4）	ADC12_IN10（F1） TIM1_CH1（G4）	ADC12_IN6（G4）	3.6（50）
9	9		**PC1**	I/O	5V（G4）	ADC12_IN11（F1） TIM1_CH2（G4）	ADC12_IN7（G4）	3.6（50）
10	10		**PC2**	I/O	5V（G4）	ADC12_IN12（F1） TIM1_CH3（G4）	ADC12_IN8（G4）	3.6（50）
11	11		**PC3**	I/O	5V（G4）	ADC12_IN13（F1） TIM1_CH4（G4） TIM1_BKIN2（G4）	ADC12_IN9（G4）	3.6（50）
24	22		**PC4**	I/O	5V（G4）	USART1_TX（G4） I2C2_SCL（G4） ADC12_IN14（F1） TIM1_ETR（G4）	ADC2_IN5（G4）	3.6（50）
25	23		**PC5**	I/O	5V	USART1_RX（G4） ADC12_IN15（F1） TIM1_CH4N（G4）	ADC2_IN11（G4）	3.6（50）
37	38		**PC6**	I/O	5V	TIM3_CH1（G4）	TIM3_CH1（F1）	3.6（50）
38	39		**PC7**	I/O	5V	TIM3_CH2（G4）	TIM3_CH2（F1）	3.6（50）
39	40		**PC8**	I/O	5V	I2C3_SCL（G4） TIM3_CH3（G4）	TIM3_CH3（F1）	3.4（39） 3.6（50）
40	41		**PC9**	I/O	5V	I2C3_SDA（G4） TIM3_CH4（G4）	TIM3_CH4（F1）	3.4（39） 3.6（50）
51	52		**PC10**	I/O	5V	USART3_TX（G4） UART4_TX（G4） SPI3_SCK（G4）	USART3_TX（F1）	3.4（39） 3.6（50）
52	53		**PC11**	I/O	5V	USART3_RX（G4） UART4_RX（G4） SPI3_MISO（G4） I2C3_SDA（G4）	USART3_RX（F1）	3.4（39） 3.6（50）
53	54		**PC12**	I/O	5V	USART3_CK（G4） SPI3_MOSI（G4）	USART3_CK（F1）	3.4（39） 3.6（50）

引脚			引脚名称 （复位功能）	类型	电平	默认复用功能（F1） 复用功能（G4/L0）	重映射复用功能（F1） 附加功能（G4/L0）	章节 （页）
F1	G4	L0						
2	2		PC13-TAMPER-RTC （**PC13** F1） PC13（G4）	I/O	5V（G4）	TAMPER-RTC（F1） TIM1_BKIN（G4） TIM1_CH1N（G4）		3.4（39） 3.6（50）
3	3	1	PC14-OSC32_IN （**PC14**）	I/O	5V （G4/L0）	OSC32_IN（F1）	OSC32_IN（G4/L0）	3.4（39） 3.6（50） 12.2（183）
4	4	2	PC15-OSC32_OUT （**PC15**）	I/O	5VG4）	OSC32_OUT（F1）	OSC32_OUT（G4/L0）	3.4（39） 3.6（50） 12.2（185）
5	5		PD0-OSC_IN （OSC_IN F1） PF0-OSC_IN （PF0 G4）	I（F1） I/O（G4）	5V（G4）	SPI2_NSS（G4） I2C2_SDA（G4） TIM1_CH3N（G4）	PD0（F1） ADC1_IN10（G4） OSC_IN（G4）	
6	6		PD1-OSC_OUT （OSC_OUT F1） PF1-OSC_OUT （PF1 G4）	O（F1） I/O（G4）	5V（G4）	SPI2_SCK（G4）	PD1（F1） ADC2_IN10（G4） OSC_IN（G4）	
54	55		**PD2**	I/O	5V	TIM3_ETR		3.4（39） 11.2（156）
7	7	3	NRST（F1/L0） PG10-NRST（PG10 G4）	I/O			NRST（G4）	

表 A.3 USART 引脚功能

引脚			引脚名称 （复位功能）	类型	电平	默认复用功能（F1） 复用功能（G4/L0）	重映射复用功能（F1） 附加功能（G4/L0）	章节 （页）
F1	G4	L0						
42	43	19	PA9	I/O	5V	**USART1_TX**		11.3
43	44	20	PA10	I/O	5V	**USART1_RX**		11.3
58	59	28	PB6	I/O	5V	USART1_TX（G4/L0）	USART1_TX（F1）	
59	60	29	PB7	I/O	5V	USART1_RX（G4/L0）	USART1_RX（F1）	
24	22		PC4	I/O	5V（G4）	USART1_TX（G4）		
25	23		PC5	I/O		USART1_RX（G4）		
16	14	8	PA2	I/O	5V（L0）	**USART2_TX**		4.2（61）
17	17	9	PA3	I/O	5V（L0）	**USART2_RX**		4.2（61）
49	50	25	PA14	I/O	5V	USART2_TX（G4/L0）		
50	51		PA15	I/O	5V	USART2_RX（G4）		
55	56		PB3	I/O	5V	USART2_TX（G4）		
56	57	26	PB4	I/O	5V	USART2_RX（G4）		
61	61		PB8	I/O	5V	USART3_RX（G4）		
62	62		PB9	I/O	5V	USART3_TX（G4）		

| 引脚 | | | 引脚名称 | 类型 | 电平 | 默认复用功能（F1） | 重映射复用功能（F1） | 章节 |
F1	G4	L0	（复位功能）			复用功能（G4/L0）	附加功能（G4/L0）	（页）
30	33		PB11	I/O	5V	USART3_RX		
51	52		PC10	I/O	5V	USART3_TX（G4） UART4_TX（G4）	USART3_TX（F1）	
52	53		PC11	I/O	5V	USART3_RX（G4） UART4_RX（G4）	USART3_RX（F1）	
14	12	6	PA0	I/O	5V（L0）	USART4_TX（L0）		
15	13	7	PA1	I/O	5V（L0）	USART4_RX（L0）		

表 A.4 SPI 引脚功能

| 引脚 | | | 引脚名称 | 类型 | 电平 | 默认复用功能（F1） | 重映射复用功能（F1） | 章节 |
F1	G4	L0	（复位功能）			复用功能（G4/L0）	附加功能（G4/L0）	（页）
21	19	11	PA5	I/O		**SPI1_SCK**		12.4
22	20	12	PA6	I/O	5V（L0）	**SPI1_MISO**		12.4
23	21	13	PA7	I/O	5V（L0）	**SPI1_MOSI**		12.4
55	56		PB3	I/O	5V	SPI1_SCK（G4） SPI3_SCK（G4）	SPI1_SCK（F1）	
56	57	26	PB4	I/O	5V	SPI1_MISO（G4/L0） SPI3_MISO（G4）	SPI1_MISO（F1）	
57	58	27	PB5	I/O	5V	SPI1_MOSI（G4/L0） SPI3_MOSI（G4）	SPI1_MOSI（F1）	
34	35		PB13	I/O	5V	**SPI2_SCK**		5.2（73）
35	36		PB14	I/O	5V	**SPI2_MISO**		5.2（73）
36	37		PB15	I/O	5V（F1）	**SPI2_MOSI**		5.2（73）
6	6		PF1	I/O（G4）	5V（G4）	SPI2_SCK（G4）		
43	44	20	PA10	I/O	5V	SPI2_MISO（G4）		
44	45	21	PA11	I/O	5V	SPI2_MOSI（G4）		
51	52		PC10	I/O	5V	SPI3_SCK（G4）		
52	53		PC11	I/O	5V	SPI3_MISO（G4）		
53	54		PC12	I/O	5V	SPI3_MOSI（G4）		

表 A.5 I²C 引脚功能

| 引脚 | | | 引脚名称 | 类型 | 电平 | 默认复用功能（F1） | 重映射复用功能（F1） | 章节 |
F1	G4	L0	（复位功能）			复用功能（G4/L0）	附加功能（G4/L0）	（页）
46	49	23	PA13	I/O	5V	I2C1_SCL（G4）		
49	50	25	PA14	I/O	5V	I2C1_SDA（G4）		
50	51		PA15	I/O	5V	I2C1_SCL（G4）		
58	59	28	PB6	I/O	5V	**I2C1_SCL**（F1/L0）		6.2（83）
59	60	29	PB7	I/O	5V	**I2C1_SDA**		6.2（83）

引脚			引脚名称	类型	电平	默认复用功能（F1）	重映射复用功能（F1）	章节
F1	G4	L0	（复位功能）			复用功能（G4/L0）	附加功能（G4/L0）	（页）
61	61		PB8	I/O	5V	I2C1_SCL（G4）	I2C1_SCL（F1）	
62	62		PB9	I/O	5V	I2C1_SDA（G4）	I2C1_SDA（F1）	
29	30		PB10	I/O	5V（F1）	I2C2_SCL（F1）		
30	33		PB11	I/O	5V	I2C2_SDA（F1）		
42	43	19	PA9	I/O	5V	I2C1_SCL（L0） I2C2_SCL（G4）		
43	44	20	PA10	I/O	5V	I2C1_SDA（L0）		
41	42	18	PA8	I/O	5V	I2C2_SDA（G4） **I2C3_SCL**（G4/L0）		12.3
56	57	26	PB4	I/O	5V	**I2C3_SDA**（L0）		12.3
57	58	27	PB5	I/O	5V	I2C3_SDA（G4）		
24	22		PC4	I/O	5V（G4）	I2C2_SCL（G4）		
5	5		PF0	I/O（G4）	5V（G4）	I2C2_SDA（G4）		
39	40		PC8	I/O	5V	I2C3_SCL（G4）		
40	41		PC9	I/O	5V	I2C3_SDA（G4）		
52	53		PC11	I/O	5V	I2C3_SDA（G4）		

表 A.6 ADC 引脚功能

引脚			引脚名称	类型	电平	默认复用功能（F1）	重映射复用功能（F1）	章节
F1	G4	L0	（复位功能）			复用功能（G4/L0）	附加功能（G4/L0）	（页）
14	12	6	PA0	I/O	5V（L0）	ADC12_IN0（F1）	ADC_IN0（L0） ADC12_IN1（G4）	
15	13	7	PA1	I/O	5V（L0）	ADC12_IN1（F1）	ADC_IN1（L0） ADC12_IN2（G4）	
16	14	8	PA2	I/O	5V（L0）	ADC12_IN2（F1）	ADC_IN2（L0） ADC1_IN3（G4）	
17	17	9	PA3	I/O	5V（L0）	ADC12_IN3（F1）	ADC_IN3（L0） ADC1_IN4（G4）	
20	18	10	PA4	I/O		ADC12_IN4（F1）	ADC_IN4（L0） ADC2_IN17（G4）	
21	19	11	PA5	I/O		ADC12_IN5（F1）	ADC_IN5（L0） ADC2_IN13（G4）	
22	20	12	PA6	I/O	5V（L0）	ADC12_IN6（F1）	ADC_IN6（L0） ADC2_IN3（G4）	
23	21	13	PA7	I/O	5V（L0）	ADC12_IN7（F1）	ADC_IN7（L0） ADC2_IN4（G4）	
26	24	14	PB0	I/O	5V（L0）	**ADC12_IN8**（F1）	ADC_IN8（L0） ADC1_IN15（G4）	7.2（97）
27	24	15	PB1	I/O	5V（L0）	ADC12_IN9（F1）	ADC_IN9（L0） ADC1_IN12（G4）	

| 引脚 | | | 引脚名称 | 类型 | 电平 | 默认复用功能（F1） | 重映射复用功能（F1） | 章节 |
F1	G4	L0	（复位功能）			复用功能（G4/L0）	附加功能（G4/L0）	（页）
8	8		PC0	I/O	5V（G4）	ADC12_IN10（F1）	ADC12_IN6（G4）	
9	9		PC1	I/O	5V（G4）	ADC12_IN11（F1）	ADC12_IN7（G4）	
10	10		PC2	I/O	5V（G4）	ADC12_IN12（F1）	ADC12_IN8（G4）	
11	11		PC3	I/O	5V（G4）	ADC12_IN13（F1）	ADC12_IN9（G4）	
24	22		PC4	I/O	5V（G4）	ADC12_IN14（F1）	ADC2_IN5（G4）	
25	23		PC5	I/O		ADC12_IN15（F1）	ADC2_IN11（G4）	
35	36		PB14	I/O	5V		**ADC1_IN5**（G4）	11.5
5	5		PF0	I/O（G4）	5V（G4）		ADC1_IN10（G4）	
33	34		PB12	I/O	5V（F1）		**ADC1_IN11**（G4）	11.5
30	33		PB11	I/O	5V		ADC12_IN14（G4）	
6	6		PF1	I/O（G4）	5V（G4）		ADC2_IN10（G4）	
28	26		PB2	I/O	5V（F1）		ADC2_IN12（G4）	
36	37		PB15	I/O	5V（F1）		ADC2_IN15（G4）	

表 A.7 TIM 引脚功能

| 引脚 | | | 引脚名称 | 类型 | 电平 | 默认复用功能（F1） | 重映射复用功能（F1） | 章节 |
F1	G4	L0	（复位功能）			复用功能（G4/L0）	附加功能（G4/L0）	（页）
41	42	18	PA8	I/O	5V	TIM1_CH1（F1/G4）		
42	43	19	PA9	I/O	5V	TIM1_CH2（F1/G4） TIM2_CH3（G4）		
43	44	20	PA10	I/O	5V	TIM1_CH3（F1/G4） TIM2_CH4（G4）		
44	45	21	PA11	I/O	5V	TIM1_CH4（F1/G4） TIM1_BKIN2（G4） TIM1_CH1N（G4） TIM4_CH1（G4）		
45	46	22	PA12	I/O	5V	TIM1_ETR（F1/G4） TIM1_CH2N（G4） TIM4_CH2（G4）		
46	49	23	PA13	I/O	5V	TIM4_CH3（G4）		
8	8		PC0	I/O	5V（G4）	TIM1_CH1（G4）		
9	9		PC1	I/O	5V（G4）	TIM1_CH2（G4）		
10	10		PC2	I/O	5V（G4）	TIM1_CH3（G4）		
11	11		PC3	I/O	5V（G4）	TIM1_CH4（G4） TIM1_BKIN2（G4）		
24	22		PC4	I/O	5V（G4）	TIM1_ETR（G4）		
22	20	12	PA6	I/O	5V（L0）	TIM1_BKIN（G4） **TIM3_CH1**	TIM1_BKIN（F1）	8.2（116） 11.6
23	21	13	PA7	I/O	5V（L0）	**TIM1_CH1N**（G4） TIM3_CH2	**TIM1_CH1N（F1）**	8.2（115） 11.6

引脚			引脚名称（复位功能）	类型	电平	默认复用功能（F1）复用功能（G4/L0）	重映射复用功能（F1）附加功能（G4/L0）	章节（页）
F1	G4	L0						
26	24	14	PB0	I/O	5V（L0）	TIM1_CH2N（G4） TIM3_CH3	TIM1_CH2N（F1）	
27	24	15	PB1	I/O	5V（L0）	TIM1_CH3N（G4） TIM3_CH4	TIM1_CH3N（F1）	
33	34		PB12	I/O	5V（F1）	TIM1_BKIN		
34	35		PB13	I/O	5V	TIM1_CH1N		
35	36		PB14	I/O	5V	TIM1_CH2N		
36	37		PB15	I/O	5V（F1）	TIM1_CH3N		
14	12	6	PA0	I/O	5V（L0）	TIM2_CH1_ETR		
15	13	7	PA1	I/O	5V（L0）	**TIM2_CH2**		8.2（115） 11.6
16	14	8	PA2	I/O	5V（L0）	TIM2_CH3		
17	17	9	PA3	I/O	5V（L0）	TIM2_CH4		
21	19	11	PA5	I/O		TIM2_CH1_ETR （G4/L0）		
49	50	25	PA14	I/O	5V	TIM1_BKIN（G4）		
50	51		PA15	I/O	5V	TIM1_BKIN（G4） TIM2_CH1_ETR（G4）	TIM2_CH1_ETR（F1）	
55	56		PB3	I/O	5V	TIM2_CH2（G4） TIM3_ETR（G4） TIM4_ETR（G4）	TIM2_CH2（F1）	
29	30		PB10	I/O	5V（F1）	TIM1_BKIN（G4） TIM2_CH3（G4）	TIM2_CH3（F1）	
30	33		PB11	I/O	5V	TIM2_CH4（G4）	TIM2_CH4（F1）	
56	57	26	PB4	I/O	5V	TIM3_CH1（G4/L0）	TIM3_CH1（F1）	
57	58	27	PB5	I/O	5V	TIM3_CH2（G4/L0）	TIM3_CH2（F1）	
20	18	10	PA4	I/O		TIM3_CH2（G4）		
37	38		PC6	I/O	5V	TIM3_CH1（G4）	TIM3_CH1（F1）	
38	39		PC7	I/O	5V	TIM3_CH2（G4）	TIM3_CH2（F1）	
39	40		PC8	I/O	5V	TIM3_CH3（G4）	TIM3_CH3（F1）	
40	41		PC9	I/O	5V	TIM3_CH4（G4）	TIM3_CH4（F1）	
54	55		PD2	I/O	5V	TIM3_ETR		
58	59	28	PB6	I/O	5V	TIM4_CH1（F1/G4）		
59	60	29	PB7	I/O	5V	TIM3_CH4（G4） TIM4_CH2（F1/G4）		
61	61		PB8	I/O	5V	TIM1_BKIN（G4） TIM4_CH3		
62	62		PB9	I/O	5V	TIM1_CH3N（G4） TIM4_CH4		

附录 B STM32 常用库函数

STM32 库函数如表 B.1～表 B.11 所示。

表 B.1 RCC 库函数

序号	返回值	函 数 名	参 数	章节（页）
1	void	LL_APB1_GRP1_EnableClock	uint32_t Periphs	1.3（6） 4.2（61）
2	void	LL_APB2_GRP1_EnableClock	uint32_t Periphs	1.3（6） 3.2（32）

表 B.2 SysTick 库函数

序号	返回值	函 数 名	参 数	章节（页）
1	HAL_Status TypeDef	HAL_InitTick	uint32_t TickPriority	1.4（7）
2	void	HAL_Delay	uint32_t Delay	1.4（7） 3.4（38）
3	void	LL_Init1msTick	uint32_t HCLKFrequency	1.4（7）
4	void	LL_mDelay	uint32_t Delay	1.4（8） 3.4（42）
5	void	LL_SYSTICK_EnableIT	void	2.3（21）

表 B.3 GPIO 库函数

序号	返回值	函 数 名	参 数	章节（页）
1	void	HAL_GPIO_Init	GPIO_TypeDef* GPIOx, GPIO_InitTypeDef* GPIO_Init	3.2（32） 3.3（33）
2	GPIO_PinState	HAL_GPIO_ReadPin	GPIO_TypeDef* GPIOx, uint16_t GPIO_Pin	3.3（33） 3.4（38） 11.2（154） 12.2（183）
3	void	HAL_GPIO_WritePin	GPIO_TypeDef* GPIOx, uint16_t GPIO_Pin, GPIO_PinState PinState	3.3（34） 3.4（39） 11.2（156） 12.2（185）
4	ErrorStatus	LL_GPIO_Init	GPIO_TypeDef* GPIOx, LL_GPIO_InitTypeDef* GPIO_InitStruct	3.3（34） 3.2（33）
5	uint32_t	LL_GPIO_ReadInputPort	GPIO_TypeDef* GPIOx	3.3（35）
6	uint32_t	LL_GPIO_IsInputPinSet	GPIO_TypeDef* GPIOx, uint32_t PinMask	3.3（35） 3.4（42） 11.2（154） 12.2（184）

序号	返回值	函 数 名	参 数	章节（页）
7	void	LL_GPIO_WriteOutputPort	GPIO_TypeDef* GPIOx, uint32_t PortValue	3.3（35） 3.4（43） 11.2（156）
8	void	LL_GPIO_SetOutputPin	GPIO_TypeDef* GPIOx, uint32_t PinMask	3.3（36） 3.4（44） 11.2（156） 12.2（185）
9	void	LL_GPIO_ResetOutputPin	GPIO_TypeDef* GPIOx, uint32_t PinMask	3.3（36） 3.4（44） 11.2（156） 12.2（185）
10	void	LL_GPIO_AF_SetEXTISource	uint32_t Port, uint32_t Line	9.2（134）

表 B.4　USART 库函数

序号	返回值	函 数 名	参 数	章节（页）
1	HAL_Status TypeDef	HAL_USART_Init	USART_HandleTypeDef* husart	4.2（60） 4.3（62）
2	HAL_Status TypeDef	HAL_USART_Transmit	USART_HandleTypeDef* husart uint8_t* pTxData, uint16_t Size uint32_t Timeout	4.3（63） 4.4（65） 11.3（161）
3	HAL_Status TypeDef	HAL_USART_Receive	USART_HandleTypeDef* husart uint8_t* pRxData, uint16_t Size uint32_t Timeout	4.3（63） 4.4（65） 11.3（161）
4	ErrorStatus	LL_USART_Init	USART_TypeDef* USARTx LL_USART_InitTypeDef* USART_InitStruct	4.2（61） 4.3（63）
5	void	LL_USART_Enable	USART_TypeDef* USARTx	4.2（61） 4.3（64）
6	uint32_t	LL_USART_IsActiveFlag_TXE	USART_TypeDef* USARTx	4.3（64） 4.4（66） 11.3（161）
7	uint32_t	LL_USART_IsActiveFlag_RXNE	USART_TypeDef* USARTx	4.3（64） 4.4（66） 9.3（139） 11.3（161）
8	void	LL_USART_TransmitData8	USART_TypeDef* USARTx, uint8_t Value	4.3（64） 4.4（66） 11.3（161）
9	uint8_t	LL_USART_ReceiveData8	USART_TypeDef* USARTx	4.3（64） 4.4（66） 9.3（139） 11.3（161）
10	void	LL_USART_EnableIT_RXNE	USART_TypeDef* USARTx	9.3（138） 9.3（139）
11	void	LL_USART_EnableDMAReq_RX	USART_TypeDef* USARTx	10.2（144） 10.2（145）

表 B.5 SPI 库函数

序号	返回值	函 数 名	参 数	章节（页）
1	HAL_Status TypeDef	HAL_SPI_Init	SPI_HandleTypeDef* hspi	5.2（73） 5.3（74）
2	HAL_Status TypeDef	HAL_SPI_TransmitReceive	SPI_HandleTypeDef* hspi uint8_t* pTxData uint8_t* pRxData uint16_t Size uint32_t Timeout	5.3（74） 5.4（77） 12.4（201）
3	ErrorStatus	LL_SPI_Init	SPI_TypeDef* SPIx LL_SPI_InitTypeDef* SPI_InitStruct	5.2（73） 5.3（75）
4	void	LL_SPI_Enable	SPI_TypeDef* SPIx	5.3（75） 5.4（77）
5	uint32_t	LL_SPI_IsActiveFlag_TXE	SPI_TypeDef* SPIx	5.3（75） 5.4（77） 12.4（201）
6	uint32_t	LL_SPI_IsActiveFlag_RXNE	SPI_TypeDef* SPIx	5.3（75） 5.4（77） 12.4（201）
7	void	LL_SPI_TransmitData8	SPI_TypeDef* SPIx, uint8_t TxData	5.3（76） 5.4（77） 12.4（201）
8	uint8_t	LL_SPI_ReceiveData8	SPI_TypeDef* SPIx	5.3（76） 5.4（77） 12.4（201）

表 B.6 I^{2}C 库函数

序号	返回值	函 数 名	参 数	章节（页）
1	HAL_Status TypeDef	HAL_I2C_Init	I2C_HandleTypeDef* hi2c	6.2（83） 6.3（84）
2	HAL_Status TypeDef	HAL_I2C_Master_Transmit	I2C_HandleTypeDef* hi2c uint16_t DevAddress uint8_t* pData uint16_t Size uint32_t Timeout	6.3（84） 12.3（190）
3	HAL_Status TypeDef	HAL_I2C_Master_Receive	I2C_HandleTypeDef* hi2c uint16_t DevAddress uint8_t* pData uint16_t Size uint32_t Timeout	6.3（85）
4	HAL_Status TypeDef	HAL_I2C_Mem_Write	I2C_HandleTypeDef* hi2c uint16_t DevAddress uint16_t MemAddress uint16_t MemAddSize uint8_t* pData uint16_t Size uint32_t Timeout	6.3（85） 6.4（89）

序号	返回值	函 数 名	参 数	章节（页）
5	HAL_Status TypeDef	HAL_I2C_Mem_Read	I2C_HandleTypeDef* hi2c uint16_t DevAddress uint16_t MemAddress uint16_t MemAddSize uint8_t* pData uint16_t Size uint32_t Timeout	6.3（85） 6.4（89）
6	uint32_t	LL_I2C_Init	I2C_TypeDef* I2Cx LL_I2C_InitTypeDef* I2C_InitStruct	6.2（83） 6.3（86）
7	void	LL_I2C_GenerateStartCondition	I2C_TypeDef* I2Cx	6.3（86） 6.4（89）
8	void	LL_I2C_GenerateStopCondition	I2C_TypeDef* I2Cx	6.3（86） 6.4（90）
9	void	LL_I2C_AcknowledgeNextData	I2C_TypeDef* I2Cx uint32_t TypeAcknowledge	6.3（86） 6.4（90）
10	uint32_t	LL_I2C_IsActiveFlag_SB	I2C_TypeDef* I2Cx	6.3（87） 6.4（89）
11	uint32_t	LL_I2C_IsActiveFlag_ADDR	I2C_TypeDef* I2Cx	6.3（87） 6.4（90）
12	void	LL_I2C_ClearFlag_ADDR	I2C_TypeDef* I2Cx	6.3（87） 6.4（90）
13	uint32_t	LL_I2C_IsActiveFlag_TXE	I2C_TypeDef* I2Cx	6.3（87） 6.4（90）
14	uint32_t	LL_I2C_IsActiveFlag_RXNE	I2C_TypeDef* I2Cx	6.3（87） 6.4（90）
15	uint32_t	LL_I2C_IsActiveFlag_BTF	I2C_TypeDef* I2Cx	6.3（87） 6.4（90）
16	void	LL_I2C_HandleTransfer	I2C_TypeDef* I2Cx uint32_t SlaveAddr uint32_t SlaveAddrSize uint32_t TransferSize uint32_t EndMode uint32_t Request	12.3（190）
17	uint32_t	LL_I2C_IsActiveFlag_TXIS	I2C_TypeDef* I2Cx	12.3（190）
18	void	LL_I2C_TransmitData8	I2C_TypeDef* I2Cx uint8_t Data	6.3（87） 6.4（89）
19	uint8_t	LL_I2C_ReceiveData8	I2C_TypeDef* I2Cx	6.3（88） 6.4（90）

表 B.7　ADC 库函数

序号	返回值	函 数 名	参 数	章节（页）
1	HAL_Status TypeDef	HAL_ADC_Init	ADC_HandleTypeDef* hadc	7.2（97） 7.3（98）
2	HAL_Status TypeDef	HAL_ADC_ConfigChannel	ADC_HandleTypeDef* hadc ADC_ChannelConfTypeDef* sConfig	7.2（97） 7.3（99）

序号	返回值	函 数 名	参 数	章节（页）
3	HAL_Status TypeDef	HAL_ADCEx_InjectedConfigChannel	ADC_HandleTypeDef* hadc ADC_InjectionConfTypeDef* sConfigInjected	7.3（99）
4	HAL_Status TypeDef	HAL_ADCEx_Calibration_Start	ADC_HandleTypeDef* hadc	7.3（100） 7.4（105）
5	HAL_Status TypeDef	HAL_ADCEx_Calibration_Start	ADC_HandleTypeDef* hadc **uint32_t SingleDiff**	11.5（173）
6	HAL_Status TypeDef	HAL_ADC_Start	ADC_HandleTypeDef* hadc	7.3（100） 7.4（105） 11.5（173）
7	HAL_Status TypeDef	HAL_ADC_PollForConversion	ADC_HandleTypeDef* hadc uint32_t Timeout	7.3（100） 7.4（105） 11.5（173）
8	HAL_Status TypeDef	HAL_ADCEx_InjectedPollForConversion	ADC_HandleTypeDef* hadc uint32_t Timeout	7.3（100） 7.4（105）
9	uint32_t	HAL_ADC_GetValue	ADC_HandleTypeDef* hadc	7.3（100） 7.4（105） 11.5（173）
10	uint32_t	HAL_ADCEx_InjectedGetValue	ADC_HandleTypeDef* hadc uint32_t InjectedRank	7.3（101） 7.4（105）
11	ErrorStatus	LL_ADC_Reg_Init	ADC_TypeDef* ADCx LL_ADC_Reg_InitTypeDef* ADC_Reg_InitStruct	7.2（97） 7.3（101）
12	void	LL_ADC_REG_SetSequencerRanks	ADC_TypeDef* ADCx uint32_t Rank, uint32_t Channel	7.2（97） 7.3（102）
13	void	LL_ADC_INJ_SetSequencerRanks	ADC_TypeDef* ADCx uint32_t Rank, uint32_t Channel	7.3（102） 7.4（105）
14	void	LL_ADC_SetChannelSamplingTime	ADC_TypeDef* ADCx uint32_t Channel uint32_t SamplingTime	7.2（97） 7.3（102）
15	void	LL_ADC_INJ_SetTriggerSource	ADC_TypeDef* ADCx uint32_t TriggerSource	7.3（102） 7.4（105）
16	void	LL_ADC_INJ_SetTrigAuto	ADC_TypeDef* ADCx uint32_t TrigAuto	7.3（102） 7.4（105）
17	void	LL_ADC_Enable	ADC_TypeDef* ADCx	7.3（103） 7.4（105） 11.5（173）
18	void	LL_ADC_StartCalibration	ADC_TypeDef* ADCx	7.3（103） 7.4（105）
19	void	LL_ADC_StartCalibration	ADC_TypeDef* ADCx **uint32_t SingleDiff**	11.5（173）
20	uint32_t	LL_ADC_IsCalibrationOnGoing	ADC_TypeDef* ADCx	7.3（103） 7.4（105） 11.5（173）

序号	返回值	函 数 名	参 数	章节（页）
21	void	LL_ADC_REG_StartConversionSWStart	ADC_TypeDef* ADCx	7.3（103） 7.4（105）
22	void	**LL_ADC_REG_StartConversion**	ADC_TypeDef* ADCx	11.5（174）
23	uint32_t	LL_ADC_IsActiveFlag_EOS	ADC_TypeDef* ADCx	7.3（103） 7.4（105）
24	uint32_t	LL_ADC_IsActiveFlag_JEOS	ADC_TypeDef* ADCx	7.3（103） 7.4（105）
25	uint32_t	**LL_ADC_IsActiveFlag_EOC**	ADC_TypeDef* ADCx	11.5（174）
26	uint16_t	LL_ADC_REG_ReadConversionData12	ADC_TypeDef* ADCx	7.3（103） 7.4（105） 11.5（174）
27	uint16_t	LL_ADC_INJ_ReadConversionData12	ADC_TypeDef* ADCx uint32_t Rank	7.3（104） 7.4（105）

表 B.8　TIM 库函数

序号	返回值	函 数 名	参 数	章节（页）
1	HAL_Status TypeDef	HAL_TIM_Base_Init	TIM_HandleTypeDef* htim	8.2（114） 8.3（118）
2	HAL_Status TypeDef	HAL_TIM_PWM_Init	TIM_HandleTypeDef* htim	8.2（114） 8.3（118）
3	HAL_Status TypeDef	HAL_TIM_IC_Init	TIM_HandleTypeDef* htim	8.3（118）
4	HAL_Status TypeDef	HAL_TIM_SlaveConfigSynchro	TIM_HandleTypeDef* htim TIM_SlaveConfigTypeDef* sSlaveConfig	8.2（115） 8.3（118）
5	HAL_Status TypeDef	HAL_TIM_PWM_ConfigChannel	TIM_HandleTypeDef* htim TIM_OC_InitTypeDef*sConfig, uint32_t Channel	8.2（114） 8.3（119）
6	HAL_Status TypeDef	HAL_TIM_IC_ConfigChannel	TIM_HandleTypeDef* htim TIM_IC_InitTypeDef* sConfig, uint32_t Channel	8.2（115） 8.3（119）
7	HAL_Status TypeDef	HAL_TIM_PWM_Start	TIM_HandleTypeDef* htim uint32_t Channel	8.3（120） 8.4（124）
8	HAL_Status TypeDef	HAL_TIM_IC_Start	TIM_HandleTypeDef* htim uint32_t Channel	8.3（120） 8.4（125）
9	uint32_t	HAL_TIM_ReadCapturedValue	TIM_HandleTypeDef* htim	8.3（120） 8.4（125）
10	ErrorStatus	LL_TIM_Init	TIM_TypeDef* TIMx LL_TIM_InitTypeDef* TIM_InitStruct	8.2（116） 8.3（121）
11	ErrorStatus	LL_TIM_OC_Init	TIM_TypeDef* TIMx uint32_t Channel LL_TIM_OC_InitTypeDef* TIM_OC_InitStruct	8.2（116） 8.3（121）
12	void	LL_TIM_SetSlaveMode	TIM_TypeDef* TIMx uint32_t SlaveMode	8.2（116） 8.3（122）

序号	返回值	函 数 名	参 数	章节（页）
13	void	LL_TIM_SetTriggerInput	TIM_TypeDef* TIMx	8.2（116）
			uint32_t TriggerInput	8.3（122）
14	void	LL_TIM_IC_SetActiveInput	TIM_TypeDef* TIMx	8.2（116）
			uint32_t Channel	8.3（122）
			uint32_t ICActiveInput	
15	void	LL_TIM_IC_SetPolarity	TIM_TypeDef* TIMx	8.2（116）
			uint32_t Channel	8.3（122）
			uint32_t ICPolarity	
16	void	LL_TIM_EnableCounter	TIM_TypeDef* TIMx	8.3（122）
				8.4（124）
17	void	LL_TIM_CC_EnableChannel	TIM_TypeDef* TIMx	8.3（123）
			uint32_t Channels	8.4（125）
18	void	LL_TIM_OC_SetCompareCH1	TIM_TypeDef* TIMx	8.3（123）
			uint32_t CompareValue	8.4（126）
19	uint32_t	LL_TIM_IC_GetCaptureCH1	TIM_TypeDef* TIMx	8.3（123）
				8.4（126）

表 B.9　NVIC 库函数

序号	返回值	函 数 名	参 数	章节（页）
1	void	HAL_NVIC_SetPriorityGrouping	uint32_t PriorityGroup	9.1（131）
2	void	HAL_NVIC_SetPriority	IRQn_Type IRQn	9.1（131）
			uint32_t PreemptPriority	
			uint32_t SubPriority	
3	void	HAL_NVIC_EnableIRQ	IRQn_Type IRQn	9.1（132）
4	void	NVIC_SetPriorityGrouping	uint32_t PriorityGroup	2.3（21）
				9.1（132）
5	void	NVIC_SetPriority	IRQn_Type IRQn	9.1（132）
			uint32_t Priority	
6	void	NVIC_EnableIRQ	IRQn_Type IRQn	9.1（132）

表 B.10　EXTI 库函数

序号	返回值	函 数 名	参 数	章节（页）
1	uint32_t	LL_EXTI_Init	LL_EXTI_InitTypeDef* EXTI_InitStruct	9.2（134）
2	uint32_t	LL_EXTI_IsActiveFlag_0_31	uint32_t ExtiLine	9.2（135）
3	void	LL_EXTI_ClearFlag_0_31	uint32_t ExtiLine	9.2（135）

表 B.11　DMA 库函数

序号	返回值	函 数 名	参 数	章节（页）
1	void	LL_DMA_ConfigTransfer	DMA_TypeDef* DMAx	10.1（142）
			uint32_t Channel	
			uint32_t Configuration	
2	void	LL_DMA_ConfigAddresses	DMA_TypeDef* DMAx, uint32_t Channe	10.1（142）
			uint32_t SrcAddress, uint32_t DstAddres	10.2（145）
			uint32_t Direction	

序号	返回值	函 数 名	参 数	章节（页）
3	void	LL_DMA_SetDataLength	DMA_TypeDef* DMAx uint32_t Channel uint32_t NbData	10.1（142） 10.2（145）
4	void	LL_DMA_EnableChannel	DMA_TypeDef* DMAx uint32_t Channe	10.1（143） 10.2（145）
5	void	LL_DMA_EnableIT_TC	DMA_TypeDef* DMAx uint32_t Channel	10.1（143） 10.2（145）
6	void	LL_DMA_ClearFlag_GI6	DMA_TypeDef* DMAx	10.1（143） 10.2（145）

附录 C　CT117E 嵌入式竞赛实训平台

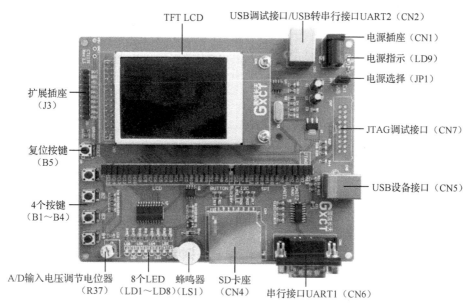

TFT LCD
USB调试接口/USB转串行接口UART2（CN2）
电源插座（CN1）
电源指示（LD9）
电源选择（JP1）
JTAG调试接口（CN7）
扩展插座（J3）
复位按键（B5）
USB设备接口（CN5）
4个按键（B1～B4）
A/D输入电压调节电位器（R37）
8个LED（LD1～LD8）
蜂鸣器（LS1）
SD卡座（CN4）
串行接口UART1（CN6）

图 C.1　CT117E 嵌入式竞赛实训平台实物图 1

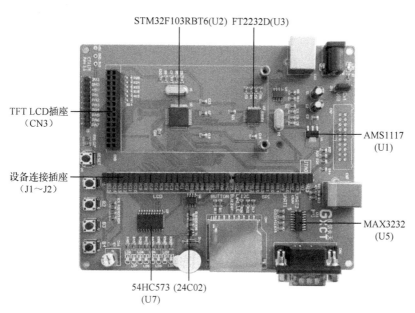

STM32F103RBT6(U2)　FT2232D(U3)
TFT LCD插座（CN3）
AMS1117（U1）
设备连接插座（J1～J2）
MAX3232（U5）
54HC573 (24C02)（U7）

图 C.2　CT117E 嵌入式竞赛实训平台实物图 2

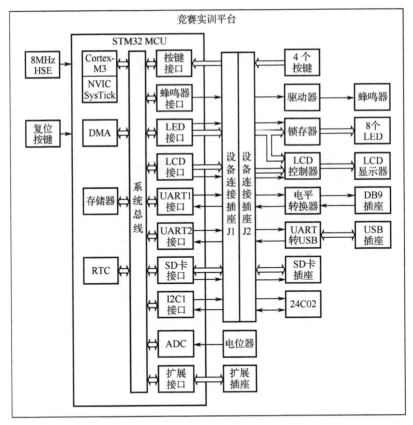

图 C.3　CT117E 嵌入式竞赛实训平台方框图

CT117E 嵌入式竞赛实训平台由以下功能模块组成：

● 处理器：STM32F103RBT6

● 4 个用户按键

● 1 个有源蜂鸣器

● 8 个用户 LED

● 2.4 寸 TFT-LCD

● 2 个 RS-232 串口（UART1 使用电平转换，UART2 使用 UART-USB 转换）

● 1 个 SD 卡接口

● 1 个 EEPROM 芯片 24C02

● 1 个可调模拟电压输入

● 1 个扩展接口

● 1 个 USB 设备接口

● 板载 JTAG 调试功能（USB 接口，无须外接调试器）

CT117E 设备连接关系如表 C.1 所示。

表 C.1 CT117E 设备连接关系

设　备	名　称	连　接	MCU 引脚[1]	功　能　说　明
按键	B1	J1.17—J2.17	PA0（PB0）	用户按键 1
	B2	J1.18—J2.18	PA8（PB1）	用户按键 2
	B3	J1.19—J2.19	PB1（PB2）	用户按键 3
	B4	J1.20—J2.20	PB2（PA0）	用户按键 4
LED	LE	J1.15—J2.15	PD2	用户 LED 数据锁存器使能
	LD1～LD8	J1.33～40—J2.33～40	PC8～PC15	用户 LED（数据通过 U7 锁存）
LCD（CN3）	CS#	J1.21—J2.21	PB9	LCD 片选
	RS	J1.22—J2.22	PB8	LCD 寄存器选择
	WR#	J1.23—J2.23	PB5	LCD 写选通
	RD#	J1.24—J2.24	PB10（PA8）	LCD 读选通（与 SD 卡 SD1 公用）
	PD1～PD8	J1.25～32—J2.25～32	PC0～PC7	LCD 数据低 8 位
	PD10～PD17	J1.33～40—J2.33～40	PC8～PC15	LCD 数据高 8 位
UART（CN2）	RXD	J1.3—J2.3	PA3（PA10）	UART_RXD（数据通过 UART-USB 转换）
	TXD	J1.4—J2.4	PA2（PA9）	UART_TXD（数据通过 UART-USB 转换）
24C02（U6）	SCL	J1.13—J2.13	PB6	I2C1_SCL（G431 PB6 没有 I2C-SCL 功能）
	SDA	J1.14—J2.14	PB7	I2C1_SDA
电位器	R37	—	PB0（PB15）	ADC_IN8（ADC2_IN15）
扩展插座（J3）	—	J3.4	PA1	ADC_IN1/TIM2_CH2
	—	J3.5	PA2	ADC_IN2/TIM2_CH3
	—	J3.6	PA3	ADC_IN3/TIM2_CH4
	—	J3.7	PA4	ADC_IN4
	—	J3.8	PA5	ADC_IN5
	—	J3.9	PA6	ADC_IN6/TIM3_CH1
	—	J3.10	PA7	ADC_IN7/TIM1_CH1N/TIM3_CH2
电源选择（JP1）	USB	1—2	—	USB 供电（CN2）
	Ext	2—3	—	外部供电（CN1）

注：（1）括号中的引脚为 CT117E-M4 上 STM32G431 的引脚。

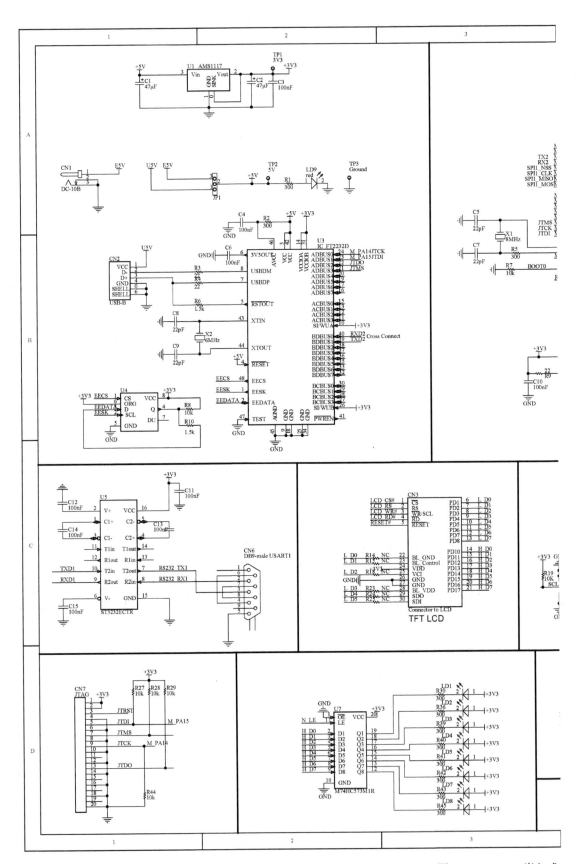

图 C.4　CT117E 嵌入式

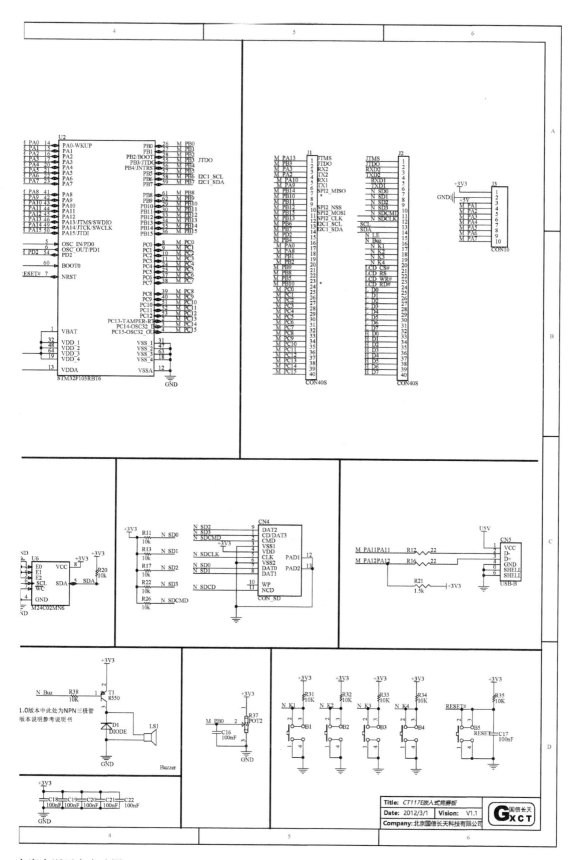

竞赛实训平台电路图

附录 D CT117E–M4 嵌入式竞赛实训平台

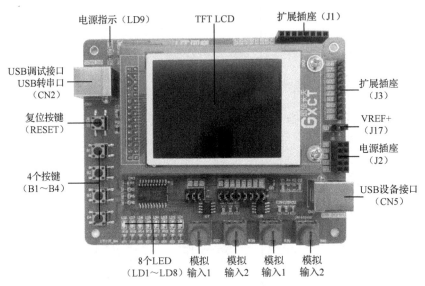

电源指示（LD9）　　TFT LCD　　扩展插座（J1）

USB调试接口
USB转串口
（CN2）

扩展插座
（J3）

VREF+
（J17）

复位按键
（RESET）

电源插座
（J2）

4个按键
（B1～B4）

USB设备接口
（CN5）

8个LED　　模拟　　模拟　　模拟　　模拟
（LD1～LD8）　输入1　输入2　输入1　输入2

图 D.1　CT117E-M4 嵌入式竞赛实训平台实物图 1

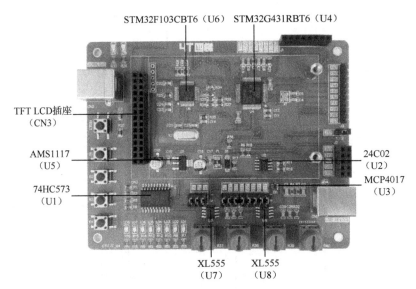

STM32F103CBT6（U6）　STM32G431RBT6（U4）

TFT LCD插座
（CN3）

24C02
（U2）

AMS1117
（U5）

MCP4017
（U3）

74HC573
（U1）

XL555　　XL555
（U7）　　（U8）

图 D.2　CT117E-M4 竞赛实训平台实物图 2

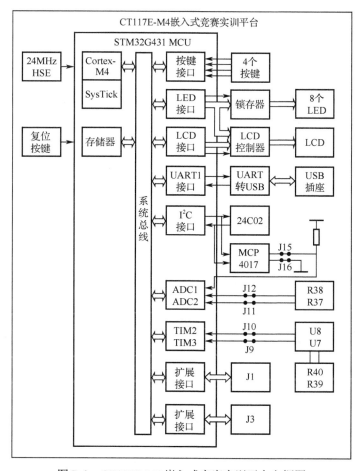

图 D.3　CT117E-M4 嵌入式竞赛实训平台方框图

CT117E-M4 嵌入式竞赛实训平台由以下功能模块组成:

● 处理器: STM32G431RBT6

● 4 个用户按键

● 8 个用户 LED

● 2.4 寸 TFT-LCD

● 1 个 RS232 串口（使用 UART-USB 转换）

● 1 个 EEPROM 芯片 24C02

● 1 个数字电位器芯片 MCP4017

● 2 个可调模拟输入

● 2 个可调脉冲输入

● 2 个扩展接口

● 1 个 USB 设备接口

● 板载 SWD 调试功能（USB 接口，无须外接调试器）

CT117E-M4 设备连接关系如表 D.1 所示。

表 D.1　CT117E-M4 设备连接关系

设　备	名　　称	连　接	MCU 引脚[1]	功 能 说 明
按键	B1		PB0（PA0）	用户按键 1
	B2		PB1（PA8）	用户按键 2
	B3		PB2（PB1）	用户按键 3
	B4		PA0（PB2）	用户按键 4
LED	LE		PD2	用户 LED 数据锁存器使能
	LD1～LD8		PC8～PC15	用户 LED（数据通过 U7 锁存）
LCD (CN3)	CS#		PB9	LCD 片选
	RS		PB8	LCD 寄存器选择
	WR#		PB5	LCD 写选通
	RD#		PA8（PB10）	LCD 读选通
	PD1～PD8		PC0～PC7	LCD 数据低 8 位
	PD10～PD17		PC8～PC15	LCD 数据高 8 位
UART (CN2)	RXD		PA10（PA3）	UART_RXD（数据通过 UART-USB 转换）
	TXD		PA9（PA2）	UART_TXD（数据通过 UART-USB 转换）
24C02	SCL		PB6	STM32G431 PB6 没有 I2C_SCL 功能
MCP4017	SDA		PB7	
MCP4017	B	J16	GND	
	W	J15	PB14	ADC1_IN5
模拟输入	R38	J12	PB12	ADC1_IN11
	R37	J11	PB15（PB0）	ADC2_IN15（ADC_IN8）
脉冲输入	R40	J10	PA15	TIM2_CH1-XL555（U8）
	R39	J9	PB4	TIM3_CH1-XL555（U7）
扩展插座 (J1)	1		PA11	TIM1_CH4/TIM1_CH1N/TIM4_CH1
	2		PA12	TIM1_ETR/TIM1_CH2N/TIM4_CH2
	3		PB10	TIM2_CH3
	4		PB11	ADC12_IN14/TIM2_CH4
	5		PB12	ADC1_IN11
	6		PB13	TIM1_CH1N
	7		PB14	ADC1_IN5/TIM1_CH2N
	8		PB15	ADC2_IN15/TIM1_CH3N
扩展插座 (J3)	4		PA1	ADC12_IN2/TIM2_CH2
	5		PA2	ADC1_IN3/TIM2_CH3
	6		PA3	ADC1_IN4/TIM2_CH4
	7		PA4	ADC2_IN17/TIM3_CH2
	8		PA5	ADC2_IN13/TIM2_CH1
	9		PA6	ADC2_IN3/TIM3_CH1
	10		PA7	ADC2_IN4/TIM1_CH1N/TIM3_CH2

注：（1）括号中的引脚为 CT117E 上 STM32F103 的引脚。

附录 E CT127C 物联网竞赛实训平台

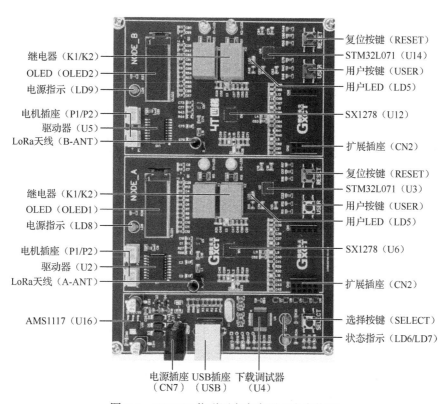

继电器（K1/K2）
OLED（OLED2）
电源指示（LD9）
电机插座（P1/P2）
驱动器（U5）
LoRa天线（B-ANT）

复位按键（RESET）
STM32L071（U14）
用户按键（USER）
用户LED（LD5）
SX1278（U12）
扩展插座（CN2）

继电器（K1/K2）
OLED（OLED1）
电源指示（LD8）
电机插座（P1/P2）
驱动器（U2）
LoRa天线（A-ANT）

复位按键（RESET）
STM32L071（U3）
用户按键（USER）
用户LED（LD5）
SX1278（U6）
扩展插座（CN2）

AMS1117（U16）

选择按键（SELECT）
状态指示（LD6/LD7）

电源插座 USB插座 下载调试器
（CN7） （USB） （U4）

图 E.1 CT127C 物联网竞赛实训平台实物图

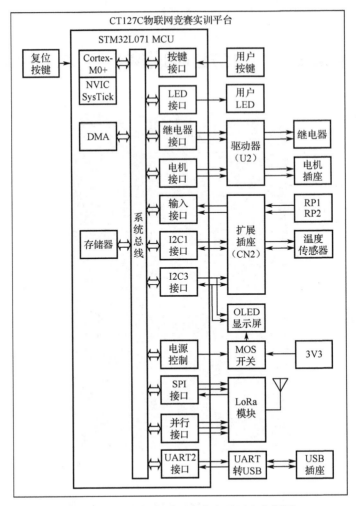

图 E.2　CT127C 物联网竞赛实训平台方框图

CT127C 物联网竞赛实训平台由以下功能模块组成:

- MCU: STM32L071KBU
- 1 个用户按键(USER)
- 1 个用户 LED(LD5)
- 2 个继电器(K1 ~ K2): 分别控制 K1-LED 和 K2-LED
- 2 个电机插座(P1 ~ P2): 用于连接外部电机
- 128×32 点阵 OLED(OLED1): 通过 I2C3 接口连接,带 3V3 电源控制
- 1 个 LoRa 模块(U6): 通过 SPI 接口和 3 个并行接口连接
- 1 个扩展插座(CN2): 包含 2 个外部输入、I2C1 和 I2C3,用于连接传感器
- 板载 CMSIS-DAP 下载调试器(U4): 带 USB 转 UART 接口

表 E.1　CT127C 设备连接关系

设　备	名　　称	连　接	MCU 管脚	功　能　说　明
按键	USER		PC14	用户按键：0—按下，1—未按下
LED	LD5		PC15	用户 LED：0—点亮，1—熄灭
继电器	K1		PA11	0—断开，1—吸合
	K2		PA12	0—断开，1—吸合
电机	P1		PA0	
	P2		PA1	
扩展插座 (CN2)	5V0	1		
	GND	3		
	EXTI_L1	5	PB1/ADC_IN9/TIM3_CH4	按键列 1/RP1
	EXTI_L0	7	PB0/ADC_IN8/TIM3_CH3	按键列 2/RP2
	3V3	9	—	
	I2C1_SCL	2	PB6/I2C1_SCL	按键行 1/LD1/温度传感器
	I2C1_SDA	4	PB7/I2C1_SDA	按键行 2/LD2/温度传感器
	GND	6	—	
	I2C3_SCL	8	PA8/I2C3_SCL	OLED/按键列 3
	I2C3_SDA	10	PB4/I2C3_SDA	OLED
电源控制	3V3		PB5	低电平有效
LoRa 模块	SCK	14	PA5	SPI1_SCK
	MISO	15	PA6	SPI1_MISO
	MOSI	16	PA7	SPI1_MOSI
	SEL	17	PA4	SPI1_NSS
	RST	18	PA9	
	DIO0	5	PA10	
UART2	TX		PA2	
	RX		PA3	
下载 调试器	SWDIO		PA13	
	SWCLK		PA14	

附录 F ASCII 码表

十进制值	十六进制值	控制符号	键盘输入	十进制值	十六进制值	显示字符	十进制值	十六进制值	显示字符	十进制值	十六进制值	显示字符
000	00	NUL		032	20	SP	064	40	@	096	60	`
001	01	SOH	Ctrl-A	033	21	!	065	41	A	097	61	a
002	02	STX	Ctrl-B	034	22	"	066	42	B	098	62	b
003	03	ETX	Ctrl-C	035	23	#	067	43	C	099	63	c
004	04	EOT	Ctrl-D	036	24	$	068	44	D	100	64	d
005	05	ENQ	Ctrl-E	037	25	%	069	45	E	101	65	e
006	06	ACK	Ctrl-F	038	26	&	070	46	F	102	66	f
007	07	BEL	Ctrl-G	039	27	'	071	47	G	103	67	g
008	08	BS	←	040	28	(	072	48	H	104	68	h
009	09	HT	Tab	041	29	)	073	49	I	105	69	i
010	0A	LF	Ctrl-J	042	2A	*	074	4A	J	106	6A	j
011	0B	VT	Ctrl-K	043	2B	+	075	4B	K	107	6B	k
012	0C	FF	Ctrl-L	044	2C	,	076	4C	L	108	6C	l
013	0D	CR	Enter	045	2D	-	077	4D	M	109	6D	m
014	0E	SO	Ctrl-N	046	2E	.	078	4E	N	110	6E	n
015	0F	SI	Ctrl-O	047	2F	/	079	4F	O	111	6F	o
016	10	DLE	Ctrl-P	048	30	0	080	50	P	112	70	p
017	11	DC1	Ctrl-Q	049	31	1	081	51	Q	113	71	q
018	12	DC2	Ctrl-R	050	32	2	082	52	R	114	72	r
019	13	DC3	Ctrl-S	051	33	3	083	53	S	115	73	s
020	14	DC4	Ctrl-T	052	34	4	084	54	T	116	74	t
021	15	NAK	Ctrl-U	053	35	5	085	55	U	117	75	u
022	16	SYN	Ctrl-V	054	36	6	086	56	V	118	76	v
023	17	ETB	Ctrl-W	055	37	7	087	57	W	119	77	w
024	18	CAN	Ctrl-X	056	38	8	088	58	X	120	78	x
025	19	EM	Ctrl-Y	057	39	9	089	59	Y	121	79	y
026	1A	SUB	Ctrl-Z	058	3A	:	090	5A	Z	122	7A	z
027	1B	ESC	Esc	059	3B	;	091	5B	[	123	7B	{
028	1C	FS	Ctrl-\	060	3C	<	092	5C	\	124	7C	|
029	1D	GS	Ctrl-]	061	3D	=	093	5D	]	125	7D	}
030	1E	RS	Ctrl-6	062	3E	>	094	5E	^	126	7E	~
031	1F	US	Ctrl-_	063	3F	?	095	5F	_	127	7F	DEL

附录 G　C 语言运算符

类　型	运算符	功　能	优先级	顺　序	类　型	运算符	功　能	优先级	顺　序
基本 运算符	()	括号	1 （最高）	从左到右	关系 运算符	>	大于	6	从左到右
	[]	数组元素				>=	大于等于		
	.	结构成员				==	等于	7	
	->	结构指针				!=	不等于		
单目 运算符	++	后加	2	从左到右	位 运算符	&	与	8	从左到右
	--	后减				^	异或	9	
	++	前加		从右到左		|	或	10	
	--	前减			逻辑 运算符	&&	与	11	从左到右
	-	取负				||	或	12	
	~	位反			条件 运算符	?:	条件	13	从右到左
	!	逻辑非			赋值 运算符	=	赋值	14	从右到左
	&	地址				+=	加赋值		
	*	内容				-=	减赋值		
	(类型名)	类型转换				*=	乘赋值		
	sizeof	长度计算				/=	除赋值		
算术 运算符	*	乘	3	从左到右		%=	模赋值		
	/	除				<<=	左移赋值		
	%	取余				>>=	右移赋值		
	+	加	4			&=	与赋值		
	-	减				^=	异或赋值		
移位 运算符	<<	左移	5	从左到右		|=	或赋值		
	>>	右移			逗号 运算符	,	逗号	15 （最低）	从左到右
关系 运算符	<	小于	6	从左到右					
	<=	小于等于							

附录 H　实验指导

实验 1　软件开发环境

一、实验目的

1. 了解软件开发包（SDK）的组成和使用。
2. 熟悉软件配置工具 STM32CubeMX 的使用。
3. 熟悉集成开发环境（IDE）的使用，特别是程序的调试方法。

二、实验内容

系统包括 Cortex-M3 CPU（内嵌 SysTick 定时器）、存储器、按键接口、LED 接口、LCD 接口、USART 接口、SPI 接口、I^2C 接口、ADC 和 TIM 等。

1. 用软件配置工具 STM32CubeMX 对系统进行配置，并分别生成 HAL 和 LL 工程。
2. 用 MDK-ARM 对 HAL 和 LL 工程进行修改，并进行调试与分析。

三、实验步骤

参见 2.2 节和 2.3 节。

四、思考问题

1. HAL 和 LL 工程有哪些相同点和不同点？
2. 调试的目的是什么？调试工具栏主要有哪些调试工具？

五、实验报告

1. 实验目的。
2. 实验内容。
3. 系统硬件方框图。
4. 系统软件流程图。
5. 实验过程中遇到的问题和解决方法。
6. 思考问题解答、收获和建议等。

实验 2　GPIO 程序设计

一、实验目的

1. 理解 GPIO 配置方法。
2. 掌握 GPIO 库函数的使用。
3. 掌握程序的调试方法。

二、实验内容

系统包括 Cortex-M3 CPU（内嵌 SysTick 定时器）、存储器、按键接口和 LED 接口。

编程实现下列功能：

1．SysTick 实现秒计时。

2．按键控制 LED 的流水显示方向。

3．8 个 LED 流水显示，1s 移位 1 次。

三、实验程序

参见 3.4 节。

四、思考问题

1．GPIO 的基本操作有哪些？

2．HAL 按键读取程序中，为什么 B1～B2 和 B3～B4 的按下不能像 LL 那样一起判断？

五、实验报告

1．实验目的。

2．实验内容。

3．系统硬件方框图和电路图。

4．系统软件流程图和核心代码。

5．实验过程中遇到的问题和解决方法。

6．思考问题解答、收获和建议等。

实验 3　LCD 程序设计

一、实验目的

1．了解 GPIO 外设的使用方法。

2．进一步掌握 GPIO 的使用。

3．掌握 LCD 的使用。

二、实验内容

系统包括 Cortex-M3 CPU（内嵌 SysTick 定时器）、存储器、按键接口、LED 接口、LCD 接口和 LCD 显示屏。

编程实现下列功能：

1．SysTick 实现秒计时。

2．LCD 实现秒值的显示。

三、实验程序

参见 3.6 节。

四、思考问题

1．如何实现 LCD 接口的写操作？
2．LCD 库函数分为哪 3 层？各层的作用是什么？

五、实验报告

1．实验目的。
2．实验内容。
3．系统系统硬件方框图。
4．LCD 相关程序流程图和核心代码。
5．实验过程中遇到的问题和解决方法。
6．思考问题解答、收获和建议等。

实验 4　USART 程序设计

一、实验目的

1．理解 USART 配置方法。
2．掌握 USART 库函数的使用。
3．掌握 printf() 的使用。

二、实验内容

系统包括 Cortex-M3 CPU（内嵌 SysTick 定时器）、存储器、按键接口、LED 接口、LCD 接口和 LCD 显示屏以及 UART 接口。

编程实现下列功能：

1．SysTick 实现秒计时。
2．通过 UART2 用 printf() 将秒值显示在 PC 屏幕上（1s 显示 1 次）。
3．通过 PC 键盘实现秒值设置。

三、实验程序

参见 4.4 节。

四、思考问题

1．USART 的基本操作有哪些？
2．USART 接收乱码的原因是什么？

五、实验报告

1．实验目的。
2．实验内容。
3．系统硬件方框图。
4．USART 相关程序流程图和核心代码。
5．实验过程中遇到的问题和解决方法。

6. 思考问题解答、收获和建议等。

实验 5　SPI 程序设计

一、实验目的

1. 理解 SPI 配置方法。
2. 掌握 SPI 库函数的使用。
3. 比较 SPI 和 UART 使用的相同和不同。

二、实验内容

系统包括 Cortex-M3 CPU（内嵌 SysTick 定时器）、存储器、按键接口、LED 接口、LCD 接口和 LCD 显示屏、UART 接口和 SPI 接口。

编程实现下列功能：

1. SysTick 实现秒计时。
2. 通过 SPI 发送和环回接收秒值。
3. 将秒值显示在 PC 屏幕上（1s 显示 1 次）。

三、实验程序

实验程序参见 5.4 节。

四、思考问题

1. SPI 的基本操作有哪些？
2. SPI 和 UART 的使用有哪些相同和不同？

五、实验报告

1. 实验目的。
2. 实验内容。
3. 系统硬件方框图。
4. SPI 相关程序流程图和核心代码。
5. 实验过程中遇到的问题和解决方法。
6. 思考问题解答、收获和建议等。

实验 6　I²C 程序设计

一、实验目的

1. 理解 I²C 接口的使用方法。
2. 掌握通过 I²C 接口实现对 I²C 器件的读/写方法。
3. 比较 I²C 与 SPI 和 UART 使用的相同及不同之处。

二、实验内容

系统包括 Cortex-M3 CPU（内嵌 SysTick 定时器）、存储器、按键接口、LED 接口、LCD 接口和 LCD 显示屏、UART 接口、I²C 接口和 24C02。

编程实现下列功能：

1. 用 24C02 存储系统的启动次数。
2. 用 LCD 显示系统的启动次数。

三、实验程序

参见 6.4 节。

四、思考问题

1. 通过 I²C 接口对 I²C 存储器件进行读/写操作有哪些相同和不同之处？
2. I²C 与 SPI 和 UART 的使用有哪些相同和不同之处？

五、实验报告

1. 实验目的。
2. 实验内容。
3. 系统硬件方框图和 I²C 相关电路图。
4. I²C 相关程序流程图和核心代码。
5. 实验过程中遇到的问题和解决方法。
6. 思考问题解答、收获和建议等。

实验 7   ADC 程序设计

一、实验目的

1. 掌握 ADC 规则通道的使用方法。
2. 掌握 ADC 注入通道的使用方法。

二、实验内容

系统包括 Cortex-M3 CPU（内嵌 SysTick 定时器）、存储器、按键接口、LED 接口、LCD 接口和 LCD 显示屏、UART 接口、I²C 接口和 24C02 以及 ADC 和电位器。

编程实现下列功能：

1. 用 ADC1 规则通道实现电位器电压的模数转换。
2. 用 ADC1 注入通道实现内部温度传感器的温度测量。
3. 用 LCD 和 PC 屏幕显示结果。

三、实验程序

参见 7.4 节。

四、思考问题

1. ADC 规则通道的基本操作有哪些？
2. ADC 注入通道的操作与规则通道相比有哪些相同和不同之处？

实验 8　TIM 程序设计

一、实验目的

1. 掌握 TIM 输出比较功能的使用方法。
2. 掌握 TIM 输入捕捉功能的使用方法。

二、实验内容

系统包括 Cortex-M3 CPU（内嵌 SysTick 定时器）、存储器、按键接口、LED 接口、LCD 接口和 LCD 显示屏、UART 接口、I²C 接口和 24C02、ADC 和电位器以及 TIM1～TIM3。

编程实现下列功能：

1. TIM1 和 TIM3 分别输出 200Hz 和 100Hz 的矩形波（占空比 10%～90% 可调节，调节步长 10%）。
2. TIM2 测量矩形波的周期和脉冲宽度。
3. 用 LCD 和 PC 屏幕显示测量结果。

三、实验程序

参见 8.4 节。

注意：为了保证程序正常工作，必须用导线连接 PA1 和 PA6（或 PA7）。

四、思考问题

1. TIM 输出矩形波的周期和脉冲宽度如何确定？
2. PWM 输入捕捉的特点有哪些？

实验 9　NVIC 程序设计

一、实验目的

1. 掌握 NVIC 的基本原理和基本操作。
2. 掌握 EXTI 和 USART 中断的使用方法。

二、实验内容

1. 用中断方式实现按键操作。
2. 用中断方式实现 USART 操作。

三、实验程序

参见 9.2 节和 9.3 节。

四、思考问题

1．中断方式和查询方式有哪些相同和不同之处？
2．中断方式和查询方式软件流程图的画法有什么区别？

实验 10　DMA 程序设计

一、实验目的

1．掌握 DMA 的基本原理和基本操作。
2．掌握 USART DMA 操作的使用方法。

二、实验内容

用 DMA 方式实现 USART 操作。

三、实验程序

参见 10.2 节。

四、思考问题

1．DMA 的特点是什么？
2．DMA 操作的参数有哪些？

参考文献

[1] STMicroelectronics. STM32F10xxx 参考手册（RM0008，Rev10），2010

[2] STMicroelectronics. STM32F103xB Datasheet（DS5319，Rev17），2015

[3] STMicroelectronics. STM32F10xxx Reference Manual（RM0008，Rev20），2018

[4] STMicroelectronics. STM32F103xB HAL User Manual（STM32F103xB_User_Manual.chm）

[5] STMicroelectronics. STM32G431 Datasheet（DS12589，Rev6），2021

[6] STMicroelectronics. STM32G4xx Reference Manual（RM0440，Rev6），2021

[7] STMicroelectronics. STM32G431xx HAL User Manual（STM32G431xx_User_Manual.chm）

[8] STMicroelectronics. STM32L071 Datasheet（DS10690，Rev7），2019

[9] STMicroelectronics. STM32L0x1 Reference Manual（RM0377，Rev9），2021

[10] STMicroelectronics. STM32L073xx HAL User Manual（STM32L073xx_User_Manual.chm）

[11] Keil. μVision User's Guide（uv4.chm）

[12] Joseph Yiu. ARM Cortex-M3 权威指南. 宋岩，译. 北京：北京航空航天大学出版社，2009

[13] 李宁. ARM MCU 开发工具 MDK 使用入门. 北京：北京航空航天大学出版社，2012

[14] 郭书军，王玉花. ARM Cortex-M3 系统设计与实现——STM32 基础篇. 北京：电子工业出版社，2014

[15] 郭书军. ARM Cortex-M4＋WiFi MCU 应用指南——CC3200 IAR 基础篇. 北京：电子工业出版社，2016

[16] 郭书军. ARM Cortex-M3 系统设计与实现——STM32 基础篇（第2版），北京：电子工业出版社，2018

使用软件

[1] SetupSTM32CubeMX-6.2.0-Win.exe：STM32CubeMX 安装文件

[2] stm32cube_fw_f1_v180.zip：STM32F1 系列固件包

[3] MDK536.exe：MDK-ARM 安装文件

[4] MDKCM512.exe：传统器件支持包安装文件

[5] CDM20828_Setup.exe：Colink 调试器驱动文件

[6] CoMDKPlugin-1.3.1.exe：Colink 调试器 MDK 插件文件

[7] Keil.STM32F1xx_DFP.2.3.0.pack：STM32F1 系列器件支持包

[8] stm32cube_fw_g4_v140.zip：STM32G4 系列固件包

[9] Keil.STM32G4xx_DFP.1.2.1.pack：STM32G4 系列器件支持包

[10] CMSIS-DAP.INF：CMSIS-DAP 串口驱动

[11] stm32cube_fw_l0_v1120.zip：STM32L0 系列固件包

[12] Keil.STM32L0xx_DFP.1.2.1.pack：STM32L0 系列器件支持包